普通高等教育"十一五"国家级规划教材

经济管理数学基础

张 然 张淑婷 周 倩 主编

微积分（下册）

（第3版）

清华大学出版社
北京

内 容 简 介

本书分上、下册. 上册内容包括函数、极限与连续、导数与微分、微分中值定理与导数应用、不定积分和定积分及其应用. 下册内容包括向量与空间解析几何、多元函数微分学、重积分、无穷级数、常微分方程和差分方程.

与本书（上、下册）配套的有习题课教程、电子教案、教师用书. 该套教材汲取了现行教学改革中一些成功的举措，总结了作者在教学科研方面的研究成果，注重数学在经济管理领域中的应用，选用大量有关的例题与习题；具有结构严谨、逻辑清楚、循序渐进、结合实际等特点. 可作为高等学校经济、管理、金融及相关专业的教材或教学参考书.

图书在版编目（CIP）数据

微积分. 下册/张然，张淑婷，周倩主编.—3 版.—北京: 清华大学出版社，2024.3
（经济管理数学基础）
ISBN 978-7-302-64985-4

Ⅰ.①微… Ⅱ.①张… ②张… ③周… Ⅲ.①微积分－高等学校－教材 Ⅳ.①O172

中国国家版本馆 CIP 数据核字(2023)第 242740 号

责任编辑：佟丽霞
封面设计：傅瑞学
责任校对：王淑云
责任印制：曹婉颖

出版发行：清华大学出版社
   网   址：https://www.tup.com.cn, https://www.wqxuetang.com
   地   址：北京清华大学学研大厦 A 座   邮 编：100084
   社 总 机：010-83470000   邮 购：010-62786544
   投稿与读者服务：010-62776969，c-service@tup.tsinghua.edu.cn
   质量反馈：010-62772015，zhiliang@tup.tsinghua.edu.cn
印 装 者：三河市东方印刷有限公司
经 销：全国新华书店
开 本：170mm×230mm 印 张：16.75 字 数：342 千字
版 次：2005 年 9 月第1版 2024 年 3 月第 3 版 印 次：2024 年 3 月第 1 次印刷
定 价：49.90 元

产品编号：097771-01

第 3 版前言

经济管理数学基础《微积分（下册）》教材第 2 版已出版 10 年了，感谢兄弟院校的关注和广大同学的使用. 在国家推进新文科建设的背景下，根据当前教学形势的发展及需求，并结合我们近几年的教学研究与教学实践，作者认为有必要对本教材进行再版修订.

本次修订的指导思想：修订的重点是将纸介质教材与数字资源进行一体化设计，使之相互配合、相互支撑，进一步提高教材的适用性和对课程教学的支撑性，形成新形态教材.

本书为经济管理数学基础系列教材之一. 本套教材修订的重点内容是配套了数字资源. 数字资源包括：主教材开篇介绍本书的重点学习内容，每章后进行系统小结；为方便学生自学配备了 3 套模拟试题及答案；对重点和不易理解的知识点进行细致讲解；对部分例题和习题中容易出现的错误及问题进行分析；在每章后针对学习要点增加了综合自测题. 配备了电子版的教师用书（习题详解）和电子教案. 出版发行了与本套教材匹配的微积分、线性代数、概率论与数理统计的试题库，可供各高校使用. 数字资源以二维码形式给出. 同时修正了第 2 版中存在的不当之处和部分习题中的错误，更换了部分例题和习题.

参加本书第 3 版修订工作的有张淑婷（第 1 ～ 2 章），张然（第 3 ～ 4 章），周倩（第 5 ～ 6 章），朱本喜参与了电子教案的修订和部分视频的录制工作. 每章习题详解修订、录入工作由朱本喜、任长宇完成. 全书由张然统稿.

在本书的修订过程中，得到了吉林大学教务处、吉林大学数学学院和清华大学出版社的大力支持和帮助，任长宇承担了修订教材的排版工作，吴晓俐承担教材修订的编务工作，在此一并表示衷心的感谢.

作 者

2024 年 3 月

总序

第 1 版前言

第 2 版前言

目　录

第 1 章　向量代数与空间解析几何　　　　　　　　　　　　　　1

1.1　向量及其运算 1
    1.1.1　空间直角坐标系 1
    1.1.2　向量的概念 3
    1.1.3　向量的线性运算 3
    1.1.4　向量的坐标 5
    1.1.5　向量的乘积运算 9
    习题 1.1 14

1.2　平面与直线 15
    1.2.1　平面 15
    1.2.2　直线 19
    习题 1.2 23

1.3　曲面与曲线 24
    1.3.1　柱面和旋转曲面 24
    1.3.2　二次曲面 26
    1.3.3　曲线方程 30
    习题 1.3 32
  总习题 1 33

第 2 章　多元函数微分学　　　　　　　　　　　　　　　　　　36

2.1　多元函数的基本概念 36
    2.1.1　平面点集 36
    2.1.2　多元函数 38
    2.1.3　多元函数的极限和连续性 39
    习题 2.1 42

2.2　偏导数和全微分 42
    2.2.1　偏导数 42
    2.2.2　高阶偏导数 46
    2.2.3　偏导数在经济分析中的应用 47
    2.2.4　全微分 50
    习题 2.2 54

2.3　复合函数与隐函数微分法 55
    2.3.1　复合函数的微分法 55

      2.3.2　隐函数的微分法 60
      习题 2.3 64
  2.4　多元函数的极值及其求法 64
      2.4.1　多元函数的极值问题 65
      2.4.2　条件极值问题 68
      习题 2.4 72
  总习题 2 73

第 3 章　重 积 分   78
  3.1　二 重 积 分 78
      3.1.1　二重积分的概念 78
      3.1.2　二重积分的性质 79
      3.1.3　在直角坐标系下计算二重积分 81
      3.1.4　在极坐标系下计算二重积分 87
      3.1.5　反常二重积分 92
      习题 3.1 93
  3.2　三 重 积 分 95
      3.2.1　三重积分的概念和性质 95
      3.2.2　在直角坐标系下计算三重积分 96
      3.2.3　在柱面坐标系和球面坐标系下计算三重积分 . 100
      习题 3.2 104
  总习题 3 105

第 4 章　无穷级数   110
  4.1　常数项级数及其性质 110
      4.1.1　常数项级数的概念 110
      4.1.2　无穷级数的基本性质 113
      习题 4.1 115
  4.2　常数项级数收敛性的判别法 116
      4.2.1　正项级数及其判别法 116
      4.2.2　交错级数及其判别法 123
      4.2.3　绝对收敛与条件收敛 125
      习题 4.2 127
  4.3　函数项级数 129
  4.4　幂级数 130
      4.4.1　幂级数及其收敛域 131
      4.4.2　幂级数的运算与性质 135

习题 4.4 137

4.5 函数的幂级数展开 138

    4.5.1 Taylor 级数 138

    4.5.2 函数的幂级数展开步骤 140

    习题 4.5 146

4.6 Taylor 级数的应用 147

    4.6.1 函数值的近似计算 147

    4.6.2 求积分的近似值 148

    习题 4.6 149

总习题 4 149

第 5 章 微分方程   **154**

5.1 微分方程的基本概念 154

    5.1.1 几个具体例子 154

    5.1.2 微分方程的概念 155

    习题 5.1 159

5.2 一阶微分方程 160

    5.2.1 可分离变量的微分方程 160

    5.2.2 齐次方程 163

    5.2.3 准齐次方程 166

    5.2.4 一阶线性微分方程 168

    习题 5.2 173

5.3 可降阶的高阶微分方程 175

    5.3.1 $y^{(n)} = f(x)$ 型的微分方程 175

    5.3.2 $y'' = f(x, y')$ 型的微分方程 176

    5.3.3 $y'' = f(y, y')$ 型的微分方程 178

    习题 5.3 179

5.4 高阶线性微分方程及其通解结构 179

    5.4.1 二阶齐次线性微分方程的通解结构 180

    5.4.2 二阶非齐次线性微分方程的通解结构 182

    习题 5.4 183

5.5 二阶常系数齐次线性微分方程 184

    5.5.1 特征方程具有两个不相等的实根 185

    5.5.2 特征方程具有两个相等的实根 185

    5.5.3 特征方程具有一对共轭的复根 187

    习题 5.5 188

5.6 二阶常系数非齐次线性微分方程 189

5.6.1　$f(x) = P_n(x)\mathrm{e}^{\lambda x}$ 型 189

5.6.2　$f(x) = \mathrm{e}^{\lambda x}(P_l(x)\cos\omega x + P_n(x)\sin\omega x)$ 型 193

习题 5.6 196

5.7　Euler 方程 197

习题 5.7 199

5.8　常系数线性微分方程组的解法举例 199

习题 5.8 201

5.9　微分方程在经济学中的应用举例 201

习题 5.9 205

总习题 5 206

第 6 章　差分方程　　　　　　　　　　　　　　　　　　　　210

6.1　差分的概念 210

6.1.1　差分的基本概念 210

6.1.2　高阶差分 211

6.2　差分方程的概念 212

6.2.1　差分方程 212

6.2.2　常系数线性差分方程通解的结构 213

习题 6.2 215

6.3　一阶常系数线性差分方程 215

6.3.1　一阶常系数齐次线性差分方程的求解方法 216

6.3.2　一阶常系数线性非齐次差分方程的求解方法 217

习题 6.3 223

6.4　二阶常系数线性差分方程 224

6.4.1　二阶常系数齐次线性差分方程的求解方法 224

6.4.2　二阶常系数非齐次线性差分方程的求解方法 227

习题 6.4 231

总习题 6 232

综合测试题及参考答案　　　　　　　　　　　　　　　　　　　234

习题参考答案　　　　　　　　　　　　　　　　　　　　　　　235

参考文献　　　　　　　　　　　　　　　　　　　　　　　　　257

第 1 章　向量代数与空间解析几何

空间解析几何通过坐标法把空间上的点与有序数组对应起来，把空间上的图形和方程对应起来，从而可以用代数方法来研究几何问题. 空间解析几何知识对学习多元函数微积分是不可缺少的.

本章内容包括：向量代数、平面和直线、曲面和曲线等.

1-1 第 1 章知识点

1.1　向量及其运算

1.1.1　空间直角坐标系

在空间取定一点 O, 以 O 为原点作三条有相同的长度单位并且两两垂直的数轴，依次记作 x 轴、y 轴和 z 轴，统称为 **坐标轴**. 通常把 x 轴和 y 轴配置在水平面上，z 轴则在铅直线上. 它们的正方向符合右手规则，即以右手握住 z 轴，当四个手指从 x 轴的正向转过 $\dfrac{\pi}{2}$ 角度后指向 y 轴的正向时，竖起的拇指的指向为 z 轴的正向 (图 1.1). 这样就建立了空间直角坐标系，称为 $Oxyz$ **直角坐标系**, 点 O 称为该坐标系的 **原点**.

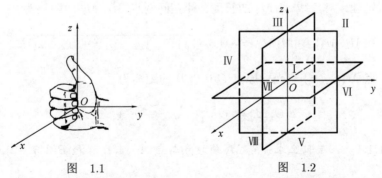

图　1.1　　　　　　　　　　　图　1.2

三条坐标轴中的每两条可以确定一个平面，称为 **坐标面**. 由 x 轴和 y 轴确定的坐标面称为 Oxy 平面，另外两个坐标面称为 Oyz 面和 Ozx 面. 三个坐标面把空间分成八个部分，称为八个卦限. 如图 1.2 所示，在 Oxy 面上方并且在 Oyz 面前方、Ozx 面右方的那个卦限称为第 I 卦限，在 Oxy 面上方按逆时针方向依次为 I、II、III、IV 卦限，在 Oxy 面下方与 I、II、III、IV 卦限相对的依次是 V、VI、VII、VIII 卦限 (图 1.2).

　　设 M 是空间一点, 过点 M 作三个平面分别垂直于 x 轴、y 轴和 z 轴并与这三个坐标轴分别交于点 P, Q 和 R(图 1.3). 设点 P, Q 和 R 在三个坐标轴上的坐标分别为 x, y 和 z, 这样, 空间的一点 M 就唯一地确定了一个有序数组 x, y, z. 反过来, 对给定的有序数组 x, y, z, 在三个坐标轴上分别取坐标为 x, y, z 的点 P, Q, R, 再过点 P, Q, R 作平面分别垂直于 x 轴、y 轴、z 轴, 这三个平面的交点 M 就是由有序数组 x, y, z 所唯一确定的点. 这样, 空间的点 M 与有序数组 x, y, z 之间就建立了一一对应的关系, 称 x, y, z 为点 M 的 **坐标**, 依次称 x, y, z 为点 M 的 **横坐标**、**纵坐标** 和 **竖坐标**, 并把点 M 记作 $M(x, y, z)$.

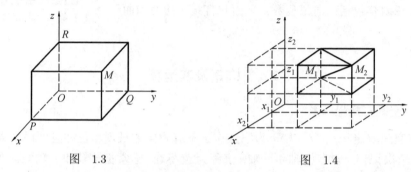

图　1.3　　　　　　　　　　　　　　　　图　1.4

　　设 $M_1(x_1, y_1, z_1)$ 和 $M_2(x_2, y_2, z_2)$ 是空间两点, 过 M_1, M_2 分别作垂直于三个坐标轴的平面, 这六个平面围成一个以 M_1M_2 为对角线的长方体 (图 1.4), 各棱的长度分别为

$$|x_2 - x_1|, \ |y_2 - y_1|, \ |z_2 - z_1|.$$

根据勾股定理, 对角线 M_1M_2 的长度, 即空间两点 M_1, M_2 的距离为

$$d(M_1, M_2) = |M_1M_2| = \sqrt{(x_2 - x_1)^2 + (y_2 - y_1)^2 + (z_2 - z_1)^2}.$$

特别地, 点 $M(x, y, z)$ 与坐标原点 $O(0, 0, 0)$ 的距离为

$$d(O, M) = |OM| = \sqrt{x^2 + y^2 + z^2}.$$

　　例 1.1.1　在 z 轴上求一点 M, 使该点与点 $A(-4, 1, 7)$ 和 $B(3, 5, -2)$ 的距离相等.

　　解　因为所求的点在 z 轴上, 所以设该点为 $M(0, 0, z)$, 由题意有 $|MA| = |MB|$, 即

$$\sqrt{(-4)^2 + 1^2 + (7 - z)^2} = \sqrt{3^2 + 5^2 + (-2 - z)^2}.$$

两边平方, 解得 $z = \dfrac{14}{9}$. 于是所求点为 $M\left(0, 0, \dfrac{14}{9}\right)$.

1.1.2 向量的概念

在研究实际问题时, 我们通常会遇到两种不同类型的量, 一类是只有大小的量, 例如时间、温度、质量、体积等, 这种量称为 **数量** 或标量; 另一类是既有大小又有方向的量, 例如力、速度、加速度等, 这种量称为 **向量** 或矢量.

向量通常用黑体小写字母来表示, 如 a, b, v, i 等, 手写时也可以用上方加箭头的字母来表示, 如 $\vec{a}$, $\vec{b}$, $\vec{v}$, $\vec{i}$ 等. 数学上往往用一个有方向的线段来表示向量, 如果线段的起点是 M_0, 终点是 M, 那么这个有向线段记为 $\overrightarrow{M_0M}$, 它表示一个向量, 线段的长度表示向量的大小, 线段的方向表示向量的方向. 为以后讨论问题的方便, 我们对向量和表示它的有向线段不加区分.

向量的大小称为向量的 **模**, 向量 a 的模记为 $|a|$. 模为零的向量称为 **零向量**, 记为 $\mathbf{0}$, 规定零向量的方向是任意的. 模为 1 的向量称为 **单位向量**.

如果两个向量 a 和 b 的模相等, 方向相同, 则称这两个向量 **相等**, 记为 $a = b$. 这说明, 如果两个向量的大小与方向是相同的, 那么不论它们的起点是否相同, 我们就认为它们是同一向量, 这样的向量称为 **自由向量**, 本书所讨论的向量都是自由向量.

如果向量 a 与 b 同方向或者反方向, 称向量 a 与 b **平行**, 记为 $a//b$. 由于零向量的方向是任意的, 故可认为零向量与任何向量都平行.

在直角坐标系中, 以坐标原点 O 为起点, 以点 M 为终点的向量 $\overrightarrow{OM}$ 称为点 M 关于点 O 的 **向径**, 常用 r 表示, 即 $r = \overrightarrow{OM}$. 空间的每一点都对应着一个向径 $\overrightarrow{OM}$, 反过来, 每个向径 $\overrightarrow{OM}$ 都和它的终点 M 相对应.

1.1.3 向量的线性运算

1. 向量的加法

设有两个不平行的向量 a 和 b, 任取一点 M, 作 $\overrightarrow{MA} = a$, $\overrightarrow{MB} = b$, 以 MA, MB 为邻边的平行四边形 $MACB$ 的对角线为 MC(图 1.5), 则向量 $\overrightarrow{MC} = c$ 称为向量 a 与 b 的 **和**, 记为 $c = a + b$.

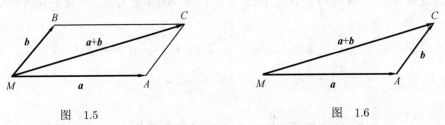

图   1.5   图   1.6

这个定义向量加法的规则称为向量加法的 **平行四边形法则**. 这个法则没有对两个平行向量的加法加以定义, 为此我们再给出一个包含了平行四边形法则的加法定义:

设有两个向量 a 和 b, 任取一点 M, 作 $\overrightarrow{MA}=a$, 再以 A 为起点, 作 $\overrightarrow{AC}=b$, 连接 MC, 则向量 $\overrightarrow{MC}=c$ 称为向量 a 与 b 的 **和**, 记为 $c=a+b$(图 1.6).

这个规则称为向量加法的 **三角形法则**.

向量的加法满足如下运算规律:

(1) 交换律 $a+b=b+a$;

(2) 结合律 $(a+b)+c=a+(b+c)$.

2. 向量与数的乘法

对任意实数 λ 和向量 a, 定义 λ 与 a 的乘积是一个向量, 记为 λa, 它的模和方向规定如下:

(1) $|\lambda a|=|\lambda|\cdot|a|$;

(2) 当 $\lambda>0$ 时, λa 与 a 同方向; 当 $\lambda<0$ 时, λa 与 a 反方向; 当 $\lambda=0$ 时, $\lambda a=0$.

向量与数的乘法运算又称为向量的 **数乘**.

几何直观上, λa 是与 a 平行的向量, 只是把 a 伸缩了 λ 倍 (图 1.7).

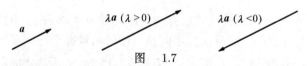

图   1.7

向量的数乘满足如下运算规律:

(1) 分配律 $(\lambda+\mu)a=\lambda a+\mu a$, $\lambda(a+b)=\lambda a+\lambda b$;

(2) 结合律 $\lambda(\mu a)=\mu(\lambda a)=(\lambda\mu)a$.

其中 a 和 b 是任意向量, λ 和 μ 是任意实数.

对于非零向量 a, 用 e_a 表示与 a 同方向的单位向量, 由向量的数乘定义有

$$a=|a|e_a \quad 或 \quad e_a=\frac{a}{|a|}.$$

即任何非零向量可以表示为它的模与同方向单位向量的数乘.

定理 1.1.1 设有向量 a 与 b, 且 $a\neq 0$, 则 $a//b$ 的充要条件是存在实数 λ, 使 $b=\lambda a$.

证明 必要性   设 $b//a$, 若 $b=0$, 则取 $\lambda=0$, 有 $b=0=0a=\lambda a$. 若 $b\neq 0$, 当 b 与 a 同方向时 $e_b=e_a$, 取 $\lambda=\dfrac{|b|}{|a|}$, 有

$$\lambda a=\frac{|b|}{|a|}a=|b|e_a=|b|e_b=b.$$

同样的, 当 b 与 a 反方向时, 取 $\lambda=-\dfrac{|b|}{|a|}$, 有 $b=\lambda a$.

充分性 若 $b = \lambda a$, 由数乘的定义知 $b//a$. □

利用向量的加法和数乘, 可以定义向量的减法.

对于向量 b, 称 $(-1)b$ 为 b 的 **负向量**, 记作 $-b$. 向量 a 与 b 的 **差** 规定为

$$a - b = a + (-b).$$

若将向量 a 和 b 的起点重合, 则从向量 b 的终点到向量 a 的终点所引的向量就是 $a - b$(图 1.8).

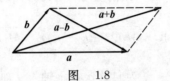

图 1.8

向量的加法和向量的数乘统称为向量的 **线性运算**.

例 1.1.2 证明三角形两边中点的连线 (中位线) 平行于第三边, 其长度等于第三边长度的一半 (图 1.9).

证明 在 $\triangle ABC$ 中, 设 $AD = DB$, $AE = EC$, 由向量的线性运算法则有

$$\overrightarrow{DE} = \overrightarrow{AE} - \overrightarrow{AD},$$

$$\overrightarrow{BC} = \overrightarrow{AC} - \overrightarrow{AB}$$

$$= 2\overrightarrow{AE} - 2\overrightarrow{AD}$$

$$= 2(\overrightarrow{AE} - \overrightarrow{AD})$$

$$= 2\overrightarrow{DE},$$

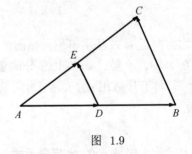

图 1.9

因此 $\overrightarrow{DE} // \overrightarrow{BC}$, 且 $|\overrightarrow{DE}| = \dfrac{1}{2}|\overrightarrow{BC}|$. □

1.1.4 向量的坐标

1. 向量的坐标

为了建立向量与数的联系, 我们把向量放在直角坐标系中加以讨论, 定义向量的坐标, 从而把向量与有序数组对应起来.

在空间直角坐标系中, 记 i, j, k 分别是与 x 轴、y 轴、z 轴同方向的单位向量, 称为 $Oxyz$ 坐标系下的 **基本单位向量**.

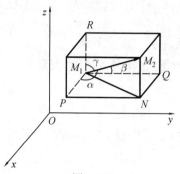

图 1.10

设 $\boldsymbol{a} = \overrightarrow{M_1 M_2}$ 是空间直角坐标系中的一个向量, 其起点和终点的坐标为 $M_1(x_1, y_1, z_1)$ 和 $M_2(x_2, y_2, z_2)$. 以 $M_1 M_2$ 为对角线作一个各棱分别平行于三个坐标轴的长方体 (图 1.10), 有

$$\boldsymbol{a} = \overrightarrow{M_1 M_2} = \overrightarrow{M_1 P} + \overrightarrow{PN} + \overrightarrow{NM_2}$$
$$= \overrightarrow{M_1 P} + \overrightarrow{M_1 Q} + \overrightarrow{M_1 R},$$

由向量与和它同方向的单位向量的关系知

$$\overrightarrow{M_1 P} = (x_2 - x_1)\boldsymbol{i}, \quad \overrightarrow{M_1 Q} = (y_2 - y_1)\boldsymbol{j}, \quad \overrightarrow{M_1 R} = (z_2 - z_1)\boldsymbol{k},$$

分别称 $x_2 - x_1, y_2 - y_1, z_2 - z_1$ 为向量 $\boldsymbol{a}$ 在 x 轴、 y 轴、 z 轴上的 **投影**, 并记为

$$x_2 - x_1 = a_x, \quad y_2 - y_1 = a_y, \quad z_2 - z_1 = a_z,$$

则

$$\boldsymbol{a} = (x_2 - x_1)\boldsymbol{i} + (y_2 - y_1)\boldsymbol{j} + (z_2 - z_1)\boldsymbol{k}$$
$$= a_x \boldsymbol{i} + a_y \boldsymbol{j} + a_z \boldsymbol{k}$$

称为向量 $\boldsymbol{a}$ 按基本单位向量的分解表示式, 其中 $a_x \boldsymbol{i}, a_y \boldsymbol{j}, a_z \boldsymbol{k}$ 分别称为向量 $\boldsymbol{a}$ 在 x 轴、 y 轴、 z 轴上的 **分向量**.

称有序数组 a_x, a_y, a_z 为向量 $\boldsymbol{a}$ 的 **坐标**, 并把向量 $\boldsymbol{a}$ 记为

$$\boldsymbol{a} = (a_x, a_y, a_z).$$

上式称为向量 $\boldsymbol{a}$ 的 **坐标表示式**.

特别地, 从原点到 $M(x, y, z)$ 的向径

$$\boldsymbol{r} = \overrightarrow{OM} = x\boldsymbol{i} + y\boldsymbol{j} + z\boldsymbol{k} = (x, y, z),$$

即如果向量的起点为坐标原点, 那么这个向量的坐标与它的终点的坐标是一致的.

由此可知, 每个向量都唯一地确定一个有序数组; 反过来, 每一个有序数组都能唯一地确定一个向径, 而我们讨论的是自由向量, 因而每一个有序数组都能唯一地确定一个向量. 这样向量和它的坐标就是一一对应的.

向量的坐标表示使用的是圆括号, 这与点的坐标表示相同, 我们从上下文是容易区别它们的.

2. 向量的模及方向余弦的坐标表示

设向量 $\boldsymbol{a} = \overrightarrow{M_1 M_2} = (a_x, a_y, a_z)$, 其起点和终点的坐标为 $M_1(x_1, y_1, z_1)$ 和 $M_2(x_2, y_2, z_2)$, 由空间两点距离公式, 知 $\boldsymbol{a}$ 的模

$$|\boldsymbol{a}| = |\overrightarrow{M_1 M_2}| = \sqrt{(x_2 - x_1)^2 + (y_2 - y_1)^2 + (z_2 - z_1)^2},$$

而

$$a_x = x_2 - x_1, \quad a_y = y_2 - y_1, \quad a_z = z_2 - z_1,$$

于是得

$$|\boldsymbol{a}| = \sqrt{a_x^2 + a_y^2 + a_z^2}. \tag{1.1.1}$$

非零向量 $\boldsymbol{a}$ 与 x 轴、y 轴、z 轴正方向之间的夹角 α, β, γ 称为 $\boldsymbol{a}$ 的方向角 (规定 $0 \leqslant \alpha \leqslant \pi, 0 \leqslant \beta \leqslant \pi, 0 \leqslant \gamma \leqslant \pi$), 方向角的余弦 $\cos\alpha, \cos\beta, \cos\gamma$ 称为 $\boldsymbol{a}$ 的**方向余弦**. 由图 1.10 知

$$
\begin{aligned}
a_x &= |\overrightarrow{M_1 M_2}| \cos\alpha = |\boldsymbol{a}| \cos\alpha, \\
a_y &= |\overrightarrow{M_1 M_2}| \cos\beta = |\boldsymbol{a}| \cos\beta, \\
a_z &= |\overrightarrow{M_1 M_2}| \cos\gamma = |\boldsymbol{a}| \cos\gamma.
\end{aligned}
\tag{1.1.2}
$$

即

$$
\begin{aligned}
\cos\alpha &= \frac{a_x}{|\boldsymbol{a}|} = \frac{a_x}{\sqrt{a_x^2 + a_y^2 + a_z^2}}, \\
\cos\beta &= \frac{a_y}{|\boldsymbol{a}|} = \frac{a_y}{\sqrt{a_x^2 + a_y^2 + a_z^2}}, \\
\cos\gamma &= \frac{a_z}{|\boldsymbol{a}|} = \frac{a_z}{\sqrt{a_x^2 + a_y^2 + a_z^2}}.
\end{aligned}
\tag{1.1.3}
$$

当 $\boldsymbol{a}$ 的坐标给出后, 由式 (1.1.1) 和 (1.1.3) 可以确定它的模和方向角 (即大小和方向); 反过来, 当 $\boldsymbol{a}$ 的模和方向角已知时, 由式 (1.1.2) 可以确定它的坐标.

容易验证方向余弦满足如下的关系式:

$$\cos^2\alpha + \cos^2\beta + \cos^2\gamma = 1.$$

与非零向量 $\boldsymbol{a}$ 同方向的单位向量的坐标表示式为

$$
\begin{aligned}
\boldsymbol{e_a} &= \frac{\boldsymbol{a}}{|\boldsymbol{a}|} = \frac{1}{|\boldsymbol{a}|}(a_x, a_y, a_z) \\
&= (\cos\alpha, \cos\beta, \cos\gamma),
\end{aligned}
$$

即 $(\cos\alpha, \cos\beta, \cos\gamma)$ 是与向量 $\boldsymbol{a}$ 同方向的单位向量.

例 1.1.3　已知两点 $M_1(2, 2, \sqrt{2})$ 和 $M_2(1, 3, 0)$, 求向量 $\overrightarrow{M_1M_2}$ 的模、方向余弦和方向角.

解　$\overrightarrow{M_1M_2} = (1 - 2, 3 - 2, 0 - \sqrt{2}) = (-1, 1, -\sqrt{2}),$

$$|\overrightarrow{M_1M_2}| = \sqrt{(-1)^2 + 1^2 + (-\sqrt{2})^2} = 2,$$

$$\cos\alpha = -\frac{1}{2}, \quad \cos\beta = \frac{1}{2}, \quad \cos\gamma = -\frac{\sqrt{2}}{2},$$

$$\alpha = \frac{2\pi}{3}, \quad \beta = \frac{\pi}{3}, \quad \gamma = \frac{3\pi}{4}.$$

例 1.1.4　设点 M 位于第二卦限, 向径 $\overrightarrow{OM}$ 与 y 轴、z 轴的夹角依次为 $\dfrac{\pi}{3}$ 和 $\dfrac{\pi}{4}$, 且 $|\overrightarrow{OM}| = 8$, 求点 M 的坐标.

解　由 $\beta = \dfrac{\pi}{3}, \gamma = \dfrac{\pi}{4}$ 和 $\cos^2\alpha + \cos^2\beta + \cos^2\gamma = 1$ 得

$$\cos^2\alpha = 1 - \left(\frac{1}{2}\right)^2 - \left(\frac{\sqrt{2}}{2}\right)^2 = \frac{1}{4},$$

又点 M 在第二卦限, $\cos\alpha < 0$, 所以

$$\cos\alpha = -\frac{1}{2},$$

于是

$$\overrightarrow{OM} = |\overrightarrow{OM}|(\cos\alpha, \cos\beta, \cos\gamma)$$

$$= 8\left(-\frac{1}{2}, \frac{1}{2}, \frac{\sqrt{2}}{2}\right)$$

$$= (-4, 4, 4\sqrt{2}),$$

这就是点 M 的坐标.

3. 向量线性运算的坐标表示

设有向量

$$\boldsymbol{a} = a_x\boldsymbol{i} + a_y\boldsymbol{j} + a_z\boldsymbol{k} = (a_x, a_y, a_z),$$

$$\boldsymbol{b} = b_x\boldsymbol{i} + b_y\boldsymbol{j} + b_z\boldsymbol{k} = (b_x, b_y, b_z),$$

由向量加法和数乘的运算律有

$$a \pm b = (a_x i + a_y j + a_z k) \pm (b_x i + b_y j + b_z k)$$
$$= (a_x \pm b_x)i + (a_y \pm b_y)j + (a_z \pm b_z)k,$$

$$\lambda a = \lambda(a_x i + a_y j + a_z k)$$
$$= \lambda a_x i + \lambda a_y j + \lambda a_z k,$$

或

$$(a \pm b) = (a_x \pm b_x, a_y \pm b_y, a_z \pm b_z),$$

$$\lambda a = (\lambda a_x, \lambda a_y, \lambda a_z).$$

即两个向量相加减等于对应坐标相加减, 数乘向量等于用这个数乘以向量的各个坐标.

由定理 1.1.1 知, 当 $a \neq 0$ 时, $a//b$ 的充要条件是 $b = \lambda a$. 按照向量的坐标表示式即为

$$(b_x, b_y, b_z) = (\lambda a_x, \lambda a_y, \lambda a_z).$$

因此, 当 $a \neq 0$ 时, $a//b$ 的充要条件为

$$b_x = \lambda a_x, \quad b_y = \lambda a_y, \quad b_z = \lambda a_z,$$

或写成

$$\frac{b_x}{a_x} = \frac{b_y}{a_y} = \frac{b_z}{a_z} = \lambda,$$

即 a 与 b 的对应坐标成比例 (若 a_x, a_y, a_z 中某个为零时, 则上式中理解为相应的分子为零).

1.1.5 向量的乘积运算

1. 向量的数量积

首先, 我们定义向量 a 与 b 的夹角: 将 a 或 b 平移使它们的起点重合, 它们所在的射线之间的夹角 θ $(0 \leqslant \theta \leqslant \pi)$ 称为向量 a 与 b 的 **夹角**(图 1.11), 记为 $\widehat{(a,b)}$. 如果 $\widehat{(a,b)} = \dfrac{\pi}{2}$, 则称向量 a 与 b **垂直**, 记为 $a \perp b$.

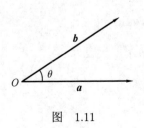

图　1.11

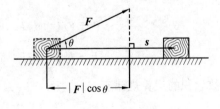

图　1.12

如果某物体在外力 $\boldsymbol{F}$ 的作用下沿直线移动, 位移向量为 $\boldsymbol{s}$, 则力 $\boldsymbol{F}$ 所做的功为

$$W = |\boldsymbol{F}||\boldsymbol{s}|\cos\theta,$$

其中 $\theta = (\widehat{\boldsymbol{F}, \boldsymbol{s}})$(图 1.12). 由此实际背景出发, 我们来定义向量 $\boldsymbol{a}$ 与 $\boldsymbol{b}$ 的数量积.

定义 1.1.1 设有向量 $\boldsymbol{a}$ 和 $\boldsymbol{b}$, $\theta = (\widehat{\boldsymbol{a}, \boldsymbol{b}})$, 规定向量 $\boldsymbol{a}$ 与 $\boldsymbol{b}$ 的 **数量积** 是一个数, 记为 $\boldsymbol{a} \cdot \boldsymbol{b}$, 其值为

$$\boldsymbol{a} \cdot \boldsymbol{b} = |\boldsymbol{a}||\boldsymbol{b}|\cos\theta. \tag{1.1.4}$$

两个向量的数量积又称为点积或内积. 根据数量积的定义, 上述问题中力 $\boldsymbol{F}$ 所做的功就可以表示为 $W = \boldsymbol{F} \cdot \boldsymbol{s}$.

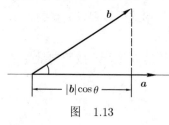

图   1.13

式 (1.1.4) 中的因子 $|\boldsymbol{b}|\cos\theta$ 称为向量 $\boldsymbol{b}$ 在向量 $\boldsymbol{a}$ 上的投影, 记为 $\mathrm{Prj}_{\boldsymbol{a}}\boldsymbol{b}$, 即 $\mathrm{Prj}_{\boldsymbol{a}}\boldsymbol{b} = |\boldsymbol{b}|\cos\theta$. 当 θ 是锐角时, $\mathrm{Prj}_{\boldsymbol{a}}\boldsymbol{b}$ 是 $\boldsymbol{b}$ 在 $\boldsymbol{a}$ 所在直线上投影线段的长度 (图 1.13); 当 θ 是钝角时, $\mathrm{Prj}_{\boldsymbol{a}}\boldsymbol{b}$ 是投影线段长度的相反数.

同样, 因子 $|\boldsymbol{a}|\cos\theta$ 称为向量 $\boldsymbol{a}$ 在向量 $\boldsymbol{b}$ 上的投影, 记为 $\mathrm{Prj}_{\boldsymbol{b}}\boldsymbol{a}$, 即 $\mathrm{Prj}_{\boldsymbol{b}}\boldsymbol{a} = |\boldsymbol{a}|\cos\theta$. 因此, 有

$$\boldsymbol{a} \cdot \boldsymbol{b} = |\boldsymbol{a}|\mathrm{Prj}_{\boldsymbol{a}}\boldsymbol{b} = |\boldsymbol{b}|\mathrm{Prj}_{\boldsymbol{b}}\boldsymbol{a}.$$

数量积具有下列性质:

(1) $\boldsymbol{a} \cdot \boldsymbol{a} = |\boldsymbol{a}|^2$.

(2) 向量 $\boldsymbol{a} \perp \boldsymbol{b}$ 的充要条件是 $\boldsymbol{a} \cdot \boldsymbol{b} = 0$.

事实上, 当 $\boldsymbol{a}$ 与 $\boldsymbol{b}$ 有一个为 $\boldsymbol{0}$ 时, 结论显然成立; 当 $\boldsymbol{a}$ 与 $\boldsymbol{b}$ 均不为 $\boldsymbol{0}$ 时, 按定义, $\boldsymbol{a} \perp \boldsymbol{b}$ 的充要条件是 $\theta = (\widehat{\boldsymbol{a}, \boldsymbol{b}}) = \dfrac{\pi}{2}$, 即 $\boldsymbol{a} \cdot \boldsymbol{b} = |\boldsymbol{a}||\boldsymbol{b}|\cos\theta = 0$.

数量积具有下列运算规律:

(1) 交换律 $\boldsymbol{a} \cdot \boldsymbol{b} = \boldsymbol{b} \cdot \boldsymbol{a}$;

(2) 分配律 $\boldsymbol{a} \cdot (\boldsymbol{b} + \boldsymbol{c}) = \boldsymbol{a} \cdot \boldsymbol{b} + \boldsymbol{a} \cdot \boldsymbol{c}$;

(3) 结合律 $(\lambda\boldsymbol{a}) \cdot \boldsymbol{b} = \boldsymbol{a} \cdot (\lambda\boldsymbol{b}) = \lambda(\boldsymbol{a} \cdot \boldsymbol{b})$ (λ 为实数).

下面推导数量积的坐标表示式. 设

$$\boldsymbol{a} = a_x\boldsymbol{i} + a_y\boldsymbol{j} + a_z\boldsymbol{k} = (a_x, a_y, a_z),$$

$$\boldsymbol{b} = b_x\boldsymbol{i} + b_y\boldsymbol{j} + b_z\boldsymbol{k} = (b_x, b_y, b_z).$$

由数量积的运算规律有

$$\boldsymbol{a} \cdot \boldsymbol{b} = (a_x\boldsymbol{i} + a_y\boldsymbol{j} + a_z\boldsymbol{k}) \cdot (b_x\boldsymbol{i} + b_y\boldsymbol{j} + b_z\boldsymbol{k})$$
$$= a_xb_x\boldsymbol{i} \cdot \boldsymbol{i} + a_xb_y\boldsymbol{i} \cdot \boldsymbol{j} + a_xb_z\boldsymbol{i} \cdot \boldsymbol{k}$$
$$+ a_yb_x\boldsymbol{j} \cdot \boldsymbol{i} + a_yb_y\boldsymbol{j} \cdot \boldsymbol{j} + a_yb_z\boldsymbol{j} \cdot \boldsymbol{k}$$
$$+ a_zb_x\boldsymbol{k} \cdot \boldsymbol{i} + a_zb_y\boldsymbol{k} \cdot \boldsymbol{j} + a_zb_z\boldsymbol{k} \cdot \boldsymbol{k},$$

由于 $\boldsymbol{i}, \boldsymbol{j}, \boldsymbol{k}$ 是两两垂直的单位向量, 所以由数量积的性质 (1) 和 (2) 有

$$\boldsymbol{a} \cdot \boldsymbol{b} = a_xb_x + a_yb_y + a_zb_z. \tag{1.1.5}$$

由式 (1.1.5) 和性质 (2) 知, 两向量 $\boldsymbol{a} \perp \boldsymbol{b}$ 的充要条件是

$$a_xb_x + a_yb_y + a_zb_z = 0.$$

两非零向量 $\boldsymbol{a}$ 与 $\boldsymbol{b}$ 的夹角满足公式

$$\cos\theta = \frac{\boldsymbol{a} \cdot \boldsymbol{b}}{|\boldsymbol{a}||\boldsymbol{b}|} = \frac{a_xb_x + a_yb_y + a_zb_z}{\sqrt{a_x^2 + a_y^2 + a_z^2}\sqrt{b_x^2 + b_y^2 + b_z^2}} \quad (0 \leqslant \theta \leqslant \pi).$$

例 1.1.5 设 $|\boldsymbol{a}| = 3, |\boldsymbol{b}| = 2, (\widehat{\boldsymbol{a}, \boldsymbol{b}}) = \dfrac{\pi}{3}$, 求 $\boldsymbol{a} \cdot \boldsymbol{b}$ 和 $|\boldsymbol{a} + \boldsymbol{b}|$.

解 $\boldsymbol{a} \cdot \boldsymbol{b} = |\boldsymbol{a}||\boldsymbol{b}|\cos(\widehat{\boldsymbol{a}, \boldsymbol{b}}) = 3 \times 2 \times \cos\dfrac{\pi}{3} = 3,$

$$|\boldsymbol{a} + \boldsymbol{b}|^2 = (\boldsymbol{a} + \boldsymbol{b}) \cdot (\boldsymbol{a} + \boldsymbol{b}) = \boldsymbol{a} \cdot \boldsymbol{a} + \boldsymbol{a} \cdot \boldsymbol{b} + \boldsymbol{b} \cdot \boldsymbol{a} + \boldsymbol{b} \cdot \boldsymbol{b}$$
$$= |\boldsymbol{a}|^2 + |\boldsymbol{b}|^2 + 2\boldsymbol{a} \cdot \boldsymbol{b}$$
$$= 3^2 + 2^2 + 2 \times 3 = 19,$$

所以 $|\boldsymbol{a} + \boldsymbol{b}| = \sqrt{19}$.

例 1.1.6 已知三点 $A(1, 1, 1), B(2, 2, 1)$ 和 $C(2, 1, 2)$, 求 $\angle BAC$.

解 $\overrightarrow{AB} = (1, 1, 0), \overrightarrow{AC} = (1, 0, 1),$ 故

$$\overrightarrow{AB} \cdot \overrightarrow{AC} = 1 \times 1 + 1 \times 0 + 0 \times 1 = 1,$$
$$|\overrightarrow{AB}| = \sqrt{1^2 + 1^2 + 0^2} = \sqrt{2}, \quad |\overrightarrow{AC}| = \sqrt{1^2 + 0^2 + 1^2} = \sqrt{2},$$

从而

$$\cos\angle BAC = \frac{\overrightarrow{AB} \cdot \overrightarrow{AC}}{|\overrightarrow{AB}||\overrightarrow{AC}|} = \frac{1}{2},$$

所以 $\angle BAC = \dfrac{\pi}{3}$.

2. 向量的向量积

定义 1.1.2　设有向量 $\boldsymbol{a}$ 和 $\boldsymbol{b}$, $\theta = \widehat{(\boldsymbol{a}, \boldsymbol{b})}$, 规定向量 $\boldsymbol{a}$ 和 $\boldsymbol{b}$ 的 **向量积** 是一个向量, 记为 $\boldsymbol{a} \times \boldsymbol{b}$, 它的模和方向分别为

(1) $|\boldsymbol{a} \times \boldsymbol{b}| = |\boldsymbol{a}||\boldsymbol{b}| \sin\theta$;

(2) $\boldsymbol{a} \times \boldsymbol{b}$ 同时垂直于 $\boldsymbol{a}$ 和 $\boldsymbol{b}$, 并且 $\boldsymbol{a}, \boldsymbol{b}, \boldsymbol{a} \times \boldsymbol{b}$ 符合右手规则 (图 1.14).

两个向量的向量积又称为叉积或外积. 两个向量 $\boldsymbol{a}$ 和 $\boldsymbol{b}$ 的向量积的模 $|\boldsymbol{a} \times \boldsymbol{b}| = |\boldsymbol{a}||\boldsymbol{b}| \sin\theta$ 在几何上表示以 $\boldsymbol{a}$ 和 $\boldsymbol{b}$ 为邻边的平行四边形的面积 (图 1.15).

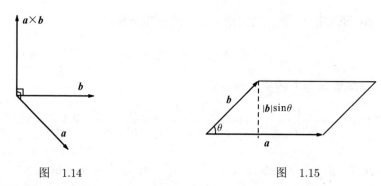

图　1.14　　　　　　　　　　　　　　　图　1.15

向量积具有下列性质:

(1) $\boldsymbol{a} \times \boldsymbol{a} = \boldsymbol{0}$.

这是因为 $\boldsymbol{a}$ 与自己的夹角 $\theta = 0$, 所以 $|\boldsymbol{a} \times \boldsymbol{a}| = |\boldsymbol{a}|^2 \sin\theta = 0$.

(2) 向量 $\boldsymbol{a} // \boldsymbol{b}$ 的充要条件是 $\boldsymbol{a} \times \boldsymbol{b} = \boldsymbol{0}$.

事实上, 当 $\boldsymbol{a}$ 与 $\boldsymbol{b}$ 有一个为 $\boldsymbol{0}$ 时, 结论显然成立; 当 $\boldsymbol{a}$ 与 $\boldsymbol{b}$ 均不为 $\boldsymbol{0}$ 时, 因为 $\boldsymbol{a} \times \boldsymbol{b} = \boldsymbol{0}$ 等价于 $|\boldsymbol{a} \times \boldsymbol{b}| = 0$, 即 $|\boldsymbol{a}||\boldsymbol{b}| \sin\theta = 0$, 又 $|\boldsymbol{a}|$ 和 $|\boldsymbol{b}|$ 均不为零, 上式等价于 $\sin\theta = 0$, 即 $\theta = 0$ 或 $\theta = \pi$, 亦即 $\boldsymbol{a} // \boldsymbol{b}$.

向量积具有下列运算规律:

(1) 反交换律　$\boldsymbol{a} \times \boldsymbol{b} = -\boldsymbol{b} \times \boldsymbol{a}$.

这是因为按照向量积的定义, $\boldsymbol{a} \times \boldsymbol{b}$ 与 $\boldsymbol{b} \times \boldsymbol{a}$ 的模相等, 方向相反.

(2) 分配律　$\boldsymbol{a} \times (\boldsymbol{b} + \boldsymbol{c}) = \boldsymbol{a} \times \boldsymbol{b} + \boldsymbol{a} \times \boldsymbol{c}$.

(3) 结合律　$(\lambda\boldsymbol{a}) \times \boldsymbol{b} = \boldsymbol{a} \times (\lambda\boldsymbol{b}) = \lambda(\boldsymbol{a} \times \boldsymbol{b})$ $(\lambda$ 是实数$)$.

下面推导向量积的坐标表示式. 设

$$\boldsymbol{a} = a_x\boldsymbol{i} + a_y\boldsymbol{j} + a_z\boldsymbol{k} = (a_x, a_y, a_z),$$

$$\boldsymbol{b} = b_x\boldsymbol{i} + b_y\boldsymbol{j} + b_z\boldsymbol{k} = (b_x, b_y, b_z).$$

由向量积的运算规律有

$$\boldsymbol{a} \times \boldsymbol{b} = (a_x\boldsymbol{i} + a_y\boldsymbol{j} + a_z\boldsymbol{k}) \times (b_x\boldsymbol{i} + b_y\boldsymbol{j} + b_z\boldsymbol{k})$$

$$= a_x b_x \boldsymbol{i} \times \boldsymbol{i} + a_x b_y \boldsymbol{i} \times \boldsymbol{j} + a_x b_z \boldsymbol{i} \times \boldsymbol{k}$$
$$+ a_y b_x \boldsymbol{j} \times \boldsymbol{i} + a_y b_y \boldsymbol{j} \times \boldsymbol{j} + a_y b_z \boldsymbol{j} \times \boldsymbol{k}$$
$$+ a_z b_x \boldsymbol{k} \times \boldsymbol{i} + a_z b_y \boldsymbol{k} \times \boldsymbol{j} + a_z b_z \boldsymbol{k} \times \boldsymbol{k},$$

由于 $\boldsymbol{i}, \boldsymbol{j}, \boldsymbol{k}$ 是两两垂直的单位向量, 且它们符合右手规则, 所以

$$\boldsymbol{i} \times \boldsymbol{i} = \boldsymbol{j} \times \boldsymbol{j} = \boldsymbol{k} \times \boldsymbol{k} = \boldsymbol{0},$$

$$\boldsymbol{i} \times \boldsymbol{j} = \boldsymbol{k}, \ \boldsymbol{j} \times \boldsymbol{k} = \boldsymbol{i}, \ \boldsymbol{k} \times \boldsymbol{i} = \boldsymbol{j}, \ \boldsymbol{j} \times \boldsymbol{i} = -\boldsymbol{k}, \ \boldsymbol{k} \times \boldsymbol{j} = -\boldsymbol{i}, \ \boldsymbol{i} \times \boldsymbol{k} = -\boldsymbol{j},$$

从而有

$$\boldsymbol{a} \times \boldsymbol{b} = (a_y b_z - a_z b_y)\boldsymbol{i} + (a_z b_x - a_x b_z)\boldsymbol{j} + (a_x b_y - a_y b_x)\boldsymbol{k},$$

或

$$(a_y b_z - a_z b_y, \ a_z b_x - a_x b_z, \ a_x b_y - a_y b_x).$$

为便于记忆, 引进三阶行列式, 上式可以写成

$$\boldsymbol{a} \times \boldsymbol{b} = \begin{vmatrix} \boldsymbol{i} & \boldsymbol{j} & \boldsymbol{k} \\ a_x & a_y & a_z \\ b_x & b_y & b_z \end{vmatrix}.$$

例 1.1.7 设向量 $\boldsymbol{a} = (2, 2, 1)$, $\boldsymbol{b} = (4, 5, 3)$, 求一个与 $\boldsymbol{a}$ 和 $\boldsymbol{b}$ 都垂直的向量 $\boldsymbol{c}$.

解 由向量积的定义知, $\boldsymbol{a} \times \boldsymbol{b}$ 与 $\boldsymbol{a}$ 和 $\boldsymbol{b}$ 都垂直, 故可取

$$\boldsymbol{c} = \boldsymbol{a} \times \boldsymbol{b} = \begin{vmatrix} \boldsymbol{i} & \boldsymbol{j} & \boldsymbol{k} \\ 2 & 2 & 1 \\ 4 & 5 & 3 \end{vmatrix} = \boldsymbol{i} - 2\boldsymbol{j} + 2\boldsymbol{k} = (1, -2, 2).$$

例 1.1.8 设 l 是空间过点 $A(1, 2, 3)$ 和 $B(2, -1, 5)$ 的直线, 求点 $C(3, 2, -5)$ 到直线 l 的距离 d.

解 作向量 $\overrightarrow{AB}$ 和 $\overrightarrow{AC}$, C 到 l 的距离 d 为以 AB, AC 为邻边的平行四边形的高 (图 1.16), 而 $|\overrightarrow{AB} \times \overrightarrow{AC}|$ 为该平行四边形的面积, 所以

$$d = \frac{|\overrightarrow{AB} \times \overrightarrow{AC}|}{|\overrightarrow{AB}|}.$$

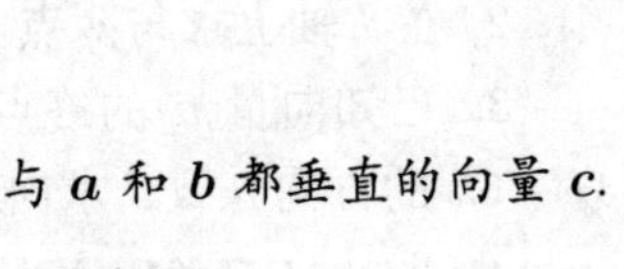

图 1.16

因为 $\overrightarrow{AB} = (1, -3, 2)$, $\overrightarrow{AC} = (2, 0, -8)$, 所以

$$\overrightarrow{AB} \times \overrightarrow{AC} = \begin{vmatrix} \boldsymbol{i} & \boldsymbol{j} & \boldsymbol{k} \\ 1 & -3 & 2 \\ 2 & 0 & -8 \end{vmatrix} = 24\boldsymbol{i} + 12\boldsymbol{j} + 6\boldsymbol{k} = 6(4, 2, 1),$$

$$|\overrightarrow{AB} \times \overrightarrow{AC}| = 6\sqrt{4^2 + 2^2 + 1^2} = 6\sqrt{21},$$

而

$$|\overrightarrow{AB}| = \sqrt{1^2 + (-3)^2 + 2^2} = \sqrt{14},$$

故所求距离 $d = \dfrac{6\sqrt{21}}{\sqrt{14}} = 3\sqrt{6}$.

习 题 1.1

1. 求证: 以 $M_1(4, 3, 1), M_2(7, 1, 2), M_3(5, 2, 3)$ 为顶点的三角形是一个等腰三角形.

2. 在 z 轴上求与两点 $A(-4, 1, 7)$ 和 $B(3, 5, -2)$ 等距离的点.

3. 已知向量 $\boldsymbol{a}$ 的终点坐标是 $(2, -1, 0)$, $|\boldsymbol{a}| = 14$, 其方向与向量 $\boldsymbol{b} = -2\boldsymbol{i} + 3\boldsymbol{j} + 6\boldsymbol{k}$ 的方向一致, 求向量 $\boldsymbol{a}$ 的起点坐标.

4. 设 $\triangle ABC$ 的重心为 G, 任一点 O 到三角形三顶点的向量为 $\overrightarrow{OA} = \boldsymbol{r}_1$, $\overrightarrow{OB} = \boldsymbol{r}_2$, $\overrightarrow{OC} = \boldsymbol{r}_3$, 求证: $\overrightarrow{OG} = \dfrac{1}{3}(\boldsymbol{r}_1 + \boldsymbol{r}_2 + \boldsymbol{r}_3)$.

5. 设向量 $\boldsymbol{a}$ 的模为 5, 方向指向 Oxy 面的上方, 并与 x 轴、 y 轴正向的夹角分别为 $\dfrac{\pi}{3}, \dfrac{\pi}{4}$, 试求向量 $\boldsymbol{a}$.

6. 向量 $\boldsymbol{m} = (a_x, a_y, a_z), \boldsymbol{n} = (b_x, b_y, b_z), \boldsymbol{p} = (c_x, c_y, c_z)$, 求 $\boldsymbol{a} = 4\boldsymbol{m} + 3\boldsymbol{n} - 2\boldsymbol{p}$ 在 x 轴上的投影.

7. 设向量 $\boldsymbol{a}$ 的起点为 $A(4, 0, 5)$, 终点为 $B(7, 1, 3)$, 求出 $\boldsymbol{a}$ 的单位向量按基本单位向量的分解表示式.

8. 设 $|\boldsymbol{a}| = 2, |\boldsymbol{b}| = 5, (\widehat{\boldsymbol{a}, \boldsymbol{b}}) = \dfrac{2}{3}\pi$, 若向量 $\boldsymbol{m} = \lambda\boldsymbol{a} + 17\boldsymbol{b}$ 与向量 $\boldsymbol{n} = 3\boldsymbol{a} - \boldsymbol{b}$ 互相垂直, 求 λ.

9. 设 $\boldsymbol{a}, \boldsymbol{b}, \boldsymbol{c}$ 均为单位向量, 且有 $\boldsymbol{a} + \boldsymbol{b} + \boldsymbol{c} = 0$, 求 $\boldsymbol{a} \cdot \boldsymbol{b} + \boldsymbol{b} \cdot \boldsymbol{c} + \boldsymbol{c} \cdot \boldsymbol{a}$.

10. 已知 $(\boldsymbol{a} \times \boldsymbol{b}) \cdot \boldsymbol{c} = 2$, 求 $[(\boldsymbol{a} + \boldsymbol{b}) \times (\boldsymbol{b} + \boldsymbol{c})] \cdot (\boldsymbol{c} + \boldsymbol{a})$.

11. 设向量 $\boldsymbol{x}$ 垂直于向量 $\boldsymbol{a} = (2, 3, 1)$ 和 $\boldsymbol{b} = (1, -1, 3)$, 并且与 $\boldsymbol{c} = (2, 0, 2)$ 的数量积为 -10, 求向量 $\boldsymbol{x}$.

12. 设 $\boldsymbol{a} = (2, -3, 1), \boldsymbol{b} = (1, -2, 3)$, 求同时垂直 $\boldsymbol{a}$ 和 $\boldsymbol{b}$ 且在向量 $\boldsymbol{c} = (2, 1, 2)$ 上投影是 14 的向量 $\boldsymbol{r}$.

13. 设向量 a 平行于向量 $c = (7, -4, -4)$ 和向量 $b = (-2, -1, 2)$ 之间的角平分线, 且 $|a| = 5\sqrt{6}$, 求向量 a.

1.2 平面与直线

从本节开始讨论空间的几何图形及其方程, 这些几何图形包括平面、直线、曲面和曲线. 先以曲面为例介绍几何图形的方程的概念.

对于空间的 · 张曲面 Σ, 取定直角坐标系 $Oxyz$ 后, 如果曲面上的点 $M(x, y, z)$ 的坐标 x, y, z 和一个三元方程

$$F(x, y, z) = 0 \tag{1.2.1}$$

有如下关系:

(1) 曲面 Σ 上任意一点的坐标都满足方程 (1.2.1),

(2) 不在曲面 Σ 上的点的坐标都不满足方程 (1.2.1),

则称方程 (1.2.1) 为 **曲面 Σ 的方程**, 而曲面 Σ 称为方程 (1.2.1) 的 **图形**.

下面我们以向量为工具讨论平面与直线及其方程.

1.2.1 平面

1. 平面的点法式方程

垂直于平面 π 的非零向量称为该平面的 **法向量**, 一般记为 n. 显然平面 π 上的任何向量都与其法向量 n 相垂直.

因为过空间一个已知点有且仅有一个平面垂直于已知直线, 所以当平面 π 上一点 $M_0(x_0, y_0, z_0)$ 与平面的法向量 $n = (A, B, C)$ 为已知时, 平面 π 的位置是完全确定的. 下面我们根据上述已知条件来建立平面 π 的方程.

设 $M(x, y, z)$ 是平面 π 上的任意一点, 则 $\overrightarrow{M_0M} \perp n$, 即 $\overrightarrow{M_0M} \cdot n = 0$(图 1.17). 由于 $\overrightarrow{M_0M} = (x - x_0, y - y_0, z - z_0)$, $n = (A, B, C)$, 故有

$$A(x - x_0) + B(y - y_0) + C(z - z_0) = 0. \tag{1.2.2}$$

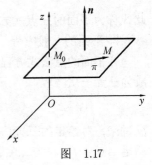

图 1.17

而当点 $M(x, y, z)$ 不在平面 π 上时, $\overrightarrow{M_0M}$ 不垂直于 n, 因此点 M 的坐标不满足方程 (1.2.2). 所以 (1.2.2) 是平面 π 的方程, 称为平面 π 的 **点法式方程**.

例 1.2.1   求过点 $(1,1,2)$ 且以 $\boldsymbol{n} = (1,2,1)$ 为法向量的平面方程.

解   由点法式方程 $(1.2.2)$ 得所求平面方程为

$$1(x-1) + 2(y-1) + 1(z-2) = 0,$$

即

$$x + 2y + z - 5 = 0.$$

例 1.2.2   求过三点 $M_1(1,1,1)$, $M_2(-2,1,2)$ 和 $M_3(-3,3,1)$ 的平面方程.

解   所求平面的法向量 $\boldsymbol{n} \perp \overrightarrow{M_1M_2}$ 且 $\boldsymbol{n} \perp \overrightarrow{M_1M_3}$, 而 $\overrightarrow{M_1M_2} = (-3,0,1)$, $\overrightarrow{M_1M_3} = (-4,2,0)$, 所以可取

$$\boldsymbol{n} = \overrightarrow{M_1M_2} \times \overrightarrow{M_1M_3} = \begin{vmatrix} \boldsymbol{i} & \boldsymbol{j} & \boldsymbol{k} \\ -3 & 0 & 1 \\ -4 & 2 & 0 \end{vmatrix} = -2\boldsymbol{i} - 4\boldsymbol{j} - 6\boldsymbol{k},$$

根据点法式方程 $(1.2.2)$ 得所求平面方程为

1-2 平面方程

$$-2(x-1) - 4(y-1) - 6(z-1) = 0,$$

即

$$x + 2y + 3z - 6 = 0.$$

一般地, 如果平面 π 过不共线的三点 $M_1(x_1,y_1,z_1)$, $M_2(x_2,y_2,z_2)$ 和 $M_3(x_3, y_3,z_3)$, 设 $M(x,y,z)$ 为平面 π 上的任意一点, 则向量 $\overrightarrow{M_1M}$, $\overrightarrow{M_1M_2}$, $\overrightarrow{M_1M_3}$ 共面, 即它们的混合积为零, 因此得

$$\begin{vmatrix} x-x_1 & y-y_1 & z-z_1 \\ x_2-x_1 & y_2-y_1 & z_2-z_1 \\ x_3-x_1 & y_3-y_1 & z_3-z_1 \end{vmatrix} = 0.$$

此式称为平面的三点式方程.

2. 平面的一般方程

在平面的点法式方程 $(1.2.2)$ 中, 若记 $D = -(Ax_0 + By_0 + Cz_0)$, 则方程 $(1.2.2)$ 成为三元一次方程

$$Ax + By + Cz + D = 0. \tag{1.2.3}$$

反过来, 对给定的三元一次方程 $(1.2.3)$, 其中 A, B, C 不同时为零, 设 x_0, y_0, z_0 满足 $Ax_0 + By_0 + Cz_0 + D = 0$, 把式 $(1.2.3)$ 与它相减得

$$A(x-x_0) + B(y-y_0) + C(z-z_0) = 0.$$

可见方程 (1.2.3) 就是过点 $M_0(x_0, y_0, z_0)$ 并且以 $\boldsymbol{n} = (A, B, C)$ 为法向量的平面方程. 我们把方程 (1.2.3) 称为平面的 **一般方程**. 因此, 三元一次方程 (1.2.3) 的图形是平面.

要熟悉以下一些特殊的三元一次方程所表示的平面的特点:

当 $D = 0$ 时, 方程为 $Ax + By + Cz = 0$, 表示一个过原点的平面.

当 $A = 0$ 时, 方程为 $By + Cz + D = 0$, 法向量 $\boldsymbol{n} = (0, B, C)$ 垂直于 x 轴, 方程表示一个平行于 x 轴的平面.

同样, 方程 $Ax + Cz + D = 0$ 和 $Ax + By + D = 0$ 分别表示一个平行于 y 轴、z 轴的平面.

当 $A = B = 0$ 时, 方程为 $Cz + D = 0$, 法向量 $\boldsymbol{n} = (0, 0, C)$ 同时垂直于 x 轴和 y 轴, 方程表示一个平行于 Oxy 面的平面.

同样, 方程 $Ax + D = 0$ 和 $By + D = 0$ 分别表示一个平行于 Oyz 面、Ozx 面的平面.

例 1.2.3 求过 z 轴和点 $(-3, 1, -2)$ 的平面方程.

解 由于所求平面过 z 轴, 所以其一般方程可设为

$$Ax + By = 0.$$

又所求平面过点 $(-3, 1, -2)$, 有

$$-3A + B = 0, \quad 即 \quad B = 3A.$$

代入方程 $Ax + By = 0$ 并消去 A, 得所求平面方程为

$$x + 3y = 0.$$

例 1.2.4 求与 x, y, z 轴分别交于点 $P(a, 0, 0), Q(0, b, 0), R(0, 0, c)$ 的平面方程 (图 1.18), 其中 $a \neq 0, b \neq 0, c \neq 0$.

解 设所求平面方程为

$$Ax + By + Cz + D = 0.$$

因为平面不过原点, 所以 $D \neq 0$. 将点 P, Q, R 的坐标代入方程, 得

$$aA + D = 0, \ bB + D = 0, \ cC + D = 0,$$

即 $\quad A = -\dfrac{D}{a}, B = -\dfrac{D}{b}, C = -\dfrac{D}{c}.$

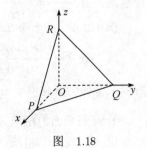

图 1.18

代入所设方程并消去 D, 得平面的方程为

$$\frac{x}{a} + \frac{y}{b} + \frac{z}{c} = 1.$$

此方程称为平面的截距式方程, a, b, c 依次称为平面在 x, y, z 轴上的截距.

3. 两平面的夹角

两平面的法向量的夹角称为两平面的夹角, 一般不取钝角 (图 1.19).

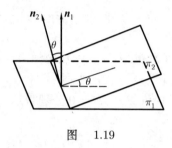

图　　1.19

设两平面 π_1 和 π_2 的法向量分别为 $\boldsymbol{n}_1 = (A_1, B_1, C_1)$ 和 $\boldsymbol{n}_2 = (A_2, B_2, C_2)$, 由于两平面的夹角 θ 是 $\boldsymbol{n}_1$ 和 $\boldsymbol{n}_2$ 的夹角并且不取钝角, 所以

$$\cos\theta = \frac{|\boldsymbol{n}_1 \cdot \boldsymbol{n}_2|}{|\boldsymbol{n}_1||\boldsymbol{n}_2|} = \frac{|A_1 A_2 + B_1 B_2 + C_1 C_2|}{\sqrt{A_1^2 + B_1^2 + C_1^2}\sqrt{A_2^2 + B_2^2 + C_2^2}}.$$

根据两向量垂直或平行的充要条件可知:

(1) 平面 π_1 和 π_2 互相垂直的充要条件是:

$$A_1 A_2 + B_1 B_2 + C_1 C_2 = 0;$$

(2) 平面 π_1 和 π_2 互相平行的充要条件是:

$$\frac{A_1}{A_2} = \frac{B_1}{B_2} = \frac{C_1}{C_2},$$

特别地, 当 $\dfrac{A_1}{A_2} = \dfrac{B_1}{B_2} = \dfrac{C_1}{C_2} = \dfrac{D_1}{D_2}$ 时两平面重合.

例 1.2.5　求平面 $2x - y + z - 6 = 0$ 和平面 $x + y + 2z - 5 = 0$ 的夹角.

解　$\cos\theta = \dfrac{|\boldsymbol{n}_1 \cdot \boldsymbol{n}_2|}{|\boldsymbol{n}_1||\boldsymbol{n}_2|} = \dfrac{|2 \times 1 + (-1) \times 1 + 1 \times 2|}{\sqrt{2^2 + (-1)^2 + 1^2}\sqrt{1^2 + 1^2 + 2^2}} = \dfrac{1}{2}$,

所以两平面的夹角 $\theta = \dfrac{\pi}{3}$.

4. 点到平面的距离

设 $M_0(x_0, y_0, z_0)$ 是平面 π: $Ax + By + Cz + D = 0$ 外一点, 在平面 π 上任取一点 $M_1(x_1, y_1, z_1)$, 并作向量 $\overrightarrow{M_1 M_0}$(图 1.20), 则点 M_0 到平面 π 的距离

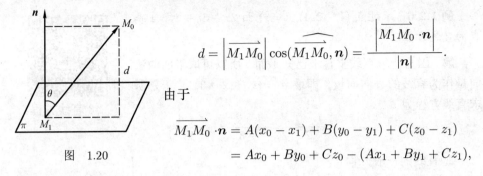

$$d = \left| \overrightarrow{M_1 M_0} \right| \cos(\widehat{\overrightarrow{M_1 M_0}, \boldsymbol{n}}) = \frac{\left| \overrightarrow{M_1 M_0} \cdot \boldsymbol{n} \right|}{|\boldsymbol{n}|}.$$

由于

$$\begin{aligned}
\overrightarrow{M_1 M_0} \cdot \boldsymbol{n} &= A(x_0 - x_1) + B(y_0 - y_1) + C(z_0 - z_1) \\
&= Ax_0 + By_0 + Cz_0 - (Ax_1 + By_1 + Cz_1),
\end{aligned}$$

图　1.20

而点 M_1 在平面 π 上, 即 $Ax_1 + By_1 + Cz_1 + D = 0$, $-(Ax_1 + By_1 + Cz_1) = D$, 故

$$d = \frac{|Ax_0 + By_0 + Cz_0 + D|}{\sqrt{A^2 + B^2 + C^2}}.$$

1.2.2　直线

1. 直线的对称式方程与参数方程

平行于直线的非零向量称为直线的 **方向向量**, 一般记为 $\boldsymbol{s}$.

因为过空间一个已知点有且仅有一条直线平行于已知直线, 所以当直线 L 上一点 $M_0(x_0, y_0, z_0)$ 及直线的方向向量 $\boldsymbol{s} = (m, n, p)$ 为已知时, 直线 L 的位置是完全确定的. 下面我们根据上述已知条件来建立直线 L 的方程.

设 $M(x, y, z)$ 是直线 L 上的任意一点, 于是 $\overrightarrow{M_0 M} \,/\!/\, \boldsymbol{s}$, 根据两向量平行的充要条件有

$$\frac{x - x_0}{m} = \frac{y - y_0}{n} = \frac{z - z_0}{p}. \tag{1.2.4}$$

而当点 $M(x, y, z)$ 不在直线 L 上时, $\overrightarrow{M_0 M}$ 不平行于 $\boldsymbol{s}$, 因此点 M 的坐标不满足式 (1.2.4). 所以式 (1.2.4) 是直线 L 的方程, 称为直线 L 的 **对称式**(或 **点向式**)**方程**.

在式 (1.2.4) 中, 若 m, n, p 中某个为零时, 则理解为相应的分子为零.

由直线的对称式方程可以导出直线的参数方程. 若设

$$\frac{x - x_0}{m} = \frac{y - y_0}{n} = \frac{z - z_0}{p} = t,$$

则有

$$\begin{cases}
x = x_0 + mt, \\
y = y_0 + nt, \\
z = z_0 + pt.
\end{cases}$$

此式称为直线 L 的 **参数方程**.

例 1.2.6 求过点 $(1, -2, 4)$ 且与平面 $2x - 3y + z = 4$ 垂直的直线方程.

解 因为所求直线垂直于已知平面, 所以可取平面的法向量作为直线的方向向量, 即取 $s = n = (2, -3, 1)$, 于是所求直线方程为

1-3 直线方程

$$\frac{x - 1}{2} = \frac{y + 2}{-3} = \frac{z - 4}{1}.$$

2. 直线的一般方程

空间直线 L 可以看作不平行的两个平面

$$\pi_1 : A_1 x + B_1 y + C_1 z + D_1 = 0,$$
$$\pi_2 : A_2 x + B_2 y + C_2 z + D_2 = 0$$

的交线 (图 1.21). 空间上任意一点 $M(x, y, z)$ 在直线 L 上, 当且仅当它的坐标 x, y, z 同时满足 π_1 和 π_2 的方程, 即满足方程组

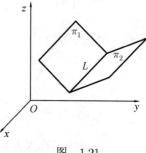

图　1.21

$$\begin{cases} A_1 x + B_1 y + C_1 z + D_1 = 0, \\ A_2 x + B_2 y + C_2 z + D_2 = 0. \end{cases} \quad (1.2.5)$$

称 (1.2.5) 为直线 L 的 **一般方程**, 其中 $\dfrac{A_1}{A_2} = \dfrac{B_1}{B_2} = \dfrac{C_1}{C_2}$ 不成立.

如果直线由对称式方程 (1.2.4) 给出, 容易写成一般方程, 如

$$\begin{cases} \dfrac{x - x_0}{m} - \dfrac{y - y_0}{n} = 0, \\ \dfrac{x - x_0}{m} - \dfrac{z - z_0}{p} = 0. \end{cases}$$

特别地, 当 m, n, p 中有一个为零, 如 $m = 0$ 时, 应理解为一般方程

$$\begin{cases} x - x_0 = 0, \\ \dfrac{y - y_0}{n} - \dfrac{z - z_0}{p} = 0. \end{cases}$$

当 m, n, p 中有两个为零, 如 $m = n = 0$, 应理解为一般方程

$$\begin{cases} x - x_0 = 0, \\ y - y_0 = 0. \end{cases}$$

如果直线 L 由一般方程 (1.2.5) 给出, 即直线 L 是平面 π_1 和 π_2 的交线, 那么 L 的方向向量 s 同时垂直于 π_1 和 π_2 的法向量 n_1 和 n_2, 可取

$$s = n_1 \times n_2.$$

再任取方程组 (1.2.5) 的一组解 x_0, y_0, z_0, 这样由点 (x_0, y_0, z_0) 与方向向量 s 就可以写出 L 的对称式方程或参数方程.

例 1.2.7 将直线的一般方程

$$L : \begin{cases} 2x - 4y + z - 1 = 0, \\ x + 3y + 5 = 0 \end{cases}$$

化为对称式方程和参数方程.

解 先找出直线上一点, 不妨取 $y_0 = 0$, 代入直线方程, 得

$$\begin{cases} 2x + z - 1 = 0, \\ x + 5 = 0, \end{cases}$$

解得 $x_0 = -5$, $z_0 = 11$. 再取

$$s = n_1 \times n_2 = \begin{vmatrix} i & j & k \\ 2 & -4 & 1 \\ 1 & 3 & 0 \end{vmatrix} = -3i + j + 10k,$$

于是直线 L 的对称式方程为

$$\frac{x + 5}{-3} = \frac{y}{1} = \frac{z - 11}{10},$$

参数方程为

$$\begin{cases} x = -5 - 3t, \\ y = t, \\ z = 11 + 10t. \end{cases}$$

3. 两直线的夹角、直线与平面的夹角

两直线的方向向量的夹角称为两直线的夹角, 一般不取钝角.

设两直线 L_1 和 L_2 的方向向量分别为 $s_1 = (m_1, n_1, p_1)$ 和 $s_2 = (m_2, n_2, p_2)$, 则 L_1 和 L_2 的夹角 θ 的余弦为

$$\cos \theta = \frac{|s_1 \cdot s_2|}{|s_1| |s_2|} = \frac{|m_1 m_2 + n_1 n_2 + p_1 p_2|}{\sqrt{m_1^2 + n_1^2 + p_1^2} \sqrt{m_2^2 + n_2^2 + p_2^2}}.$$

根据两向量垂直或平行的充要条件可知:

(1) 直线 L_1 和 L_2 互相垂直的充要条件是:

$$m_1 m_2 + n_1 n_2 + p_1 p_2 = 0.$$

(2) 直线 L_1 和 L_2 互相平行的充要条件是:

$$\frac{m_1}{m_2} = \frac{n_1}{n_2} = \frac{p_1}{p_2}.$$

过直线 L 且垂直于平面 π 的平面与平面 π 的交线 L' 称为直线 L 在平面 π 上的投影直线 (图 1.22).

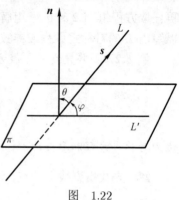

图　1.22

直线 L 和它在平面 π 上的投影直线 L' 的夹角 φ 称为直线 L 和平面 π 的夹角, 一般不取钝角.

设直线 L 的方向向量为 $\boldsymbol{s} = (m, n, p)$, 平面 π 的法向量为 $\boldsymbol{n} = (A, B, C)$. 因为 $\boldsymbol{s}$ 与 $\boldsymbol{n}$ 的夹角 $\theta = \frac{\pi}{2} - \varphi$ 或 $\theta = \frac{\pi}{2} + \varphi$, 所以有 $\sin \varphi = |\cos \theta|$, 从而直线 L 和平面 π 的夹角 φ 的正弦为

$$\sin \varphi = \frac{|\boldsymbol{n} \cdot \boldsymbol{s}|}{|\boldsymbol{n}||\boldsymbol{s}|} = \frac{|Am + Bn + Cp|}{\sqrt{A^2 + B^2 + C^2}\sqrt{m^2 + n^2 + p^2}}.$$

根据两向量垂直或平行的充要条件可知:

(1) 直线 L 和平面 π 平行的充要条件是:

$$Am + Bn + Cp = 0;$$

(2) 直线 L 和平面 π 垂直的充要条件是:

$$\frac{A}{m} = \frac{B}{n} = \frac{C}{p}.$$

例 1.2.8　求直线 $\dfrac{x-1}{1} = \dfrac{y-2}{-4} = \dfrac{z-3}{1}$ 与平面 $x + y + z = 0$ 的交点和夹角 φ.

解　直线的参数方程为

$$x = 1 + t, \quad y = 2 - 4t, \quad z = 3 + t,$$

代入已知平面方程得

$$(1 + t) + (2 - 4t) + (3 + t) = 0,$$

解得 $t = 3$, 从而所求交点为 $(4, -10, 6)$.

下面求直线与平面的夹角 φ, 由于

$$\sin\varphi = \frac{|1 \times 1 + (-4) \times 1 + 1 \times 1|}{\sqrt{1^2 + (-4)^2 + 1^2}\sqrt{1^2 + 1^2 + 1^2}} = \frac{\sqrt{6}}{9},$$

从而直线与平面的夹角 $\varphi = \arcsin\dfrac{\sqrt{6}}{9}$.

习　题　1.2

1. 求通过点 $(1, 2, -1)$ 且与直线 $\begin{cases} 2x - 3y + z - 5 = 0, \\ 3x + y - 2z - 4 = 0 \end{cases}$ 垂直的平面方程.

2. 求通过点 $(1, 2, -1)$ 且通过直线 $L: \begin{cases} x = 2 + 3t, \\ y = 2 + t, \\ z = 1 + 2t \end{cases}$ 的平面方程.

3. 设一平面经过原点和点 $(6, -3, 2)$, 且与平面 $4x - y + 2z = 8$ 垂直, 求此平面方程.

4. 求与直线 $\begin{cases} x = 1, \\ y = -1 + t, \\ z = 2 + t \end{cases}$ 和 $\dfrac{x+1}{1} = \dfrac{y+2}{2} = \dfrac{z+1}{1}$ 都平行且经过原点的平面方程.

5. 已知两条直线的方程 $L_1: \dfrac{x-1}{1} = \dfrac{y-2}{0} = \dfrac{z-3}{-1}, L_2: \dfrac{x+2}{2} = \dfrac{y-1}{1} = \dfrac{z}{1}$, 求过 L_1 且平行于 L_2 的平面方程.

6. 将直线的一般式方程 $L: \begin{cases} x - y + z + 5 = 0, \\ 5x - 8y + 4z + 36 = 0 \end{cases}$ 化为对称式方程和参数方程.

7. 求过点 $(0, 2, 4)$ 且与平面 $x + 2z = 1$ 和 $y - 3z = 2$ 都平行的直线方程.

8. 求与二直线 $L_1: \begin{cases} x = 3z - 1, \\ y = 2z - 3 \end{cases}$ 和 $L_2: \begin{cases} y = 2x - 5, \\ z = 7x + 2 \end{cases}$ 垂直且相交的直线方程.

9. 求过点 $M(-1, 0, 1)$, 且垂直于直线 $\dfrac{x-2}{3} = \dfrac{y+1}{-4} = \dfrac{z}{1}$, 又与直线 $\dfrac{x+1}{1} = \dfrac{y-3}{1} = \dfrac{z}{2}$ 相交的直线方程.

10. 求点 $(-1, 2, 0)$ 在平面 $x + 2y - z + 1 = 0$ 上的投影点.

11. 求直线 $\begin{cases} 2x - 3y + 4z - 12 = 0, \\ x + 4y - 2z - 10 = 0 \end{cases}$ 在平面 $x + y + z - 1 = 0$ 上的投影直线的方程.

1.3　曲面与曲线

在 1.2 节我们介绍了曲面方程的概念, 本节先介绍一些常见的曲面, 主要讨论以下两个问题:

(1) 根据曲面 Σ 上动点的特性建立曲面的方程 $F(x,y,z)=0$;

(2) 根据方程 $F(x,y,z)=0$ 的特点讨论该方程所表示曲面的形状.

1.3.1　柱面和旋转曲面

1. 柱面

平行于定直线 L 的直线沿定曲线 C 移动所形成的曲面称为 **柱面**(图 1.23). 定曲线 C 称为柱面的 **准线**, 动直线称为柱面的 **母线**.

设柱面 Σ 的母线平行于 z 轴, 准线 C 是 Oxy 面上的曲线, 其方程为 $F(x,y)=0, z=0$(图 1.24). 在柱面 Σ 上任取一点 $M(x,y,z)$, 过点 M 作平行于 z 轴的直线与 Oxy 面上的曲线 C 相交于 $M_1(x,y,0)$, 由于 M_1 的 x,y 坐标满足方程 $F(x,y)=0$, 而点 M 与点 M_1 的 x,y 坐标相同, 因此点 M 的坐标满足方程 $F(x,y)=0$. 反之, 如果点 $M(x,y,z)$ 的坐标满足方程 $F(x,y)=0$, 则点 M 必在过准线 C 上点 $M_1(x,y,0)$ 且平行于 z 轴的直线上, 即在柱面 Σ 上. 因此, 柱面 Σ 的方程是不含变量 z 的方程, 即

$$F(x,y)=0.$$

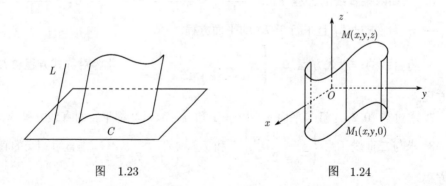

图　1.23　　　　　　　　　　　　　图　1.24

类似地, 不含变量 y 的方程 $G(x,z)=0$ 表示母线平行于 y 轴的柱面, 其准线是 Ozx 面的曲线 $G(x,z)=0, y=0$; 不含变量 x 的方程 $H(y,z)=0$ 表示母线平行于 x 轴的柱面, 其准线是 Oyz 面上的曲线 $H(y,z)=0, x=0$.

例如, 方程 $x^2+y^2=a^2$ 表示准线是 Oxy 面上的圆 $x^2+y^2=a^2$, 母线平行于 z 轴的柱面, 称为 **圆柱面**(图 1.25). 方程 $x^2=2z$ 表示准线是 Ozx 面上的抛物线 $x^2=2z$, 母线平行于 y 轴的柱面 (图 1.26).

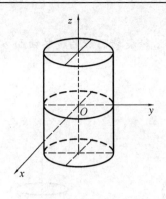

图 1.25

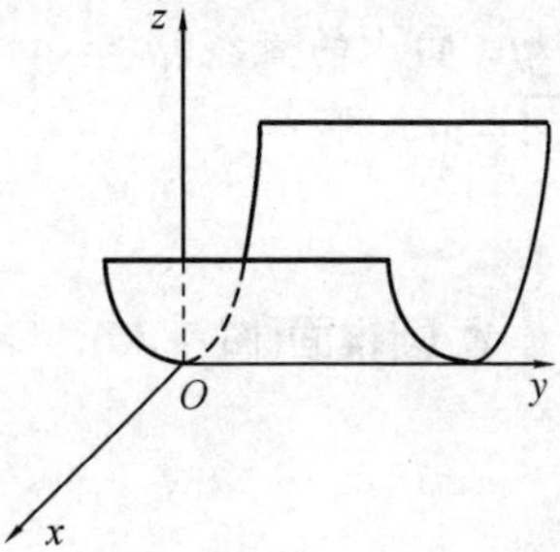

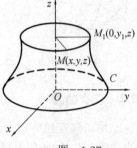

图 1.26

2. 旋转曲面

平面上的曲线 C 绕该平面上的一条定直线 L 旋转而生成的曲面称为 **旋转曲面**. 该平面曲线 C 称为旋转曲面的 **母线**, 定直线 L 称为旋转曲面的 **轴**.

设 C 为 Oyz 面上的已知曲线, 其方程为 $F(y,z) = 0$, $x = 0$, 将曲线 C 绕 z 轴旋转一周生成旋转曲面 Σ(图 1.27). 在曲面 Σ 上任取一点 $M(x,y,z)$, 过点 M 作垂直于 z 轴的平面, 它和曲面 Σ 的交线为一圆周, 和曲线 C 的交点为 $M_1(0, y_1, z)$. 由于点 M_1 在平面曲线 C 上, 因此有 $F(y_1, z) = 0$. 又点 M 和 M_1 到 z 轴的距离相等, 故 $\sqrt{x^2 + y^2} = |y_1|$, 即 $y_1 = \pm\sqrt{x^2 + y^2}$, 由此可知, 旋转曲面 Σ 上任一点 $M(x,y,z)$ 满足方程

$$F(\pm\sqrt{x^2 + y^2}, z) = 0.$$

图 1.27

反之, 如果点 $M(x,y,z)$ 不在曲面 Σ 上, 则点 M 的坐标不满足上述方程, 因此, 这个方程是平面曲线 C 绕 z 轴旋转一周生成的旋转曲面的方程.

类似地, 可得平面曲线 $C: F(y,z) = 0$, $x = 0$ 绕 y 轴旋转所生成的旋转曲面的方程为

$$F(y, \pm\sqrt{x^2 + z^2}) = 0.$$

例 1.3.1 (1) Oxy 面上的椭圆 $\dfrac{x^2}{a^2} + \dfrac{y^2}{b^2} = 1 \ (a > 0, b > 0)$ 绕 x 轴旋转而成的旋转曲面方程为

$$\frac{x^2}{a^2} + \frac{y^2 + z^2}{b^2} = 1.$$

这种曲面称为 **旋转椭球面**(图 1.28).

(2) Oyz 面上的抛物线 $y^2 = a^2 z \ (a > 0)$ 绕 z 轴旋转而成的旋转曲面方程为

$$x^2 + y^2 = a^2 z.$$

这种曲面称为 **旋转抛物面**(图 1.29).

(3) Oyz 面上的直线 $y = az$ $(a > 0)$ 绕 z 轴旋转而成的旋转曲面方程为 $\pm\sqrt{x^2 + y^2} = az$, 即

$$x^2 + y^2 = a^2 z^2.$$

这种曲面称为 **圆锥面**(图 1.30).

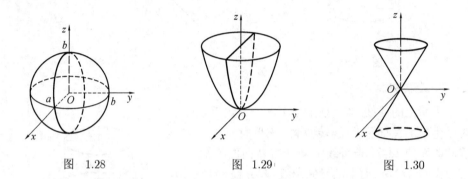

图 1.28   图 1.29   图 1.30

1.3.2 二次曲面

三元二次方程所表示的曲面称为 **二次曲面**, 我们可以用坐标面及平行于坐标面的平面与二次曲面相截, 考察其交线 (称为截痕) 的形状, 从而了解曲面的形状.

1. 椭球面

由方程

$$\frac{x^2}{a^2} + \frac{y^2}{b^2} + \frac{z^2}{c^2} = 1 \quad (a, b, c > 0) \tag{1.3.1}$$

所表示的曲面称为 **椭球面**.

由方程可知

$$\frac{x^2}{a^2} \leqslant 1, \quad \frac{y^2}{b^2} \leqslant 1, \quad \frac{z^2}{c^2} \leqslant 1,$$

即 $|x| \leqslant a, |y| \leqslant b, |z| \leqslant c$, 这表明椭球面包含在由平面 $x = \pm a$, $y = \pm b$, $z = \pm c$ 所围成的长方体内.

椭球面与三个坐标面的截痕为

$$\begin{cases} \dfrac{x^2}{a^2} + \dfrac{y^2}{b^2} = 1, \\ z = 0; \end{cases} \quad \begin{cases} \dfrac{y^2}{b^2} + \dfrac{z^2}{c^2} = 1, \\ x = 0; \end{cases} \quad \begin{cases} \dfrac{x^2}{a^2} + \dfrac{z^2}{c^2} = 1, \\ y = 0. \end{cases}$$

它们都是椭圆.

用平行于 Oxy 面的平面 $z = z_0\ (0 < |z_0| < c)$ 截椭球面, 所得截痕的方程为

$$\begin{cases} \dfrac{x^2}{a^2} + \dfrac{y^2}{b^2} = 1 - \dfrac{z_0^2}{c^2}, \\ z = z_0. \end{cases}$$

这些截痕也都是椭圆. 当 $|z_0|$ 由 0 变到 c 时, 这些椭圆由大变小, 最后缩成点 $(0, 0, \pm c)$. 用平行于另两个坐标面的平面去截椭球面, 也有类似的结果 (图 1.31).

在方程 (1.3.1) 中, a, b, c 称为椭球面的三个半轴. 如果有两个半轴相等, 如 $b = c$, 则成为例 1.3.1 中的旋转椭球面

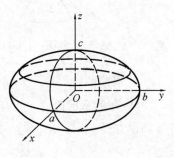

图 1.31

$$\frac{x^2}{a^2} + \frac{y^2 + z^2}{b^2} = 1.$$

可见, 旋转椭球面是椭球面的特殊情形. 把上述旋转椭球面沿 z 轴方向伸缩 $\dfrac{c}{b}$ 倍, 即得椭球面 (1.3.1).

在方程 (1.3.1) 中, 如果 $a = b = c$, 则得

$$x^2 + y^2 + z^2 = a^2,$$

表示球心在原点、半径为 a 的球面.

2. 椭圆锥面

由方程

$$z^2 = \frac{x^2}{a^2} + \frac{y^2}{b^2} \quad (a, b > 0) \tag{1.3.2}$$

表示的曲面称为 **椭圆锥面**.

当 $a = b$ 时, 上式为例 1.3.1 中的圆锥面 $z^2 = \dfrac{x^2 + y^2}{a^2}$. 将此圆锥面沿 y 轴方向伸缩 $\dfrac{b}{a}$ 倍就得到椭圆锥面 (1.3.2).

用平行于 Oxy 面的平面 $z = z_0\ (z_0 \neq 0)$ 截椭圆锥面, 所得截痕的方程为

$$\begin{cases} \dfrac{x^2}{a^2} + \dfrac{y^2}{b^2} = z_0^2, \\ z = z_0. \end{cases}$$

这是一族长短轴比例不变的椭圆, 当 $|z_0|$ 由大到小变为 0 时, 这些椭圆由大变小, 最后缩为原点 (图 1.32).

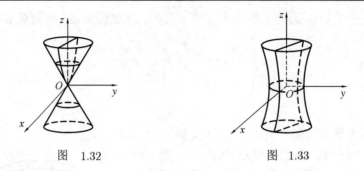

图　1.32   图　1.33

3. 双曲面

(1) 单叶双曲面

由方程

$$\frac{x^2}{a^2} + \frac{y^2}{b^2} - \frac{z^2}{c^2} = 1 \quad (a, b, c > 0) \tag{1.3.3}$$

表示的曲面称为 **单叶双曲面**.

把 Oyz 面上的双曲线 $\dfrac{y^2}{a^2} - \dfrac{z^2}{c^2} = 1$ 绕 z 轴旋转得旋转曲面

$$\frac{x^2 + y^2}{a^2} - \frac{z^2}{c^2} = 1,$$

称为旋转单叶双曲面, 再将此曲面沿 y 轴方向伸缩 $\dfrac{b}{a}$, 就得到单叶双曲面 (1.3.3) (图 1.33).

(2) 双叶双曲面

由方程

$$\frac{x^2}{a^2} + \frac{y^2}{b^2} - \frac{z^2}{c^2} = -1 \quad (a, b, c > 0) \tag{1.3.4}$$

表示的曲面称为 **双叶双曲面**.

把 Oyz 面上的双曲线 $\dfrac{y^2}{a^2} - \dfrac{z^2}{c^2} = -1$ 绕 z 轴旋转得旋转曲面

$$\frac{x^2 + y^2}{a^2} - \frac{z^2}{c^2} = -1,$$

称为 **旋转双叶双曲面**, 再将此曲面沿 y 轴方向伸缩 $\dfrac{b}{a}$ 倍, 就得到双叶双曲面 (1.3.4)(图 1.34).

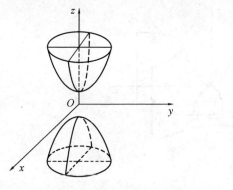 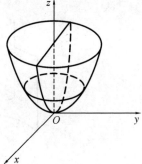

图 1.34   图 1.35

4. 抛物面

(1) 椭圆抛物面

由方程

$$\frac{x^2}{a^2} + \frac{y^2}{b^2} = z \quad (a, b > 0) \tag{1.3.5}$$

表示的曲面称为 **椭圆抛物面**.

当 $a = b$ 时, 上式为例 1.3.1 中的旋转抛物面 $x^2 + y^2 = a^2 z$. 将此旋转抛物面沿 y 轴方向伸缩 $\dfrac{b}{a}$ 倍, 就成为椭圆抛物面 (1.3.5) (图 1.35).

(2) 双曲抛物面

由方程

$$\frac{x^2}{a^2} - \frac{y^2}{b^2} = z \quad (a, b > 0) \tag{1.3.6}$$

表示的曲面称为 **双曲抛物面**, 又称为马鞍面.

用平面 $z = z_0$ 去截这个曲面, 截痕方程是

$$\begin{cases} \dfrac{x^2}{a^2} - \dfrac{y^2}{b^2} = z_0, \\ z = z_0. \end{cases}$$

当 $z_0 > 0$ 时, 截痕是平面 $z = z_0$ 上的双曲线, 其实轴平行于 x 轴; 当 $z_0 < 0$ 时, 截痕也是双曲线, 其实轴平行于 y 轴; 当 $z_0 = 0$ 时, 截痕是 Oxy 面上的两条相交于原点的直线.

用平面 $x = x_0$ 去截这个曲面, 截痕方程是

$$\begin{cases} \dfrac{y^2}{b^2} = \dfrac{x_0^2}{a^2} - z, \\ x = x_0. \end{cases}$$

这是平面 $x = x_0$ 上的抛物线, 开口朝下.

用平面 $y = y_0$ 去截这个曲面, 其结果类似 (图 1.36).

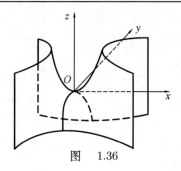

图　1.36

1.3.3　曲线方程

1. 空间曲线的一般方程

空间曲线可以看作是两个曲面的交线. 设这两个曲面的方程是

$$F(x, y, z) = 0 \quad \text{和} \quad G(x, y, z) = 0,$$

它们的交线为 Γ. 因为 Γ 上任一点 $M(x, y, z)$ 的坐标同时满足这两个曲面的方程, 所以满足方程组

$$\begin{cases} F(x, y, z) = 0, \\ G(x, y, z) = 0. \end{cases} \tag{1.3.7}$$

反之, 如果 $M(x, y, z)$ 不在曲线 Γ 上, 点 M 不可能同时在两个曲面上, 点 M 的坐标不满足方程组 (1.3.7). 所以方程组 (1.3.7) 表示曲线 Γ, 称为曲线 Γ 的 **一般方程**.

例 1.3.2　方程组 $\begin{cases} z = \sqrt{a^2 - x^2 - y^2}, \\ x^2 + y^2 = ax \end{cases}$
$(a > 0)$ 表示怎样的曲线?

解　第一个方程表示球心在原点、半径为 a 的上半球面; 第二个方程表示以 Oxy 面上的圆 $\left(x - \dfrac{a}{2}\right)^2 + y^2 = \dfrac{a^2}{4}$ 为准线, 母线平行于 z 轴的圆柱面. 方程组表示上半球面与圆柱面的交线 (图 1.37).

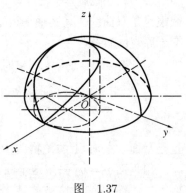

图　1.37

2. 空间曲线的参数方程

空间曲线 Γ 也可以用参数方程表示, 即把曲线上动点 $M(x,y,z)$ 的坐标分别表示为参数 t 的函数:

$$\begin{cases} x = x(t), \\ y = y(t), \\ z = z(t). \end{cases} \tag{1.3.8}$$

对于每一个 t 值, 得到 Γ 上一个点 $M(x,y,z)$, 随着 t 的变化, 就得到 Γ 上的全部点. 方程 (1.3.8) 称为曲线的 **参数方程**.

例 1.3.3 设点 $M(x,y,z)$ 在圆柱面 $x^2 + y^2 = a^2$ $(a > 0)$ 上以角速度 ω 绕 z 轴旋转, 同时又以匀速度 v_0 沿平行于 z 轴的正方向上升, 则点 M 所描绘的曲线称为螺旋线 (图 1.38). 试建立其参数方程.

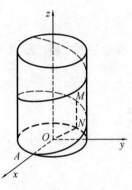

图 1.38

解 取时间 t 为参数, 设当 $t = 0$ 时, 动点 M 与 x 轴上一点 $A(a,0,0)$ 重合. 设 t 时刻动点 M 的坐标为 (x,y,z), M 在 Oxy 平面上投影点为 N, 则 $\angle NOA = \omega t$. 于是

$$\begin{cases} x = a\cos\omega t, \\ y = a\sin\omega t, \\ z = v_0 t. \end{cases}$$

这就是螺旋线的参数方程.

3. 空间曲线在坐标面上的投影

设空间曲线 Γ 的一般方程为

$$\begin{cases} F(x,y,z) = 0, \\ G(x,y,z) = 0, \end{cases}$$

消去 z, 得

$$H(x,y) = 0. \tag{1.3.9}$$

方程 (1.3.9) 表示母线平行于 z 轴的柱面. 由于这个方程是从 Γ 的方程得到的, 所以 Γ 上的点的坐标一定满足这个方程. 这个柱面经过 Γ, 且母线平行于 z 轴, 称为曲线 Γ 关于 Oxy 平面的 **投影柱面**, 此柱面与 Oxy 面的交线

$$\begin{cases} H(x,y) = 0, \\ z = 0 \end{cases}$$

称为曲线 Γ 在 Oxy 面上的 **投影曲线**.

类似地, 从 Γ 的方程中消去 x(或 y), 再与 $x = 0$(或 $y = 0$) 联立, 就可以得到 Γ 在 Oyz 平面 (或 Ozx 平面) 上的投影曲线方程.

例 1.3.4 求空间曲线

$$\begin{cases} z = x^2 + y^2, \\ x - z + 1 = 0 \end{cases}$$

在 Oxy 面上的投影曲线方程.

解 在曲线方程中消去 z, 得

$$x^2 + y^2 = x + 1,$$

即 $\left(x - \dfrac{1}{2} \right)^2 + y^2 = \dfrac{5}{4}$. 这是曲线关于 Oxy 面的

投影柱面方程, 所以曲线在 Oxy 面上的投影曲线为

$$\begin{cases} x^2 + y^2 = x + 1, \\ z = 0. \end{cases}$$

这是 Oxy 面上的一个圆 (图 1.39).

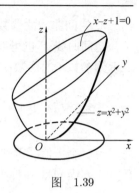

图　1.39

1-4 第 1 章总结

习　题　1.3

1. 指出下列方程在平面解析几何与空间解析几何中分别表示什么几何图形:

(1) $x = 2$;　　(2) $y - x = 1$;　　(3) $xy = 1$;　　(4) $x^2 - 2y = 1$.

2. 求 Oxy 平面上曲线 $4x^2 - 9y^2 = 36$ 绕 x 轴旋转一周所形成的曲面方程.

3. 求 Ozx 平面上直线 $z - a = x$ 绕 z 轴旋转一周所形成的曲面方程.

4. 指出下列方程所表示的曲面哪些是旋转曲面, 这些旋转曲面是怎样形成的?

(1) $y^2 + z^2 = 1 - x$;　　　　(2) $y = 1 - x^2 - z$;

(3) $-y^2 = 1 - x^2 - z^2$;　　　(4) $x^2 + y^2 - z^2 + 2z - 1 = 0$.

5. 求母线平行于 x 轴且通过曲线 $\begin{cases} 2x^2 + y^2 + z^2 = 16, \\ x^2 - y^2 + z^2 = 0 \end{cases}$ 的柱面方程.

6. 求准线为 $\begin{cases} y^2 = 2z, \\ x = 0, \end{cases}$ 母线平行于 x 轴的柱面方程.

7. 求曲线 $\begin{cases} \dfrac{x^2}{16} + \dfrac{y^2}{4} - \dfrac{z^2}{5} = 1, \\ x - 2z + 3 = 0 \end{cases}$ 在 Oxy 平面上的投影柱面方程.

8. 求曲线 $\begin{cases} x^2 + y^2 + z^2 = 1, \\ x^2 + (y-1)^2 + (z-1)^2 = 1 \end{cases}$ 在 Oxy 平面和 Oyz 平面上的投影曲线的方程.

9. 求椭圆抛物面 $z = x^2 + 2y^2$ 与抛物柱面 $z = 2 - x^2$ 的交线关于 Oxy 平面的投影柱面方程和投影曲线方程.

10. 画出下列曲面的简图:

(1) $x^2 + \dfrac{y^2}{4} + \dfrac{z^2}{9} = 1$;   (2) $4x^2 - 4y^2 + z^2 = 0$;

(3) $\dfrac{x^2}{4} + \dfrac{y^2}{9} - z = 0$;   (4) $x^2 + y^2 + z^2 - 2x + 4y + 2z = 0$.

11. 画出下列各曲面所围成的立体的图形:

(1) $3(x^2 + y^2) = 16z, \ z = \sqrt{25 - x^2 - y^2}$;

(2) $x = 0, \ y = 0, \ z = 0, \ x + y = 1, \ y^2 + z^2 = 1$(在第一卦限内);

(3) $x^2 + y^2 + z^2 = 1, \ x^2 + y^2 - z^2 = 0$;

(4) $x = 0, \ y = 0, \ z = 0, \ x^2 + y^2 = 1, \ y^2 + z^2 = 1$(在第一卦限内).

12. 设一个立体由上半球面 $z = \sqrt{4 - x^2 - y^2}$ 和锥面 $z = \sqrt{3(x^2 + y^2)}$ 所围成, 求它在 Oxy 面上的投影区域.

13. 求直线 $L : \dfrac{x-1}{1} = \dfrac{y}{1} = \dfrac{z-1}{-1}$ 在平面 $\pi : x - y + 2z - 1 = 0$ 上的投影直线 L_0 的方程, 并求 L_0 绕 y 轴旋转一周所生成的旋转曲面的方程.

总习题 1

A 题

1. 填空题

(1) 已知向量 a 与 b 垂直, 且 $|a| = 5$, $|b| = 12$, 则 $|a+b| = $ _____, $|a-b| = $ _____;

(2) 已知三向量 a, b, c 两两互相垂直, 且 $|a| = 1$, $|b| = \sqrt{2}$, $|c| = 1$, 则向量 $a + b - c$ 的模等于 _____;

(3) 一平面垂直于已知平面 $2x - 2y + 4z - 5 = 0$, 且在 x 轴和 y 轴上的截距为 $a = -2$, $b = \dfrac{2}{3}$, 则此平面方程为 _____;

(4) 曲线 $\begin{cases} x^2 + y^2 - z = 0, \\ x - z + 1 = 0 \end{cases}$ 在 Oxy 面上的投影曲线为 _____;

(5) 过空间曲线 $\Gamma:\begin{cases} x^2 + y^2 + z^2 = 8, \\ x + y + z = 0 \end{cases}$ 作一柱面 Σ, 使其母线垂直于 Ozx 面, 则 Σ 的方程为 _____.

2. 选择题

(1) 向量 $a + 2b$ 垂直于 $a - 4b$, 向量 $a + 4b$ 垂直于 $a - 2b$, 则 a 与 b 的夹角是 ( ).

(A) 0   (B) $\dfrac{\pi}{2}$ (C) $\dfrac{\pi}{6}$ (D) $\dfrac{\pi}{3}$

(2) 向量 a 与三个坐标轴的夹角分别为 α, β, γ, 则 ( ).

(A) $\cos\alpha + \cos\beta + \cos\gamma = 1$ (B) $\cos\alpha + \cos\beta + \cos\gamma = 0$

(C) $\cos^2\alpha + \cos^2\beta + \cos^2\gamma = 1$ (D) $\cos^2\alpha + \cos^2\beta + \cos^2\gamma = 0$

(3) 直线 $\dfrac{x+3}{-2} = \dfrac{y+4}{-7} = \dfrac{z}{3}$ 与平面 $4x - 2y - 2z = 3$ 的关系是 ( ).

(A) 平行, 但直线不在平面上   (B) 直线在平面上

(C) 垂直相交   (D) 相交但不垂直

(4) 曲面 $x^2 + y^2 + z^2 = a^2$ 与 $x^2 + y^2 = 2az$ $(a > 0)$ 的交线是 ( ).

(A) 抛物线   (B) 双曲线   (C) 椭圆   (D) 圆

3. 已知向量 $a = (3, -5, 8)$ 和 $b = (-1, 1, z)$ 的和与差的模相等, 试求 z.

4. 已知三角形的一个顶点 $A(2, -5, 3)$ 及两边的向量为 $\overrightarrow{AB} = (4, 1, 2)$ 和 $\overrightarrow{BC} = (3, -2, 5)$, 求 $\angle BAC$.

5. 模长为 2 的向量 a 与 x 轴的夹角是 $\dfrac{\pi}{4}$, 与 y 轴的夹角是 $\dfrac{\pi}{3}$, 试求向量 a 的坐标.

6. 求通过直线 $L: \dfrac{x-2}{1} = \dfrac{y-3}{2} = \dfrac{z+1}{2}$ 和点 $M(1, 1, 2)$ 的平面方程.

7. 求点 $M(2, 3, 1)$ 在直线 $\dfrac{x+7}{1} = \dfrac{y+2}{2} = \dfrac{z+2}{3}$ 上的投影点的坐标.

8. 求通过点 $M(-1, 2, 4)$, 平行于平面 $3x - 4y + z - 10 = 0$ 且和直线 $\dfrac{x+3}{3} = \dfrac{y-3}{1} = \dfrac{z}{2}$ 相交的直线方程.

9. (1) 写出母线为 $\begin{cases} 4x^2 - 9y^2 = 36, \\ z = 0, \end{cases}$ 旋转轴为 x 轴的旋转曲面方程;

(2) 写出准线为 $\begin{cases} \dfrac{x^2}{4} + \dfrac{y^2}{9} + \dfrac{z^2}{9} = 1, \\ z = 2, \end{cases}$ 母线平行于 z 轴的柱面方程.

B 题

1. 设 $|\boldsymbol{a}| = \sqrt{3}$, $|\boldsymbol{b}| = 1$, $(\hat{\boldsymbol{a},\boldsymbol{b}}) = \dfrac{\pi}{6}$, 求向量 $\boldsymbol{a} + \boldsymbol{b}$ 与 $\boldsymbol{a} - \boldsymbol{b}$ 的夹角.

2. 设向量 $\boldsymbol{a} = (2, -1, -2)$, $\boldsymbol{b} = (1, 1, z)$, 问 z 为何值时 $(\hat{\boldsymbol{a},\boldsymbol{b}})$ 最小, 并求此最小值.

3. 证明向量 $\boldsymbol{a} = -\boldsymbol{i} + 3\boldsymbol{j} + 2\boldsymbol{k}, \boldsymbol{b} = 2\boldsymbol{i} - 3\boldsymbol{j} - 4\boldsymbol{k}$ 和 $\boldsymbol{c} = -3\boldsymbol{i} + 12\boldsymbol{j} + 6\boldsymbol{k}$ 是共面的.

4. 求通过 x 轴, 且点 $(5, 4, -3)$ 到该平面的距离等于 3 的平面方程.

5. 求过两点 $(0, 4, -3)$ 和 $(6, -4, 3)$, 且在三个坐标轴上截距之和为零的平面方程.

6. 求过点 $(0, 1, 2)$ 且与直线 $\dfrac{x-1}{1} = \dfrac{y-1}{-1} = \dfrac{z}{2}$ 垂直相交的直线方程.

7. 求过点 $(1, 2, 1)$ 且与两直线

$$\begin{cases} x + 2y - z + 1 = 0, \\ x - y + z - 1 = 0 \end{cases} \quad \text{和} \quad \begin{cases} 2x - y + z = 0, \\ x - y + z = 0 \end{cases}$$

平行的平面方程.

8. 求直线 $\begin{cases} 2x - 3y + 4z - 12 = 0, \\ x + 4y - 2z - 10 = 0 \end{cases}$ 在平面 $x + y + z = 1$ 上的投影直线方程.

9. 求由上半球面 $z = \sqrt{a^2 - x^2 - y^2}$、柱面 $x^2 + y^2 = ax \,(a > 0)$ 和平面 $z = 0$ 所围立体在 Oxy 面和 Ozx 面上的投影.

第 1 章自测题

第 2 章　多元函数微分学

我们已经讨论过一元函数微积分. 在实际问题中, 有
很多量是由多种因素所决定的, 反映到数学上就是依赖于
两个或两个以上自变量的多元函数. 因此, 有必要研究多
元函数的微分和积分问题.

本章内容包括: 多元函数的极限和连续性、偏导数和
全微分、多元函数的极值问题及多元函数微分学在经济学
中的应用.

2-1 第 2 章知识点

2.1　多元函数的基本概念

2.1.1　平面点集

由二元有序实数组 (x,y) 的全体所构成的集合称为 **二维空间**, 记作 $\mathbb{R}^2$, 即

$$\mathbb{R}^2 = \{(x,y)|\quad x,y \in \mathbb{R}\}.$$

通过建立直角坐标系, 二维空间 $\mathbb{R}^2$ 中的元素 (x,y) 与 Oxy 坐标平面上以
x,y 为坐标的点 $P(x,y)$ 形成一一对应关系. 我们以后对 $\mathbb{R}^2$ 中的元素和 Oxy 平
面上的点不加以区别, 并称 $\mathbb{R}^2$ 中的点集为平面点集.

在学习多元函数的时候, 我们首先应当了解关于平面点集的一些基本概念.

邻域　设 $P_0(x_0,y_0) \in \mathbb{R}^2, \delta$ 为一正数, 称 $\mathbb{R}^2$ 中与点 P_0 的距离小于 δ 的点
$P(x,y)$ 组成的平面点集

$$U(P_0,\delta) = \{(x,y)|\quad \sqrt{(x-x_0)^2 + (y-y_0)^2} < \delta\}$$

为点 P_0 的 δ **邻域**,

$U(P_0,\delta)$ 中除去点 $P_0(x_0,y_0)$ 后所剩部分, 称为点 $P_0(x_0,y_0)$ 的 **去心 δ 邻域**,
记为 $\overset{\circ}{U}(P_0,\delta)$.

如果不需要强调邻域的半径时, 通常就用 $U(P_0)$ 或 $\overset{\circ}{U}(P_0)$ 分别表示点 P_0 的
某个邻域或某个去心邻域.

设 E 是一平面点集, P 为任一点, 则点 P 与点集 E 的关系有以下三种:

内点　若存在 $\delta > 0$, 使得 $U(P,\delta) \subset E$, 则称 P 为点集 E 的内点.

外点　若存在 $\delta > 0$, 使得 $U(P,\delta)$ 内不含 E 的任何点, 则称 P 为 E 的外
点.

边界点　若在 P 的任何邻域内, 既含有属于 E 的点, 又含有不属于 E 的点, 则称 P 为 E 的边界点. E 的边界点的全体称为 E 的边界.

显然, 点集 E 的内点必定属于 E; E 的外点必不属于 E; E 的边界点可能属于 E, 也可能不属于 E(图 2.1).

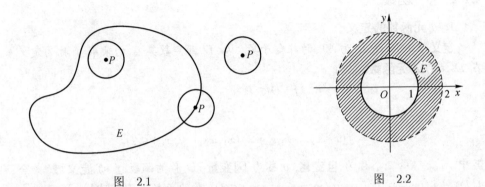

图　2.1　　　　　　　　　　　图　2.2

例如, 点集 $E = \{(x,y)| \ 1 \leqslant x^2 + y^2 < 4\}$, 满足 $1 < x^2 + y^2 < 4$ 的点都是 E 的内点; 满足 $x^2 + y^2 = 1$ 的点均为 E 的边界点, 它们都属于 E; 满足 $x^2 + y^2 = 4$ 的点也均为 E 的边界点, 它们都不属于 E. E 的边界是圆周 $x^2 + y^2 = 1$ 和 $x^2 + y^2 = 4$ (图 2.2).

开集　若 E 的每一点都是它的内点, 则称 E 为开集.

区域　设 E 为一开集, 若对于 E 内任意两点 P_1 和 P_2, 在 E 内总存在一条连接 P_1 与 P_2 的折线, 则称 E 为区域 (或开区域).

闭区域　区域与区域的边界所构成的集合, 称为闭区域.

有界区域与无界区域　若存在 $K > 0$, 使得 $E \subset U(O, K)$(即以原点 $O(0, 0)$ 为心、 K 为半径的邻域), 则称 E 为有界区域, 否则称 E 为无界区域.

例如, $\{(x,y)| \ x + y > 0\}$ 和 $\{(x,y)| \ 2 < x^2 + y^2 < 4\}$ 都是平面 Oxy 中的开区域; $\{(x,y)| \ x + y \geqslant 0\}$ 和 $\{(x,y)| \ 2 \leqslant x^2 + y^2 \leqslant 4\}$ 都是平面 Oxy 中的闭区域, 且 $\{(x,y)| \ x + y \geqslant 0\}$ 是无界闭区域, $\{(x,y)| \ 2 < x^2 + y^2 < 4\}$ 是有界开区域.

由 n 元有序实数组 $(x_1, x_2, \cdots, x_n)$ 的全体构成的集合称为 **n 维空间**, 记为 $\mathbb{R}^n$, 即

$$\mathbb{R}^n = \{(x_1, x_2, \cdots, x_n)| \ x_i \in \mathbb{R}, i = 1, 2, \cdots, n\}.$$

与二维空间 $\mathbb{R}^2$ 及三维空间 $\mathbb{R}^3$ 一样, $\mathbb{R}^n$ 中的有序数组 $(x_1, x_2, \cdots, x_n)$ 称为 $\mathbb{R}^n$ 中的一个点, 记为 $P(x_1, x_2, \cdots, x_n)$, $x_i(i = 1, 2, \cdots, n)$ 称为点 P 的 **第 i 个坐标**.

n 维空间 $\mathbb{R}^n$ 中两点 $P(x_1, x_2, \cdots, x_n)$ 与 $Q(y_1, y_2, \cdots, y_n)$ 间的距离定义为

$$d(P, Q) = | \ PQ \ | = \sqrt{(x_1 - y_1)^2 + (x_2 - y_2)^2 + \cdots + (x_n - y_n)^2}.$$

引入了 n 维空间的概念后，上述关于平面点集的概念都可以逐一地推广到 n 维空间 $\mathbb{R}^n$ 中去，例如，设 P_0 是 $\mathbb{R}^n$ 中一点，δ 为某一正数，则点 P_0 的 δ 邻域就是

$$U(P_0, \delta) = \{P|\ |P_0 P| < \delta, P \in \mathbb{R}^n\}.$$

2.1.2　多元函数

1. n 元函数的定义

定义 2.1.1 设 D 为 $\mathbb{R}^n$ 的非空子集，从 D 到实数集 $\mathbb{R}$ 的映射 f 称为定义在 D 上的 **n 元函数**，记为

$$f: D \subset \mathbb{R}^n \longrightarrow \mathbb{R}$$

或

$$y = f(x_1, x_2, \cdots, x_n), \quad (x_1, x_2, \cdots, x_n) \in D.$$

其中 $x_1, x_2, \cdots, x_n$ 称为 **自变量**，y 称为 **因变量**，D 称为函数 f 的 **定义域**，集合 $f(D) = \{f(x_1, x_2, \cdots, x_n)|\ (x_1, x_2, \cdots, x_n) \in D\}$ 称为函数 f 的 **值域**.

定义中当 $n = 2$ 或 $n = 3$ 时，常用 x, y 或 x, y, z 表示自变量，而把二元函数和三元函数分别记为

$$z = f(x, y), \quad (x, y) \in D$$

和

$$u = f(x, y, z), \quad (x, y, z) \in D.$$

在我们周围，随处可以见到多元函数的例子. 比如，设平行四边形相邻两边长为 x 和 y，夹角为 θ，则平行四边形的面积

$$A = xy \sin \theta.$$

这是以 x, y, θ 为自变量的三元函数，定义域为 $D = \{(x, y, \theta)|\ x > 0, y > 0, 0 < \theta < \pi\}$.

再如，设 y 为国民收入总额，x 为总人口数，k_1 是消费率 (国民收入总额中消费所占的比例)，k_2 是居民消费率 (消费总额中居民消费所占比例)，则居民人均消费收入为

$$z = k_1 k_2 \frac{y}{x}.$$

当 k_1, k_2 为常数时，这是以 x, y 为自变量的二元函数，定义域为 $D = \{(x, y)|\ x > 0, y > 0\}$.

根据函数定义，给定一个多元函数，则其定义域也相应给定. 若从实际问题中建立一个多元函数，则该函数的自变量有实际意义，其取值范围 (亦即函数的定义域) 要符合实际. 若是用解析式表示的函数，它的定义域就是使解析式中的运算有意义的自变量取值全体，通常需要我们去确定.

例 2.1.1 确定函数 $z = \sqrt{R^2 - x^2 - y^2}$ 的定义域，并作出定义域的示意图.

解 要使 $z = \sqrt{R^2 - x^2 - y^2}$ 有意义，必须

$$R^2 - x^2 - y^2 \geqslant 0,$$

即

$$x^2 + y^2 \leqslant R^2.$$

故函数的定义域为

$$D = \{(x, y) \mid x^2 + y^2 \leqslant R^2\},$$

D 的图形如图 2.3 所示.

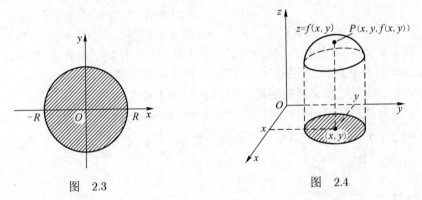

图 2.3   图 2.4

2. 二元函数的几何图形

我们知道，一元函数 $y = f(x)$ 的图形通常是 Oxy 平面上的一条曲线. 二元函数 $z = f(x, y)$, $(x, y) \in D$, 其定义域 D 是平面 Oxy 上的一个区域. 对于 D 中的任意一点 $M(x, y)$ 必有唯一的数 $z = f(x, y)$ 与之对应. 因此三元有序组 $(x, y, f(x, y))$ 就确定了空间的一点 $P(x, y, f(x, y))$, 所有这样点的集合就是函数 $z = f(x, y)$ 的图形，二元函数的图形通常是空间的一张曲面 (图 2.4).

例如，二元函数 $z = \sqrt{1 - x^2 - y^2}$ 的图形是以原点为中心、半径为 1 的上半球面，它的定义域 $D = \{(x, y) \mid x^2 + y^2 \leqslant 1\}$.

再如，二元函数 $z = x^2 - y^2$ 的图形是双曲抛物面，它的定义域是整个 Oxy 平面.

2.1.3 多元函数的极限和连续性

与一元函数微积分一样，多元函数的极限和连续性是多元函数微积分的基础.

1. 二元函数的极限

定义 2.1.2 设函数 $f(x,y)$ 在点 $P_0(x_0,y_0)$ 的某去心邻域 $\overset{\circ}{U}(P_0)$ 内有定义, A 为常数, 如果当 $P(x,y)$ 无限趋于 $P_0(x_0,y_0)$ 时, $f(x,y)$ 无限趋于数 A, 则称 A 是 $f(x,y)$ 当 $P(x,y) \to P_0(x_0,y_0)$ 时的 **极限**, 记为

$$\lim_{(x,y)\to(x_0,y_0)} f(x,y) = A \quad \text{或} \quad f(x,y) \to A((x,y) \to (x_0,y_0)),$$

也记为

$$\lim_{P\to P_0} f(P) = A \quad \text{或} \quad f(P) \to A(P \to P_0).$$

相对于一元函数的极限, 我们称二元函数的极限为 **二重极限**.

这里应当注意, 按照二重极限的定义, 必须当动点 $P(x,y)$ 以任何方式趋于定点 $P_0(x_0,y_0)$ 时, $f(x,y)$ 都是以常数 A 为极限, 才有

$$\lim_{(x,y)\to(x_0,y_0)} f(x,y) = A.$$

如果仅当 $P(x,y)$ 以某种方式趋于 $P_0(x_0,y_0)$ 时, $f(x,y)$ 趋于常数 A, 那么还不能断定 $f(x,y)$ 存在极限. 但是如果当 $P(x,y)$ 以不同方式趋于 $P_0(x_0,y_0)$ 时, $f(x,y)$ 趋于不同的常数, 那么便能断定 $f(x,y)$ 的极限不存在.

二重极限与一元函数极限具有相同的性质和运算法则, 在此我们不再赘述.

例 2.1.2 判断下列极限是否存在, 若存在求出其值:

(1) $\lim\limits_{(x,y)\to(0,0)} \dfrac{xy}{x^2+y^2}$;

(2) $\lim\limits_{(x,y)\to(0,2)} \dfrac{\sin xy}{x}$;

(3) $\lim\limits_{(x,y)\to(0,0)} x\sin \dfrac{1}{x^2+y^2}$.

解 (1) 当 (x,y) 沿直线 $y=kx$ (k 为任意实数) 趋向于 $(0,0)$ 时, 有

$$\lim_{\substack{(x,y)\to(0,0)\\y=kx}} \frac{xy}{x^2+y^2} = \lim_{x\to 0} \frac{kx^2}{x^2+k^2x^2} = \frac{k}{1+k^2}.$$

若 $k\neq 0$, 则 $\lim\limits_{\substack{(x,y)\to(0,0)\\y=kx}} f(x,y) \neq 0$;

若 $k=0$(即当 (x,y) 沿着 x 轴趋于 $(0,0)$ 时), 则 $\lim\limits_{\substack{(x,y)\to(0,0)\\y=0}} f(x,y) = 0$.

因为存在不同的方式, 使得 $(x,y) \to (0,0)$ 时 $f(x,y)$ 的极限不同, 所以 $\lim\limits_{(x,y)\to(0,0)} f(x,y)$ 不存在.

(2) 由极限的运算法则有

$$\lim_{(x,y)\to(0,2)} \frac{\sin xy}{x} = \lim_{(x,y)\to(0,2)} \left(\frac{\sin xy}{xy} \cdot y \right)$$

$$= \lim_{(x,y)\to(0,2)} \frac{\sin xy}{xy} \cdot \lim_{(x,y)\to(0,2)} y$$

$$= 1 \times 2 = 2.$$

(3) 由于 $\lim\limits_{(x,y)\to(0,0)} x = 0$, 而

$$\left| \sin \frac{1}{x^2 + y^2} \right| \leqslant 1,$$

又因为有界变量与无穷小量的乘积仍为无穷小量, 所以

$$\lim_{(x,y)\to(0,0)} x \sin \frac{1}{x^2 + y^2} = 0.$$

2. 二元函数的连续性

与一元函数一样, 仍用极限值等于函数值来定义多元函数的连续性.

定义 2.1.3 设函数 $z = f(x, y)$ 在点 $P_0(x_0, y_0)$ 的某个邻域 $U(P_0)$ 内有定义, 如果

$$\lim_{(x,y)\to(x_0,y_0)} f(x, y) = f(x_0, y_0),$$

则称函数 $f(x, y)$ 在 $P_0(x_0, y_0)$ 处 **连续**, 否则, 称 $f(x, y)$ 在 $P_0(x_0, y_0)$ 处 **间断** 或 **不连续**.

如果二元函数 $f(x, y)$ 在某一区域 D 上的每一点都连续, 则称函数 $f(x, y)$ **在区域 D 上连续**.

以上关于二元函数的极限和连续性定义均可推广到 n 元函数上去.

和一元函数一样, 多元连续函数的和、差、积、商 (在分母不为零处) 仍是连续函数, 二元连续函数的复合函数也是连续函数.

闭区间上的一元连续函数的性质都可以推广到有界闭区域上的多元连续函数上去.

定理 2.1.1(有界性定理) 若函数 $f(x, y)$ 在有界闭区域 D 上连续, 则它在 D 上有界. 即存在 $M > 0$, 使得对任何 $(x, y) \in D$, 都有

$$|f(x, y)| \leqslant M.$$

定理 2.1.2 (最大、最小值定理) 若函数 $f(x, y)$ 在有界闭区域 D 上连续, 则它在 D 上必有最大值和最小值. 即存在 (x_1, y_1), $(x_2, y_2) \in D$, 使得对任何 $(x, y) \in D$, 都有

$$f(x_1, y_1) \leqslant f(x, y) \leqslant f(x_2, y_2).$$

定理 2.1.3 (介值定理) 若函数 $f(x,y)$ 在有界闭区域 D 上连续, 则它必取得介于最大值 M 和最小值 m 之间的任何值. 即对任何 $\mu \in [m, M]$, 至少存在一点 $(\overline{x}, \overline{y}) \in D$, 使得

$$f(\overline{x}, \overline{y}) = \mu.$$

习 题 2.1

1. 求下列各函数表达式:

(1) 设 $f(x+y, x-y) = 2(x^2 + y^2)\mathrm{e}^{x^2 - y^2}$, 求 $f(x, y)$;

(2) 设 $f(x, y) = \ln(x - \sqrt{x^2 - y^2})$(其中 $x > y > 0$), 求 $f(x+y, x-y)$.

2. 求下列函数的定义域, 并画出定义域的示意图:

(1) $z = \sqrt{\dfrac{x^2 + y^2 - x}{2x - x^2 - y^2}}$;   (2) $z = \dfrac{\sqrt{4x - y^2}}{\ln(1 - x^2 - y^2)}$;

(3) $z = \sqrt{\ln \dfrac{4}{x^2 + y^2}} + \arcsin \dfrac{1}{x^2 + y^2}$;

(4) $z = \sqrt{(x^2 + y^2 - a^2)(2a^2 - x^2 - y^2)}(a > 0)$.

3. 证明下列极限不存在:

(1) $\lim\limits_{(x,y)\to(0,0)} \dfrac{3xy}{x^2 + y^2}$;   (2) $\lim\limits_{(x,y)\to(0,0)} (1 + xy)^{\frac{1}{x+y}}$.

4. 求下列极限:

(1) $\lim\limits_{(x,y)\to(0,0)} \dfrac{3xy}{\sqrt{xy+1}-1}$;   (2) $\lim\limits_{(x,y)\to(0,0)} \dfrac{\sin xy}{x}$;

(3) $\lim\limits_{(x,y)\to(1,0)} \dfrac{\ln(x + \mathrm{e}^y)}{\sqrt{x^2 + y^2}}$;   (4) $\lim\limits_{(x,y)\to(0,0)} \left(x \sin \dfrac{1}{y} + y \cos \dfrac{1}{x} \right)$.

5. 下列函数在何处是间断的?

(1) $z = \dfrac{y^2 + x}{y^2 - x}$;   (2) $z = \dfrac{1}{\sin x \sin y}$.

2.2 偏导数和全微分

2.2.1 偏导数

1. 偏导数的定义

在一元函数微分学中, 导数是一个十分重要的概念, 它刻画了函数的变化率. 对于多元函数, 我们作如下推广.

定义 2.2.1   设函数 $z = f(x, y)$ 在点 $P_0(x_0, y_0)$ 的某个邻域 $U(P_0)$ 内有定义. 令 $y = y_0$, 自变量 x 自 x_0 取得增量 Δx, 相应的函数的增量为 $\Delta_x z = f(x_0 + \Delta x, y_0) - f(x_0, y_0)$(称为 **偏增量**). 如果极限

$$\lim_{\Delta x \to 0} \frac{\Delta_x z}{\Delta x} = \lim_{\Delta x \to 0} \frac{f(x_0 + \Delta x, y_0) - f(x_0, y_0)}{\Delta x}$$

存在, 则称此极限值为函数 $z = f(x, y)$ 在点 P_0 处关于自变量 x 的 **偏导数**, 记为

$$\left.\frac{\partial z}{\partial x}\right|_{(x_0, y_0)}, \quad z_x'(x_0, y_0), \quad \left.\frac{\partial f}{\partial x}\right|_{(x_0, y_0)} \quad \text{或} \quad f_x'(x_0, y_0).$$

类似地, 如果极限

$$\lim_{\Delta y \to 0} \frac{\Delta_y z}{\Delta y} = \lim_{\Delta y \to 0} \frac{f(x_0, y_0 + \Delta y) - f(x_0, y_0)}{\Delta y}$$

存在, 则称此极限值为函数 $z = f(x, y)$ 在点 P_0 处关于自变量 y 的偏导数, 记为

$$\left.\frac{\partial z}{\partial y}\right|_{(x_0, y_0)}, \quad z_y'(x_0, y_0), \quad \left.\frac{\partial f}{\partial y}\right|_{(x_0, y_0)} \quad \text{或} \quad f_y'(x_0, y_0).$$

当函数 $z = f(x, y)$ 在点 P_0 处关于 x 和 y 的偏导数都存在时, 我们称 $f(x, y)$ 在点 P_0 处 **可偏导**.

如果函数 $z = f(x, y)$ 在某区域 D 内每一点都可偏导, 那么 $f(x, y)$ 关于 x 与关于 y 的偏导数仍然是 x 和 y 的二元函数, 称它们为 $f(x, y)$ 的 **偏导函数**, 记为

$$\frac{\partial z}{\partial x}, \frac{\partial z}{\partial y}; \quad z_x', z_y'; \quad \frac{\partial f}{\partial x}, \frac{\partial f}{\partial y} \quad \text{或} \quad f_x'(x, y), f_y'(x, y).$$

为了简便, 偏导函数也简称为偏导数.

用同样的方法可以定义二元以上函数的偏导数.

由定义可知, 求 $f_x'(x, y)$ 实际上就是把 $f(x, y)$ 中的 y 看作常数, 把 $f(x, y)$ 当成 x 的一元函数求导数. 因此, 计算多元函数的偏导数可以按照一元函数的求导法则进行.

例 2.2.1   求 $f(x, y) = x^2 + 2xy + y^3$ 在点 $(1, 2)$ 处的偏导数.

解   把 y 看作常数, 对 x 求导有

$$f_x'(x, y) = 2x + 2y,$$

把 x 看作常数, 对 y 求导有

$$f_y'(x, y) = 2x + 3y^2,$$

将 $x = 1$, $y = 2$ 代入上面的结果, 有

$$f'_x(1,2) = 2 \times 1 + 2 \times 2 = 6,$$
$$f'_y(1,2) = 2 \times 1 + 3 \times 2^2 = 14.$$

例 2.2.2　求 $z = \mathrm{e}^x(\cos y + x \sin y)$ 的偏导数.

解

$$\frac{\partial z}{\partial x} = \mathrm{e}^x(\cos y + x \sin y) + \mathrm{e}^x \sin y$$
$$= \mathrm{e}^x(\cos y + \sin y + x \sin y),$$
$$\frac{\partial z}{\partial y} = \mathrm{e}^x(-\sin y + x \cos y)$$
$$= \mathrm{e}^x(x \cos y - \sin y).$$

例 2.2.3　求 $u = xyz\mathrm{e}^{x+y+z}$ 的偏导数.

解　$u = xyz\mathrm{e}^x\mathrm{e}^y\mathrm{e}^z$,

$$\frac{\partial u}{\partial x} = yz\mathrm{e}^{y+z}(\mathrm{e}^x + x\mathrm{e}^x) = (1+x)yz\mathrm{e}^{x+y+z},$$
$$\frac{\partial u}{\partial y} = (1+y)xz\mathrm{e}^{x+y+z},$$
$$\frac{\partial u}{\partial z} = (1+z)xy\mathrm{e}^{x+y+z}.$$

2. 偏导数的几何意义

设函数 $z = f(x,y)$ 在点 $P_0(x_0, y_0)$ 处可偏导.

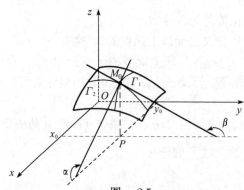

图　2.5

如图 2.5 所示, 设 $M_0(x_0, y_0, f(x_0, y_0))$ 为曲面 $\Sigma : z = f(x,y)$ 上一点. 由于 $f'_x(x_0, y_0)$ 即为一元函数 $z = f(x, y_0)$ 在点 x_0 的导数, 而 $z = f(x, y_0)$ 的图形是曲面 Σ 与平面 $y = y_0$ 的交线 Γ_1, 由一元函数导数的几何意义可知,　$f'_x(x_0, y_0)$ 就

是曲线 Γ_1 在点 M_0 处的切线对 x 轴的斜率 $\tan\alpha$. 同样, $f'_y(x_0,y_0)$ 就是曲面 Σ 与平面 $x=x_0$ 的交线 Γ_2 在点 M_0 处的切线对 y 轴的斜率 $\tan\beta$.

3. 函数连续性与可偏导性的关系

我们知道一元函数 $y=f(x)$ 在点 x_0 可导, 则它在点 x_0 必连续. 那么二元函数 $z=f(x,y)$ 在点 (x_0,y_0) 可偏导, 它在点 (x_0,y_0) 是否一定连续呢?

例 2.2.4 设函数

$$f(x,y) = \begin{cases} \dfrac{xy}{x^2+y^2}, & x^2+y^2 \neq 0, \\ 0, & x^2+y^2 = 0, \end{cases}$$

讨论 $f(x,y)$ 在点 $(0,0)$ 处的可偏导性和连续性.

解 由偏导数的定义, 有

$$f'_x(0,0) = \lim_{\Delta x \to 0} \frac{f(\Delta x,0) - f(0,0)}{\Delta x} = \lim_{\Delta x \to 0} \frac{0}{\Delta x} = 0,$$
$$f'_y(0,0) = \lim_{\Delta y \to 0} \frac{f(0,\Delta y) - f(0,0)}{\Delta y} = \lim_{\Delta y \to 0} \frac{0}{\Delta y} = 0.$$

可见 $f(x,y)$ 在点 $(0,0)$ 处可偏导.

但是, 由例 2.1.2, 我们知极限 $\lim\limits_{(x,y)\to(0,0)} f(x,y)$ 不存在, 从而 $f(x,y)$ 在点 $(0,0)$ 处不连续.

这个例子表明, 二元函数 $f(x,y)$ 在点 (x_0,y_0) 处可偏导, 并不能保证它在该点连续, 这是多元函数与一元函数的一个重大区别.

反过来, 函数 $f(x,y)$ 在点 (x_0,y_0) 处连续, 也不能保证它在该点可偏导, 这一点与一元函数是相似的.

例 2.2.5 讨论函数

$$f(x,y) = \sqrt{x^2+y^2}$$

在点 $(0,0)$ 处的连续性和可偏导性.

解 显然

$$\lim_{(x,y)\to(0,0)} f(x,y) = \lim_{(x,y)\to(0,0)} \sqrt{x^2+y^2} = 0 = f(0,0),$$

即 $f(x,y)$ 在点 $(0,0)$ 处连续. 但是, 由于

$$\frac{f(\Delta x,0) - f(0,0)}{\Delta x} = \frac{|\Delta x|}{\Delta x}$$

当 $\Delta x \to 0$ 时极限不存在, 所以 $f'_x(0,0)$ 不存在. 同理 $f'_y(0,0)$ 也不存在.

2.2.2　高阶偏导数

设函数 $z = f(x, y)$ 在区域 D 内处处可偏导, 它的偏导 (函) 数

$$\frac{\partial z}{\partial x} = f'_x(x, y) \quad \text{和} \quad \frac{\partial z}{\partial y} = f'_y(x, y)$$

仍然是 x, y 的函数. 如果这两个偏导数仍可偏导, 则称它们的偏导数为 $z = f(x, y)$ 的 **二阶偏导数**, 二阶偏导数共有 4 种, 分别记为

$$\frac{\partial}{\partial x}\left(\frac{\partial z}{\partial x}\right) = \frac{\partial^2 z}{\partial x^2} = f''_{xx}(x, y),$$

$$\frac{\partial}{\partial y}\left(\frac{\partial z}{\partial x}\right) = \frac{\partial^2 z}{\partial x \partial y} = f''_{xy}(x, y),$$

$$\frac{\partial}{\partial x}\left(\frac{\partial z}{\partial y}\right) = \frac{\partial^2 z}{\partial y \partial x} = f''_{yx}(x, y),$$

$$\frac{\partial}{\partial y}\left(\frac{\partial z}{\partial y}\right) = \frac{\partial^2 z}{\partial y^2} = f''_{yy}(x, y).$$

其中 $\dfrac{\partial^2 z}{\partial x^2}$ 称为 z 对 x 的二阶偏导数, $\dfrac{\partial^2 z}{\partial y^2}$ 称为 z 对 y 的二阶偏导数, $\dfrac{\partial^2 z}{\partial x \partial y}$ 称为 z 先对 x 后对 y 的二阶混合偏导数, $\dfrac{\partial^2 z}{\partial y \partial x}$ 称为 z 先对 y 后对 x 的二阶混合偏导数.

类似地可定义多元函数的二阶以上的偏导数, 二阶及二阶以上的偏导数统称为 **高阶偏导数**.

例 2.2.6　求 $z = x \mathrm{e}^x \sin y$ 的二阶偏导数.

解　$\dfrac{\partial z}{\partial x} = (x + 1)\mathrm{e}^x \sin y, \quad \dfrac{\partial z}{\partial y} = x\mathrm{e}^x \cos y,$

$$\frac{\partial^2 z}{\partial x^2} = (x + 2)\mathrm{e}^x \sin y, \quad \frac{\partial^2 z}{\partial x \partial y} = (x + 1)\mathrm{e}^x \cos y,$$

$$\frac{\partial^2 z}{\partial y \partial x} = (x + 1)\mathrm{e}^x \cos y, \quad \frac{\partial^2 z}{\partial y^2} = -x\mathrm{e}^x \sin y.$$

在上例中, z 的两个混合偏导数相等, 即 $\dfrac{\partial^2 z}{\partial x \partial y} = \dfrac{\partial^2 z}{\partial y \partial x}$. 应该指出这个关系式并非对任何二元函数都能成立, 即混合偏导数与求偏导数的次序有关. 但是, 可以证明下述关于混合偏导数相等的充分条件.

定理 2.2.1　若函数 $f(x, y)$ 的两个二阶混合偏导数 $f''_{xy}(x, y), f''_{yx}(x, y)$ 都在点 (x, y) 处连续, 那么

$$f''_{xy}(x, y) = f''_{yx}(x, y).$$

本定理可以推广到更高阶的混合偏导数的情形.

2.2.3 偏导数在经济分析中的应用

在一元函数的微分学中，我们引进了边际和弹性的概念，分别表示经济函数在一点的变化率和相对变化率，这些概念可以推广到多元函数的微分学中.

1. 边际分析

设二元函数 $z = f(x, y)$ 在点 (x_0, y_0) 可偏导，称

$$f_x'(x_0, y_0) = \lim_{\Delta x \to 0} \frac{\Delta_x z}{\Delta x} = \lim_{\Delta x \to 0} \frac{f(x_0 + \Delta x, y_0) - f(x_0, y_0)}{\Delta x}$$

为 $f(x, y)$ 在点 (x_0, y_0) 对 x 的 **边际**.

其含义是：在点 (x_0, y_0) 处，当 y 保持不变而改变 x 一个单位时，$z = f(x, y)$ 近似改变 $f_x'(x_0, y_0)$ 个单位.

同样地，称

$$f_y'(x_0, y_0) = \lim_{\Delta y \to 0} \frac{\Delta_y z}{\Delta y} = \lim_{\Delta y \to 0} \frac{f(x_0, y_0 + \Delta y) - f(x_0, y_0)}{\Delta y}$$

为 $f(x, y)$ 在点 (x_0, y_0) 对 y 的边际. 并称

$$f_x'(x, y) \quad 和 \quad f_y'(x, y)$$

为 $f(x, y)$ 对 x 及对 y 的 **边际函数**.

在经济分析中，对不同的经济函数，边际函数被赋予不同的名称. 例如，设有生产函数

$$Q = f(K, L),$$

其中 K 为资本要素，L 为劳动要素，Q 为产出量. 资本边际产出 (MP_K) 定义为：当所有其他生产要素都保持不变时，资本的很小改变所引起的产出量的变化. 这正是我们所说的产出量对资本要素的边际，即

$$\mathrm{MP}_K = \frac{\partial Q}{\partial K}.$$

例 2.2.7 某工厂生产甲、乙两种产品，当两种产品的产量分别为 x, y(单位：kg) 时，总成本 (单位：元)

$$C(x, y) = 3x^2 + 2xy + 5y^2 + 10,$$

求当 $x = 8$, $y = 8$ 时，两种产品的生产边际成本.

解 $\left. \dfrac{\partial C}{\partial x} \right|_{(8,8)} = (6x + 2y) \left. \right|_{(8,8)} = 64,$

$\left. \dfrac{\partial C}{\partial y} \right|_{(8,8)} = (2x + 10y) \left. \right|_{(8,8)} = 96.$

即当产量 $x = 8$, $y = 8$ 时, 甲种产品的生产边际成本为 64, 当乙产品产量不变而甲产品产量再增加 1kg 时, 总成本近似增加 64 元; 乙种产品的生产边际成本为 96, 当甲产品产量不变而乙产品产量再增加 1kg 时, 总成本近似增加 96 元.

2. 弹性分析

设二元函数 $z = f(x, y)$ 在点 (x_0, y_0) 可偏导, 函数的相对改变量

$$\frac{\Delta_x z}{z_0} = \frac{f(x_0 + \Delta x, y_0) - f(x_0, y_0)}{f(x_0, y_0)}$$

与自变量 x 的相对改变量 $\dfrac{\Delta x}{x_0}$ 之比

$$\frac{\Delta_x z}{z_0} \bigg/ \frac{\Delta x}{x_0} = \frac{\Delta_x z}{\Delta x} \cdot \frac{x_0}{z_0}$$

称为函数 $f(x, y)$ 在点 (x_0, y_0) 处对 x 从 x_0 到 $x_0 + \Delta x$ 两点间的弹性.

当 $\Delta x \to 0$ 时, $\dfrac{\Delta_x z}{z_0} \bigg/ \dfrac{\Delta x}{x_0}$ 的极限称为 $f(x, y)$ 在点 (x_0, y_0) 处对 x 的**弹性**, 记为 ε_x, 即

$$\varepsilon_x = \lim_{\Delta x \to 0} \frac{\Delta_x z}{z_0} \bigg/ \frac{\Delta x}{x_0} = f_x'(x_0, y_0) \frac{x_0}{f(x_0, y_0)}.$$

当 x_0 较大而 Δx 较小时,

$$\frac{\Delta_x z}{\Delta x} \cdot \frac{x_0}{z_0} \approx f_x'(x_0, y_0) \frac{x_0}{f(x_0, y_0)} = \varepsilon_x,$$

即可用 ε_x 近似代替 $\dfrac{\Delta_x z}{\Delta x} \cdot \dfrac{x_0}{z_0}$.

$f(x, y)$ 在点 (x_0, y_0) 处对 x 的弹性反映了在 (x_0, y_0) 处随 x 的变化 $z = f(x, y)$ 的变化幅度, 具体地, ε_x 表示在 (x_0, y_0) 处, 当 y 不变而 x 改变 1% 时, $z = f(x, y)$ 近似地改变 ε_x%.

类似可定义 $f(x, y)$ 在点 (x_0, y_0) 处对 y 的弹性

$$\varepsilon_y = \lim_{\Delta y \to 0} \frac{\Delta_y z}{z_0} \bigg/ \frac{\Delta y}{y_0} = f_y'(x_0, y_0) \frac{y_0}{f(x_0, y_0)}.$$

一般地, 我们称

$$\varepsilon_x = f_x'(x, y) \frac{x}{f(x, y)} \quad \text{和} \quad \varepsilon_y = f_y'(x, y) \frac{y}{f(x, y)}$$

为 $f(x, y)$ 在 (x, y) 处对 x 及对 y 的**弹性函数**.

特别地, 如果在 $z = f(x, y)$ 中, z 表示需求量, x 表示价格, y 表示消费者收入, 则 ε_x 表示需求对价格的弹性, ε_y 表示需求对收入的弹性.

例如, 已知需求函数

$$Q_1 = a - bP_1 + cP_2 + mY,$$

其中 Q_1 表示对某商品的需求量, P_1 表示该商品的价格, P_2 表示另一种商品的价格, Y 表示收入, a, b, c, m 为常数.

需求的收入弹性为

$$\varepsilon_Y = \frac{\partial Q_1}{\partial Y} \frac{Y}{Q_1},$$

它表示当所有其他变量保持不变时, 收入的一个小单位的变化率所引起的该种商品的需求量的变化率.

需求的交叉价格弹性 (即需求对另一种商品价格的弹性) 为

$$\varepsilon_{P_2} = \frac{\partial Q_1}{\partial P_2} \frac{P_2}{Q_1},$$

它表示当所有其他变量保持不变时, 该种商品的需求量对另一种商品价格变化所作出的相应反应.

例 2.2.8 已知摩托车的需求为

$$Q_1 = 4850 - 5P_1 + 1.5P_2 + 0.1Y,$$

其中 Y 表示收入, P_1 表示摩托车的价格, P_2 表示电动自行车的价格, 求当 $Y = 10000$, $P_1 = 200$, $P_2 = 100$ 时,

(1) 摩托车需求的收入弹性;

(2) 摩托车需求的交叉价格弹性;

(3) 如果电动自行车的价格上涨 10%, 求摩托车需求量的变化率.

解 (1) 当 $Y = 10000$, $P_1 = 200$, $P_2 = 100$ 时,

$$Q_1 = 4850 - 5 \times 200 + 1.5 \times 100 + 0.1 \times 10000 = 5000,$$

摩托车需求的收入弹性

$$\varepsilon_Y = \frac{\partial Q_1}{\partial Y} \frac{Y}{Q_1} = 0.1 \times \frac{10000}{5000} = 0.2.$$

由于 $\varepsilon_Y < 1$, 该商品是缺乏收入弹性的. 对于给定的国民收入增长的百分比, 该商品的需求会低于比例地随之增长. 这样一来随着经济的扩张, 该商品的相对市场占有率会下降. 既然需求的收入弹性意味着市场潜力的增长, 所以本例中的市场潜力的增长是有限的.

(2) 需求的交叉价格弹性

$$\varepsilon_{P_2} = \frac{\partial Q_1}{\partial P_2} \frac{P_2}{Q_1} = 1.5 \times \frac{100}{5000} = 0.03.$$

对于像摩托车和电动自行车这样的替代品, 有 $\dfrac{\partial Q_1}{\partial P_2} > 0$, 交叉价格弹性为正. 而对于互补品 (比如燃油), 有 $\dfrac{\partial Q_1}{\partial P_2} < 0$, 交叉价格弹性为负. 如果 $\dfrac{\partial Q_1}{\partial P_2} = 0$, 则该两种商品不相关.

(3) 由于 $\dfrac{\Delta P_2}{P_2} = 10\%$, $\varepsilon_{P_2} = 0.03$ 及 $\dfrac{\Delta Q_1}{\Delta P_2} \cdot \dfrac{P_2}{Q_1} \approx \varepsilon_{P_2}$, 有

$$\frac{\Delta Q_1}{Q_1} \approx \varepsilon_{P_2} \cdot \frac{\Delta P_2}{P_2} = 0.03 \times 10\% = 0.3\%,$$

所以摩托车的需求变化率约为 0.3%.

2.2.4　全微分

1. 全微分的定义

设二元函数 $z = f(x, y)$ 在点 $P_0(x_0, y_0)$ 的某邻域 $U(P_0)$ 内有定义, 令自变量 x, y 分别取得增量 $\Delta x, \Delta y$, 且 $P(x_0 + \Delta x, y_0 + \Delta y) \in U(P_0)$, 则相应地有函数增量

$$\Delta z = f(x_0 + \Delta x, y_0 + \Delta y) - f(x_0, y_0),$$

称 Δz 为函数 $z = f(x, y)$ 在点 P_0 处的 **全增量**.

全增量一般比较复杂, 不易计算. 对比一元函数的情形, 人们希望能用自变量增量的线性函数近似地表达全增量, 于是产生了全微分的概念.

定义 2.2.2　设函数 $z = f(x, y)$ 在点 $P_0(x_0, y_0)$ 的某邻域 $U(P_0)$ 内有定义. 如果函数在点 P_0 处的全增量

$$\Delta z = f(x_0 + \Delta x, y_0 + \Delta y) - f(x_0, y_0)$$

可以表示为

$$\Delta z = A\Delta x + B\Delta y + o(\rho),$$

其中 A, B 是不依赖于 $\Delta x, \Delta y$ 的常数 (但一般与 x_0, y_0 有关), $\rho = \sqrt{\Delta x^2 + \Delta y^2}$, 则称函数 $z = f(x, y)$ 在点 (x_0, y_0)**可微**, 称 $A\Delta x + B\Delta y$ 为 $z = f(x, y)$ 在点 (x_0, y_0) 的 **全微分**, 记作 $\mathrm{d}z$, 即

$$\mathrm{d}z = A\Delta x + B\Delta y.$$

当函数 $z = f(x, y)$ 在区域 D 内每一点都可微时, 称 $z = f(x, y)$ 为 D 内的 **可微函数**.

例如, 设 $z = xy$, 在点 (x_0, y_0) 处,

$$\Delta z = (x_0 + \Delta x)(y_0 + \Delta y) - x_0 y_0$$
$$= y_0 \Delta x + x_0 \Delta y + \Delta x \Delta y,$$

由于

$$\left| \frac{\Delta x \Delta y}{\sqrt{\Delta x^2 + \Delta y^2}} \right| \leqslant \frac{1}{2} \sqrt{\Delta x^2 + \Delta y^2},$$

从而

$$\lim_{(\Delta x, \Delta y) \to (0,0)} \frac{\Delta x \Delta y}{\sqrt{\Delta x^2 + \Delta y^2}} = 0,$$

即

$$\Delta x \Delta y = o(\sqrt{\Delta x^2 + \Delta y^2}).$$

所以 $z = xy$ 在点 (x_0, y_0) 处可微, 并且

$$\mathrm{d}z = y_0 \Delta x + x_0 \Delta y.$$

2. 函数可微性条件

下面给出多元函数的可微性与连续性、可偏导性的关系, 并由此给出求全微分的公式.

定理 2.2.2 (可微的必要条件) 若函数 $z = f(x, y)$ 在点 (x_0, y_0) 处可微, 则

(1) $f(x, y)$ 在点 (x_0, y_0) 处连续;

(2) $f(x, y)$ 在点 (x_0, y_0) 处可偏导, 且有

$$A = f'_x(x_0, y_0), \quad B = f'_y(x_0, y_0).$$

证明 因函数 $z = f(x, y)$ 在点 (x_0, y_0) 处可微, 所以

$$\Delta z = f(x_0 + \Delta x, y_0 + \Delta y) - f(x_0, y_0) = A \Delta x + B \Delta y + o(\rho). \tag{2.2.1}$$

(1) 在式 (2.2.1) 中, 令 $(\Delta x, \Delta y) \to (0, 0)$, 有

$$\lim_{(\Delta x, \Delta y) \to (0,0)} \Delta z = 0,$$

从而

$$\lim_{(\Delta x, \Delta y) \to (0,0)} f(x_0 + \Delta x, y_0 + \Delta y) = f(x_0, y_0),$$

即 $f(x, y)$ 在点 (x_0, y_0) 处连续.

(2) 在式 (2.2.1) 中取 $\Delta y = 0$, 得

$$\Delta_x z = f(x_0 + \Delta x, y_0) - f(x_0, y_0) = A\Delta x + o(|\Delta x|),$$

于是

$$\lim_{\Delta x \to 0} \frac{\Delta_x z}{\Delta x} = \lim_{\Delta x \to 0} \frac{f(x_0 + \Delta x, y_0) - f(x_0, y_0)}{\Delta x} = A.$$

同理

$$\lim_{\Delta y \to 0} \frac{\Delta_y z}{\Delta y} = \lim_{\Delta y \to 0} \frac{f(x_0, y_0 + \Delta y) - f(x_0, y_0)}{\Delta y} = B.$$

即 $f(x, y)$ 在点 (x_0, y_0) 处可偏导, 并且

$$f_x'(x_0, y_0) = A, \quad f_y'(x_0, y_0) = B. \qquad \Box$$

由定理 2.2.2 知函数 $z = f(x, y)$ 在点 (x_0, y_0) 处的全微分

$$dz = f_x'(x_0, y_0)\Delta x + f_y'(x_0, y_0)\Delta y.$$

一般地, $z = f(x, y)$ 在点 (x, y) 处可微时, 全微分

$$dz = f_x'(x, y)\Delta x + f_y'(x, y)\Delta y = \frac{\partial z}{\partial x}\Delta x + \frac{\partial z}{\partial y}\Delta y.$$

与一元函数一样, 我们规定自变量的微分

$$dx = \Delta x, \quad dy = \Delta y.$$

于是, 有

$$dz = \frac{\partial z}{\partial x}dx + \frac{\partial z}{\partial y}dy.$$

这就是全微分的计算公式.

与一元函数一样, 多元函数在一点连续是它在该点可微的必要条件, 但不是充分条件. 这是因为连续不能保证可偏导, 从而就不能保证可微.

一元函数在一点可导是它在该点可微的充分必要条件, 但是, 多元函数在一点可偏导只是它在该点可微的必要条件, 而不是充分条件.

例如函数 $z = f(x, y) = \sqrt{|xy|}$ 在点 $(0, 0)$ 处可偏导,

$$f_x'(0, 0) = \lim_{\Delta x \to 0} \frac{f(\Delta x, 0) - f(0, 0)}{\Delta x} = 0,$$

$$f_y'(0, 0) = \lim_{\Delta y \to 0} \frac{f(0, \Delta y) - f(0, 0)}{\Delta y} = 0.$$

但是由于

$$\Delta z - [f'_x(0,0)\Delta x + f'_y(0,0)\Delta y] = \sqrt{|\Delta x \Delta y|},$$

$$\frac{\sqrt{|\Delta x \Delta y|}}{\rho} = \sqrt{\frac{|\Delta x \Delta y|}{\Delta x^2 + \Delta y^2}},$$

当 $(\Delta x, \Delta y) \to (0,0)$ 时, 上式不趋于 0(例 2.1.2), 从而 $\Delta z - [f'_x(0,0)\Delta x + f'_y(0,0)\Delta y]$ 不是 ρ 的高阶无穷小量, $f(x,y)$ 在点 $(0,0)$ 处不可微.

下面不加证明给出可微的充分条件.

定理 2.2.3(可微的充分条件) 设函数 $z = f(x,y)$ 在点 $P_0(x_0, y_0)$ 的某邻域 $U(P_0)$ 内可偏导, 若偏导数 $f'_x(x,y), f'_y(x,y)$ 都在点 (x_0, y_0) 处连续, 则 $f(x,y)$ 在点 (x_0, y_0) 可微.

根据定理 2.2.2 和定理 2.2.3 可以知道二元函数在某一点处的可微性、可偏导性及连续性之间的关系为

$$\text{偏导数存在且连续} \Longrightarrow \text{可微} \Longrightarrow \left\{ \begin{array}{l} \text{连续} \\ \text{偏导数存在} \end{array} \right.$$

一般情况下上述关系是不可逆的.

例 2.2.9 求下列函数的全微分:

(1) $z = \mathrm{e}^{xy}$;   (2) $u = \dfrac{z}{x^2 + y^2}$.

解 (1) $\mathrm{d}z = \dfrac{\partial z}{\partial x}\mathrm{d}x + \dfrac{\partial z}{\partial y}\mathrm{d}y$

$\qquad\qquad = y\mathrm{e}^{xy}\mathrm{d}x + x\mathrm{e}^{xy}\mathrm{d}y$

$\qquad\qquad = \mathrm{e}^{xy}(y\mathrm{d}x + x\mathrm{d}y).$

(2) $\mathrm{d}u = \dfrac{\partial u}{\partial x}\mathrm{d}x + \dfrac{\partial u}{\partial y}\mathrm{d}y + \dfrac{\partial u}{\partial z}\mathrm{d}z$

$\qquad = -\dfrac{z}{(x^2+y^2)^2}2x\mathrm{d}x - \dfrac{z}{(x^2+y^2)^2}2y\mathrm{d}y + \dfrac{1}{x^2+y^2}\mathrm{d}z$

$\qquad = \dfrac{-2z(x\mathrm{d}x + y\mathrm{d}y) + (x^2+y^2)\mathrm{d}z}{(x^2+y^2)^2}.$

3. 全微分在近似计算中的应用

在实际问题中, 经常需要计算一些较复杂的多元函数在某点处当自变量发生微小变化时函数的变化. 利用全微分可以得到这种计算的近似公式.

由全微分的定义可知, 若函数 $z = f(x,y)$ 在点 (x_0, y_0) 可微, 并且当 $\rho = \sqrt{\Delta x^2 + \Delta y^2}$ 很小时, 有近似等式

$$\Delta z = f(x_0 + \Delta x, y_0 + \Delta y) - f(x_0, y_0)$$

$$\approx f'_x(x_0, y_0)\Delta x + f'_y(x_0, y_0)\Delta y,$$

即

$$f(x_0 + \Delta x, y_0 + \Delta y) \approx f(x_0, y_0) + f'_x(x_0, y_0)\Delta x + f'_y(x_0, y_0)\Delta y.$$

特别地, 当 $\Delta y = 0$, $|\Delta x|$ 很小时, 有

$$\Delta_x z = f(x_0 + \Delta x, y_0) - f(x_0, y_0) \approx f'_x(x_0, y_0)\Delta x,$$

当 $\Delta x = 0$, $|\Delta y|$ 很小时, 有

$$\Delta_y z = f(x_0, y_0 + \Delta y) - f(x_0, y_0) \approx f'_y(x_0, y_0)\Delta y.$$

例 2.2.10 要做一个无盖的圆柱形容器, 其内径为 2m, 高为 4m, 厚度为 0.01m, 需用多少立方米的材料?

解 以 r 为底半径, h 为高的圆柱体积为

$$V = \pi r^2 h,$$

所以当 r, h 在 (r_0, h_0) 处分别有增量 Δr, Δh 时,

$$\Delta V \approx 2\pi r_0 h_0 \Delta r + \pi r_0^2 \Delta h,$$

将 $r_0 = 2$, $h_0 = 4$, $\Delta r = \Delta h = 0.01$ 代入上式得

$$\Delta V \approx 2\pi \times 2 \times 4 \times 0.01 + \pi \times 2^2 \times 0.01 = 0.2\pi.$$

所以需用材料约为 $0.2\pi \text{m}^3$.

习 题 2.2

1. 求下列函数的一阶偏导数:

(1) $z = \sin(x + y)\mathrm{e}^{xy}$;

(2) $z = x^y + \ln(xy)$ $(x > 0,\ y > 0)$;

(3) $z = \ln\sin(x - 2y)$;

(4) $u = x^{\frac{y}{z}}$;

(5) $u = \cos(x^2 - y^2 - \mathrm{e}^z)$.

2. 设 $f(x, y) = \begin{cases} \dfrac{\sin(x^2 y)}{xy}, & xy \neq 0, \\ x, & xy = 0, \end{cases}$ 求 $f'_x(0, 1)$.

3. 设 $f(x,y) = \ln\left(x + \dfrac{y}{2x}\right)$，求 $f'_y(1,0)$.

4. 设 $z = \sqrt{|xy|}$，求 $\dfrac{\partial z}{\partial x}\Big|_{(0,0)}$.

5. 设 $f(x,y,z) = \ln(xy+z)$，求 $f'_x(1,2,0)$, $f'_y(1,2,0)$, $f'_z(1,2,0)$.

6. 求下列函数的高阶偏导数：

(1) $z = \arcsin\dfrac{x}{\sqrt{x^2+y^2}}$ $(y>0)$，求 $\dfrac{\partial^2 z}{\partial x \partial y}$；

(2) $z = \arctan\dfrac{x+y}{1-xy}$，求 $\dfrac{\partial^2 z}{\partial x^2}$, $\dfrac{\partial^2 z}{\partial y^2}$, $\dfrac{\partial^2 z}{\partial x \partial y}$.

7. 已知需求 $Q = 700 - 2P + 0.02Y$，其中价格 $P = 25$，收入 $Y = 5000$. 求：

(1) 需求的价格弹性；

(2) 需求的收入弹性.

8. 已知需求 $Q = 400 - 8P + 0.05Y$，其中价格 $P = 15$，收入 $Y = 12000$. 求：

(1) 需求的收入弹性；

(2) 在收入每年增加 5% 的假设下，需求的增长潜力.

9. 已知甲商品的需求 $Q_1 = 100 - P_1 + 0.75P_2 - 0.25P_3 + 0.0075Y$，在甲商品价格 $P_1 = 10$，乙商品价格 $P_2 = 20$，丙商品价格 $P_3 = 40$ 及收入 $Y = 10000$ 时，求需求的不同的交叉价格弹性.

10. 求下列函数的全微分：

(1) $u = \dfrac{x+y}{1+y}$；   (2) $u = \ln\sqrt{x^2+y^2}$；

(3) $u = z\arcsin\dfrac{x}{y}$.

11. 若 $u = f(x,y,z) = \left(\dfrac{x}{y}\right)^{\frac{1}{z}}$，求 $\mathrm{d}f(1,1,1)$.

2.3   复合函数与隐函数微分法

2.3.1 复合函数的微分法

1. 链锁规则

在一元函数微分学中，复合函数求导的链锁规则有着重要的作用，现在将这一重要法则推广到多元函数. 由于多元复合函数的中间变量和自变量的个数较多，情况较为复杂，为了讨论简便，先讨论中间变量都是一元函数的情况，然后再推广到其他形式的复合函数.

定理 2.3.1 设函数 $z = f(x, y)$ 及 $x = \varphi(t), y = \psi(t)$ 可以构成复合函数 $z = f[\varphi(t), \psi(t)]$. $x = \varphi(t), y = \psi(t)$ 都在点 t 处可导，$z = f(x, y)$ 在对应点 (x, y) 处可微，则复合函数 $z = f[\varphi(t), \psi(t)]$ 在点 t 处可导，且

$$\frac{\mathrm{d}z}{\mathrm{d}t} = \frac{\partial z}{\partial x}\frac{\mathrm{d}x}{\mathrm{d}t} + \frac{\partial z}{\partial y}\frac{\mathrm{d}y}{\mathrm{d}t}. \tag{2.3.1}$$

证明 令自变量 t 取得增量 Δt, 相应地使中间变量 x, y 分别取得增量

$$\Delta x = \varphi(t + \Delta t) - \varphi(t),$$

$$\Delta y = \psi(t + \Delta t) - \psi(t).$$

从而也使 $z = f(x, y)$ 取得增量 Δz. 由于函数 $z = f(x, y)$ 可微，所以有

$$\Delta z = \frac{\partial z}{\partial x}\Delta x + \frac{\partial z}{\partial y}\Delta y + o(\rho),$$

其中 $\rho = \sqrt{\Delta x^2 + \Delta y^2}$. 上式两端同除以 Δt, 得

$$\frac{\Delta z}{\Delta t} = \frac{\partial z}{\partial x}\frac{\Delta x}{\Delta t} + \frac{\partial z}{\partial y}\frac{\Delta y}{\Delta t} + \frac{o(\rho)}{\Delta t}.$$

由于 $x = \varphi(t), y = \psi(t)$ 都在点 t 可导，所以当 $\Delta t \to 0$ 时，$\dfrac{\Delta x}{\Delta t} \to \dfrac{\mathrm{d}x}{\mathrm{d}t}$, $\dfrac{\Delta y}{\Delta t} \to \dfrac{\mathrm{d}y}{\mathrm{d}t}$, 又由于 $\Delta t \to 0$ 时，$\Delta x \to 0, \Delta y \to 0$, 从而 $\rho \to 0$, 于是

$$\lim_{\Delta t \to 0}\left|\frac{o(\rho)}{\Delta t}\right| = \lim_{\Delta t \to 0}\left|\frac{o(\rho)}{\rho}\cdot\frac{\rho}{\Delta t}\right| = \lim_{\Delta t \to 0}\left|\frac{o(\rho)}{\rho}\right|\sqrt{\left(\frac{\Delta x}{\Delta t}\right)^2 + \left(\frac{\Delta y}{\Delta t}\right)^2} = 0,$$

所以

$$\lim_{\Delta t \to 0}\frac{\Delta z}{\Delta t} = \frac{\partial z}{\partial x}\frac{\mathrm{d}x}{\mathrm{d}t} + \frac{\partial z}{\partial y}\frac{\mathrm{d}y}{\mathrm{d}t}.$$

从而证明了复合函数 $z = f[\varphi(t), \psi(t)]$ 在点 t 可导，且公式 (2.3.1) 成立. □

公式 (2.3.1) 称为多元复合函数求导的 **链锁规则**. 定理对其他形式的复合函数仍成立，比如：

定理 2.3.2 设函数 $z = f(x, y)$ 及 $x = \varphi(t, s), y = \psi(t, s)$ 可以构成复合函数 $z = f[\varphi(t, s), \psi(t, s)]$. 若 $x = \varphi(t, s)$ 和 $y = \psi(t, s)$ 都在点 (t, s) 处可偏导，$z = f(x, y)$ 在对应点 (x, y) 处可微，则复合函数 $z = f[\varphi(t, s), \psi(t, s)]$ 在点 (t, s) 处可偏导，并且

$$\frac{\partial z}{\partial t} = \frac{\partial z}{\partial x}\frac{\partial x}{\partial t} + \frac{\partial z}{\partial y}\frac{\partial y}{\partial t}, \tag{2.3.2}$$

$$\frac{\partial z}{\partial s} = \frac{\partial z}{\partial x}\frac{\partial x}{\partial s} + \frac{\partial z}{\partial y}\frac{\partial y}{\partial s}. \tag{2.3.3}$$

这个结论之所以成立，是因为在求 $\dfrac{\partial z}{\partial t}$ 时，把 s 看作常数，从而 x, y 乃至 z 都是变量 t 的一元函数，问题成为定理 2.3.1 的情形，于是得到了类似于公式 (2.3.1) 的公式 (2.3.2), 类似地也可以得公式 (2.3.3).

对于情况更复杂的复合函数，只要满足定理 2.3.1 的相应条件，也有类似的结果. 例如，设 $u = f(x, y, z)$ 和 $x = x(t, s)$, $y = y(t, s)$, $z = z(t, s)$ 可以构成复合函数 $u = f[x(t, s), y(t, s), z(t, s)]$. 若 $x = x(t, s)$, $y = y(t, s)$, $z = z(t, s)$ 可偏导，$u = f(x, y, z)$ 可微，则有

$$\frac{\partial u}{\partial t} = \frac{\partial u}{\partial x} \frac{\partial x}{\partial t} + \frac{\partial u}{\partial y} \frac{\partial y}{\partial t} + \frac{\partial u}{\partial z} \frac{\partial z}{\partial t},$$

$$\frac{\partial u}{\partial s} = \frac{\partial u}{\partial x} \frac{\partial x}{\partial s} + \frac{\partial u}{\partial y} \frac{\partial y}{\partial s} + \frac{\partial u}{\partial z} \frac{\partial z}{\partial s}.$$

例 2.3.1 设 $z = x^2 y - xy^2$, 且 $x = u \cos v$, $y = u \sin v$, 求 $\dfrac{\partial z}{\partial u}$ 和 $\dfrac{\partial z}{\partial v}$.

解
$$\begin{aligned}
\frac{\partial z}{\partial u} &= \frac{\partial z}{\partial x} \frac{\partial x}{\partial u} + \frac{\partial z}{\partial y} \frac{\partial y}{\partial u} \\
&= (2xy - y^2) \cos v + (x^2 - 2xy) \sin v \\
&= (2u^2 \sin v \cos v - u^2 \sin^2 v) \cos v \\
&\quad + (u^2 \cos^2 v - 2u^2 \cos v \sin v) \sin v \\
&= 3u^2 \sin v \cos v (\cos v - \sin v).
\end{aligned}$$

$$\begin{aligned}
\frac{\partial z}{\partial v} &= \frac{\partial z}{\partial x} \frac{\partial x}{\partial v} + \frac{\partial z}{\partial y} \frac{\partial y}{\partial v} \\
&= (2xy - y^2)(-u \sin v) + (x^2 - 2xy)(u \cos v) \\
&= (2u^2 \sin v \cos v - u^2 \sin^2 v)(-u \sin v) \\
&\quad + (u^2 \cos^2 v - 2u^2 \cos v \sin v)(u \cos v) \\
&= -2u^3 \sin v \cos v (\sin v + \cos v) + u^3 (\sin^3 v + \cos^3 v).
\end{aligned}$$

由于函数可微的充分条件是其偏导数连续，所以可以在函数有连续偏导数的条件下应用链锁规则.

例 2.3.2 设 $z = f(x^2 - y^2, \mathrm{e}^{xy})$, 其中 f 具有连续偏导数，求 $\dfrac{\partial z}{\partial x}$ 和 $\dfrac{\partial z}{\partial y}$.

解 设 $u = x^2 - y^2$, $v = \mathrm{e}^{xy}$, 则

$$\frac{\partial z}{\partial x} = \frac{\partial z}{\partial u} \frac{\partial u}{\partial x} + \frac{\partial z}{\partial v} \frac{\partial v}{\partial x} = 2x f_u' + y \mathrm{e}^{xy} f_v',$$

$$\frac{\partial z}{\partial y} = \frac{\partial z}{\partial u} \frac{\partial u}{\partial y} + \frac{\partial z}{\partial v} \frac{\partial v}{\partial y} = -2y f_u' + x \mathrm{e}^{xy} f_v'.$$

可以通过反复运用链锁规则来求复合函数的高阶偏导数 (或导数).

例 2.3.3 设 $u = yf\left(\dfrac{x}{y}\right) + xg\left(\dfrac{y}{x}\right)$, 其中 f, g 具有二阶连续导数, 求 $x\dfrac{\partial^2 u}{\partial x^2} + y\dfrac{\partial^2 u}{\partial x \partial y}$.

解 由于

$$\frac{\partial u}{\partial x} = yf'\left(\frac{x}{y}\right)\frac{1}{y} + g\left(\frac{y}{x}\right) + xg'\left(\frac{y}{x}\right)\left(-\frac{y}{x^2}\right)$$

$$= f'\left(\frac{x}{y}\right) + g\left(\frac{y}{x}\right) - \frac{y}{x}g'\left(\frac{y}{x}\right),$$

$$\frac{\partial^2 u}{\partial x^2} = \frac{1}{y}f''\left(\frac{x}{y}\right) - \frac{y}{x^2}g'\left(\frac{y}{x}\right) + \frac{y}{x^2}g'\left(\frac{y}{x}\right) - \frac{y}{x}\left(-\frac{y}{x^2}\right)g''\left(\frac{y}{x}\right)$$

$$= \frac{1}{y}f''\left(\frac{x}{y}\right) + \frac{y^2}{x^3}g''\left(\frac{y}{x}\right),$$

$$\frac{\partial^2 u}{\partial x \partial y} = -\frac{x}{y^2}f''\left(\frac{x}{y}\right) + \frac{1}{x}g'\left(\frac{y}{x}\right) - \frac{1}{x}g'\left(\frac{y}{x}\right) - \frac{y}{x}g''\left(\frac{y}{x}\right)\left(\frac{1}{x}\right)$$

$$= -\frac{x}{y^2}f''\left(\frac{x}{y}\right) - \frac{y}{x^2}g''\left(\frac{y}{x}\right),$$

所以

$$x\frac{\partial^2 u}{\partial x^2} + y\frac{\partial^2 u}{\partial x \partial y} = 0.$$

例 2.3.4 设 $z = f\left(xy, \dfrac{y}{x}\right)$, 其中 f 具有二阶连续偏函数, 求 $\dfrac{\partial^2 z}{\partial x^2}$ 和 $\dfrac{\partial^2 z}{\partial x \partial y}$.

如果令 $u = xy, v = \dfrac{y}{x}$, 则函数是由 $z = f(u, v), u = xy, v = \dfrac{y}{x}$ 复合而成. 为了应用链锁规则时书写简便, 我们用 f_i' $(i = 1, 2)$ 表示 $f(u, v)$ 对第 i 个中间变量的偏导数, 用 $f_{ij}''(i, j = 1, 2)$ 表示 $f(u, v)$ 先对第 i 个中间变量再对第 j 个中间变量的二阶偏导数. 以后中间变量更多的函数的偏导数也有类似的记号.

解 由链锁规则有

$$\frac{\partial z}{\partial x} = yf_1' - \frac{y}{x^2}f_2'.$$

注意到 $f_1' = f_1'\left(xy, \dfrac{y}{x}\right)$ 和 $f_2' = f_2'\left(xy, \dfrac{y}{x}\right)$, 再由链锁规则有

$$\frac{\partial^2 z}{\partial x^2} = y\left(yf_{11}'' - \frac{y}{x^2}f_{12}''\right) + \frac{2y}{x^3}f_2' - \frac{y}{x^2}\left(yf_{21}'' - \frac{y}{x^2}f_{22}''\right),$$

因为 f 有连续的二阶偏导数, 所以 $f_{12}'' = f_{21}''$, 故

$$\frac{\partial^2 z}{\partial x^2} = \frac{2y}{x^3}f_2' + y^2 f_{11}'' - 2\frac{y^2}{x^2}f_{12}'' + \frac{y^2}{x^4}f_{22}''.$$

而

$$\frac{\partial^2 z}{\partial x \partial y} = f_1' + y \left[x \cdot f_{11}'' + \frac{1}{x} \cdot f_{12}'' \right] - \frac{1}{x^2} f_2' - \frac{y}{x^2} \left[x \cdot f_{21}'' + \frac{1}{x} \cdot f_{22}'' \right],$$
$$= f_1' - \frac{1}{x^2} f_2' + xy f_{11}'' - \frac{y}{x^3} f_{22}''.$$

2. 一阶全微分的形式不变性

一元函数有一阶微分形式的不变性, 类似地, 多元函数也有 (一阶) 全微分形式的不变性.

定理 2.3.3 若函数 $z = f(u, v)$ 在点 (u, v) 可微, 而 $u = u(x, y)$ 与 $v = v(x, y)$ 在对应的点 (x, y) 处也可微, 则不论 u, v 作为 $z = f(u, v)$ 的自变量, 还是作为复合函数 $z = f[u(x, y), v(x, y)]$ 的中间变量, 都有

$$dz = \frac{\partial z}{\partial u} du + \frac{\partial z}{\partial v} dv.$$

证明 若 z 作为以 u, v 为自变量的函数, 根据全微分的计算公式有

$$dz = \frac{\partial z}{\partial u} du + \frac{\partial z}{\partial v} dv.$$

如果 z 作为以 u, v 为中间变量的复合函数, 由链锁规则有

$$dz = \frac{\partial z}{\partial x} dx + \frac{\partial z}{\partial y} dy$$
$$= \left(\frac{\partial z}{\partial u} \frac{\partial u}{\partial x} + \frac{\partial z}{\partial v} \frac{\partial v}{\partial x} \right) dx + \left(\frac{\partial z}{\partial u} \frac{\partial u}{\partial y} + \frac{\partial z}{\partial v} \frac{\partial v}{\partial y} \right) dy$$
$$= \frac{\partial z}{\partial u} \left(\frac{\partial u}{\partial x} dx + \frac{\partial u}{\partial y} dy \right) + \frac{\partial z}{\partial v} \left(\frac{\partial v}{\partial x} dx + \frac{\partial v}{\partial y} dy \right),$$

其中 $du = \frac{\partial u}{\partial x} dx + \frac{\partial u}{\partial y} dy$, $dv = \frac{\partial v}{\partial x} dx + \frac{\partial v}{\partial y} dy$, 所以

$$dz = \frac{\partial z}{\partial u} du + \frac{\partial z}{\partial v} dv.$$

□

利用一阶全微分形式不变性, 容易证明, 无论 u, v 为自变量, 还是中间变量, 都有如下微分法则:

(1) $d(u \pm v) = du \pm dv$;

(2) $d(uv) = v du + u dv$;

(3) $d \left(\frac{u}{v} \right) = \frac{v du - u dv}{v^2}$ $(v \neq 0)$.

掌握一阶全微分的形式不变性, 对于求多元函数的全微分和偏导数将会有很大的方便.

例 2.3.5　计算下列各题:

(1) 求 $u = \dfrac{x}{y} + \sin\dfrac{y}{x} + e^{yz}$ 的全微分和偏导数;

(2) 求 $z = (x^2 + y^2)^{xy}$ 的全微分.

解　(1) $\mathrm{d}u = \mathrm{d}\left(\dfrac{x}{y}\right) + \mathrm{d}\sin\dfrac{y}{x} + \mathrm{d}e^{yz}$

$$= \mathrm{d}\left(\dfrac{x}{y}\right) + \cos\dfrac{y}{x} \cdot \mathrm{d}\left(\dfrac{y}{x}\right) + e^{yz} \cdot \mathrm{d}(yz)$$

$$= \dfrac{y\mathrm{d}x - x\mathrm{d}y}{y^2} + \cos\dfrac{y}{x} \cdot \dfrac{x\mathrm{d}y - y\mathrm{d}x}{x^2} + e^{yz}(z\mathrm{d}y + y\mathrm{d}z)$$

$$= \left(\dfrac{1}{y} - \dfrac{y}{x^2}\cos\dfrac{y}{x}\right)\mathrm{d}x + \left(-\dfrac{x}{y^2} + \dfrac{1}{x}\cos\dfrac{y}{x} + ze^{yz}\right)\mathrm{d}y$$

$$+ ye^{yz}\mathrm{d}z.$$

由全微分的计算公式 $\mathrm{d}u = \dfrac{\partial u}{\partial x}\mathrm{d}x + \dfrac{\partial u}{\partial y}\mathrm{d}y + \dfrac{\partial u}{\partial z}\mathrm{d}z$ 知

$$\dfrac{\partial u}{\partial x} = \dfrac{1}{y} - \dfrac{y}{x^2}\cos\dfrac{y}{x}, \quad \dfrac{\partial u}{\partial y} = -\dfrac{x}{y^2} + \dfrac{1}{x}\cos\dfrac{y}{x} + ze^{yz}, \quad \dfrac{\partial u}{\partial z} = ye^{yz}.$$

(2) 设 $u = x^2 + y^2, v = xy$, 则 $z = u^v$, 从而

$$\mathrm{d}z = \dfrac{\partial z}{\partial u}\mathrm{d}u + \dfrac{\partial z}{\partial v}\mathrm{d}v$$

$$= vu^{v-1}\mathrm{d}u + u^v\ln u\,\mathrm{d}v$$

$$= xy(x^2 + y^2)^{xy-1}\mathrm{d}(x^2 + y^2) + (x^2 + y^2)^{xy}\ln(x^2 + y^2)\mathrm{d}(xy)$$

$$= xy(x^2 + y^2)^{xy-1}(2x\mathrm{d}x + 2y\mathrm{d}y) + (x^2 + y^2)^{xy}\ln(x^2 + y^2)(y\mathrm{d}x + x\mathrm{d}y)$$

$$= (x^2 + y^2)^{xy}\left\{\left[\dfrac{2x^2y}{x^2 + y^2} + y\ln(x^2 + y^2)\right]\mathrm{d}x\right.$$

$$\left. + \left[\dfrac{2xy^2}{x^2 + y^2} + x\ln(x^2 + y^2)\right]\mathrm{d}y\right\}.$$

2.3.2　隐函数的微分法

在一元函数微分学中, 我们曾经用举例的方式指出由二元方程

$$F(x, y) = 0$$

所确定的一元隐函数的求导方法. 现在我们利用偏导数概念深入讨论这一问题, 给出隐函数存在定理和隐函数求导的一般计算公式.

定理 2.3.4(隐函数存在定理) 设函数 $F(x, y)$ 在包含点 $P_0(x_0, y_0)$ 的某区域 D 内具有连续偏导数, 且

$$F(x_0, y_0) = 0, \quad F_y'(x_0, y_0) \neq 0,$$

则存在唯一的定义在点 x_0 的某邻域 $U(x_0)$ 内的函数 $y = f(x)$, 它满足 $f(x_0) = y_0$ 和恒等式 $F(x, f(x)) \equiv 0$, 在 $U(x_0)$ 内有连续导数, 并且

$$\frac{\mathrm{d}y}{\mathrm{d}x} = -\frac{F_x'}{F_y'}. \tag{2.3.4}$$

定理中的函数 $y = f(x)$ 称为由方程 $F(x, y) = 0$ 所确定的 **隐函数**. 在很多情况下, 直接从方程 $F(x, y) = 0$ 解出 $y = f(x)$(即隐函数的显化) 是十分困难甚至无法办到的事情. 隐函数存在定理的重要意义就在于, 它根本不涉及隐函数的显化, 从理论上解决了隐函数的存在问题, 同时还给出了直接从方程本身求隐函数导数的计算公式.

这个定理的证明从略, 仅推导公式 (2.3.4).

隐函数 $y = f(x)$ 满足恒等式

$$F(x, f(x)) \equiv 0,$$

其中 F 在区域 D 内有连续偏导数, $f(x)$ 在点 x_0 的邻域内可导. 在上式两端对 x 求导, 由链锁规则得

$$F_x'(x, y) + F_y'(x, y)\frac{\mathrm{d}y}{\mathrm{d}x} = 0,$$

由于 $F_y'(x, y)$ 连续, $F_y'(x_0, y_0) \neq 0$, 所以在 (x_0, y_0) 的某邻域内 $F_y'(x, y) \neq 0$. 从而

$$\frac{\mathrm{d}y}{\mathrm{d}x} = -\frac{F_x'(x, y)}{F_y'(x, y)}.$$

隐函数的求导方法可以推广到多元函数.

例如, 若一个三元方程

$$F(x, y, z) = 0$$

确定一个二元隐函数 $z = f(x, y)$, 代入方程得

$$F(x, y, f(x, y)) \equiv 0.$$

应用链锁规则, 在上式两端分别对 x, y 求导, 得

$$F_x' + F_z'\frac{\partial z}{\partial x} = 0, \quad F_y' + F_z'\frac{\partial z}{\partial y} = 0,$$

从而在 $F_z' \neq 0$ 处有

$$\frac{\partial z}{\partial x} = -\frac{F_x'}{F_z'}, \quad \frac{\partial z}{\partial y} = -\frac{F_y'}{F_z'}.$$

例 2.3.6 设 $y = f(x)$ 是由方程 $\ln\sqrt{x^2+y^2} = \arctan\dfrac{y}{x}$ 确定的隐函数, 求 $\dfrac{\mathrm{d}y}{\mathrm{d}x}$.

解 方法 1 设 $F(x,y) = \dfrac{1}{2}\ln(x^2+y^2) - \arctan\dfrac{y}{x}$,

则

2-2 隐函数的微分法

$$F_x' = \frac{x}{x^2+y^2} - \frac{1}{1+\left(\dfrac{y}{x}\right)^2} \cdot \left(-\frac{y}{x^2}\right) = \frac{x+y}{x^2+y^2},$$

$$F_y' = \frac{y}{x^2+y^2} - \frac{1}{1+\left(\dfrac{y}{x}\right)^2} \cdot \frac{1}{x} = \frac{y-x}{x^2+y^2}.$$

从而, 当 $F_y' = \dfrac{y-x}{x^2+y^2} \neq 0$ 时, 有

$$\frac{\mathrm{d}y}{\mathrm{d}x} = -\frac{F_x'}{F_y'} = \frac{x+y}{x-y}.$$

在求隐函数的导数或偏导数时, 我们常常不套用公式.

方法 2 在方程

$$\frac{1}{2}\ln(x^2+y^2) = \arctan\frac{y}{x}$$

两端对 x 求导, 得

$$\frac{x+yy'}{x^2+y^2} = \frac{1}{1+\left(\dfrac{y}{x}\right)^2}\frac{xy'-y}{x^2},$$

从而有

$$x + yy' = xy' - y,$$

所以

$$y' = \frac{x+y}{x-y}.$$

例 2.3.7 设 $z = z(x,y)$ 是由方程 $2xz - 2xyz + \ln(xyz) = 0$ 确定的隐函数, 求 $\dfrac{\partial z}{\partial x}$ 和 $\dfrac{\partial z}{\partial y}$.

解 在方程

$$2xz - 2xyz + \ln(xyz) = 0$$

两端求全微分，得

$$2(z\mathrm{d}x + x\mathrm{d}z) - 2(yz\mathrm{d}x + xz\mathrm{d}y + xy\mathrm{d}z) + \frac{1}{xyz}(yz\mathrm{d}x + xz\mathrm{d}y + xy\mathrm{d}z) = 0,$$

经整理得

$$\left(2x - 2xy + \frac{1}{z}\right)\mathrm{d}z = \left(-2z + 2yz - \frac{1}{x}\right)\mathrm{d}x + \left(2xz - \frac{1}{y}\right)\mathrm{d}y,$$

即

$$\frac{1}{z}(2xz - 2xyz + 1)\mathrm{d}z = \frac{1}{x}(-2xz + 2xyz - 1)\mathrm{d}x + \frac{1}{y}(2xyz - 1)\mathrm{d}y,$$

所以

$$\mathrm{d}z = -\frac{z}{x}\mathrm{d}x + \frac{z(2xyz - 1)}{y(2xz - 2xyz + 1)}\mathrm{d}y,$$

$$\frac{\partial z}{\partial x} = -\frac{z}{x}, \quad \frac{\partial z}{\partial y} = \frac{z(2xyz - 1)}{y(2xz - 2xyz + 1)}.$$

例 2.3.8 设由方程 $x + 2y + z = \mathrm{e}^{x-y-z}$ 确定的隐函数为 $z = z(x,y)$，求 $\dfrac{\partial^2 z}{\partial x\partial y}$.

解 在方程 $x + 2y + z = \mathrm{e}^{x-y-z}$ 两端求全微分，得

$$\mathrm{d}x + 2\mathrm{d}y + \mathrm{d}z = \mathrm{e}^{x-y-z}(\mathrm{d}x - \mathrm{d}y - \mathrm{d}z) = (x + 2y + z)(\mathrm{d}x - \mathrm{d}y - \mathrm{d}z),$$

经整理得

$$\mathrm{d}z = \frac{x + 2y + z - 1}{1 + x + 2y + z}\mathrm{d}x - \frac{x + 2y + z + 2}{1 + x + 2y + z}\mathrm{d}y,$$

从而

$$\frac{\partial z}{\partial x} = \frac{x + 2y + z - 1}{1 + x + 2y + z} = 1 - \frac{2}{1 + x + 2y + z},$$

$$\frac{\partial z}{\partial y} = -\frac{x + 2y + z + 2}{1 + x + 2y + z} = -1 - \frac{1}{1 + x + 2y + z}.$$

于是有

$$\frac{\partial^2 z}{\partial x\partial y} = \frac{2\left(2 + \dfrac{\partial z}{\partial y}\right)}{(1 + x + 2y + z)^2} = \frac{2\left(1 - \dfrac{1}{1 + x + 2y + z}\right)}{(1 + x + 2y + z)^2} = \frac{2(x + 2y + z)}{(1 + x + 2y + z)^3}.$$

习　题　2.3

1. 求下列复合函数的偏导数或导数:

(1) $z = u^2 \ln v$, $u = \dfrac{y}{x}$, $v = x^2 + y^2$, 求 $\dfrac{\partial z}{\partial x}$, $\dfrac{\partial z}{\partial y}$;

(2) $z = \mathrm{e}^{uv}$, $u = \ln \sqrt{x^2 + y^2}$, $v = \arctan \dfrac{y}{x}$, 求 $\dfrac{\partial z}{\partial x}$, $\dfrac{\partial z}{\partial y}$;

(3) $u = \dfrac{y - z}{1 + a^2} \mathrm{e}^{ax}$, $y = a \sin x$, $z = \cos x$, 求 $\dfrac{\mathrm{d}u}{\mathrm{d}x}$.

2. 设 $z = \dfrac{y}{f(x^2 - y^2)}$, 其中 f 为可导函数, 求 $\dfrac{\partial z}{\partial x}$, $\dfrac{\partial z}{\partial y}$.

3. 设 $z = \varphi(xy) + g\left(\dfrac{x}{y}\right)$, 其中 φ, g 可导, 求 $\dfrac{\partial z}{\partial x}$, $\dfrac{\partial z}{\partial y}$.

4. 设 $z = f(\mathrm{e}^{xy}, x^2 - y^2)$, 其中 f 具有连续偏导数, 求 $\dfrac{\partial z}{\partial x}$.

5. 设 $z = f(s + t, st)$, 其中 f 具有二阶连续偏导数, 求 $\dfrac{\partial^2 z}{\partial t^2}$, $\dfrac{\partial^2 z}{\partial s \partial t}$.

6. 设 $z = f(2x - y) + g(x, xy)$, 其中 $f(t)$ 二阶可导, $g(u, v)$ 具有二阶连续偏导数, 求 $\dfrac{\partial^2 z}{\partial x \partial y}$.

7. 设 $z = f(\mathrm{e}^x \sin y, x^2 + y^2)$, 其中 f 具有二阶连续偏导数, 求 $\dfrac{\partial^2 z}{\partial x \partial y}$.

8. 求下列方程所确定的隐函数的导数或偏导数:

(1) $x^y = y^x$ $(x \neq y)$, 求 $\dfrac{\mathrm{d}y}{\mathrm{d}x}$;

(2) $z^3 - 3xyz = a^3$, 求 $\dfrac{\partial z}{\partial x}$, $\dfrac{\partial z}{\partial y}$;

(3) $z = \sqrt{x^2 - y^2} \cdot \tan \dfrac{z}{\sqrt{x^2 - y^2}}$, 求 $\dfrac{\partial z}{\partial x}$, $\dfrac{\partial z}{\partial y}$.

9. 设函数 $z = f(x, y)$ 由方程 $\dfrac{x}{z} = \ln \dfrac{z}{y}$ 所确定, 求 $\dfrac{\partial^2 z}{\partial x \partial y}$.

10. 设函数 $z = f(x, y)$ 由方程 $xyz - \ln yz = -2$ 所确定, 求 $z''_{xy}(0, 1)$.

2.4　多元函数的极值及其求法

在实际问题中, 我们经常会遇到多元函数的极值问题. 作为多元函数微分学的一个重要应用, 本节先将一元函数极值问题的概念推广到多元函数, 然后建立多元函数极值问题的必要条件和充分条件, 并讨论多元函数的最大、最小值问题以及条件极值问题.

2.4.1 多元函数的极值问题

1. 极值

定义 2.4.1 设二元函数 $f(x,y)$ 在点 $P_0(x_0,y_0)$ 的某邻域 $U(P_0)$ 内有定义，如果对任何 $(x,y) \in \mathring{U}(P_0)$，都有

$$f(x,y) < f(x_0,y_0) \quad (f(x,y) > f(x_0,y_0)),$$

则称 $f(x_0,y_0)$ 是 $f(x,y)$ 的一个 **极大值(极小值)**，点 (x_0,y_0) 称为 $f(x,y)$ 的 **极大值点(极小值点)**. 极大值和极小值统称为 **极值**，极大值点和极小值点统称为 **极值点**.

例如，函数 $z = \sqrt{x^2 + y^2}$ 在点 $(0,0)$ 取极小值 $z(0,0) = 0$，而函数 $z = 1 - x^2 - y^2$ 在点 $(0,0)$ 取得极大值 $z(0,0) = 1$(图 2.6).

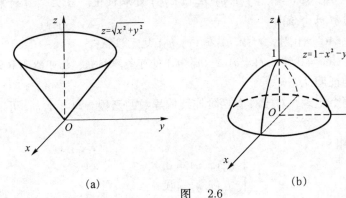

(a)   (b)

图 2.6

定理 2.4.1(函数取极值的必要条件) 设函数 $z = f(x,y)$ 在点 (x_0,y_0) 处可偏导，且在点 (x_0,y_0) 处取得极值，则

$$f'_x(x_0,y_0) = 0, \quad f'_y(x_0,y_0) = 0.$$

证明 由于函数 $f(x,y)$ 在点 (x_0,y_0) 处取极值，故 x_0 是一元函数 $f(x,y_0)$ 的极限点，根据一元函数取极值的必要条件，得到

$$f'_x(x_0,y_0) = 0.$$

同理可得

$$f'_y(x_0,y_0) = 0. \qquad \square$$

使 $f'_x(x_0,y_0) = 0$ 和 $f'_y(x_0,y_0) = 0$ 同时成立的点 (x_0,y_0) 称为函数 $f(x,y)$ 的 **驻点**.

定理 2.4.1 表明，对可偏导的函数 $f(x,y)$，极值点必为驻点. 但是，函数 $f(x,y)$ 的驻点未必是它的极值点. 例如函数 $z = x^2 - y^2$，由解析几何知它的图形是双曲抛物面，点 $(0,0)$ 不是它的极值点，但 $z'_x(0,0) = 2x|_{(0,0)} = 0$，$z'_y(0,0) = -2y|_{(0,0)} = 0$.

还要指出，函数 $f(x,y)$ 的偏导数不存在的点也可能是它的极值点，例如函数 $z = \sqrt{x^2 + y^2}$ 在点 $(0,0)$ 处取得极小值，但它的两个偏导数在点 $(0,0)$ 处不存在.

通常把使得函数 $f(x,y)$ 可能取极值的点称为它的 **可能极值点**，它包括驻点与偏导数不存在的点. 当然，可能极值点未必一定是极值点.

下面给出验证二元函数 $f(x,y)$ 的驻点是否为它的极值点的充分条件.

定理 2.4.2(函数取极值的充分条件) 设函数 $z = f(x,y)$ 在点 (x_0, y_0) 的某邻域内具有二阶连续偏导数，且 $f'_x(x_0, y_0) = f'_y(x_0, y_0) = 0$. 令

$$f''_{xx}(x_0, y_0) = A, \quad f''_{xy}(x_0, y_0) = B, \quad f''_{yy}(x_0, y_0) = C,$$

则

(1) 当 $B^2 - AC < 0$ 时，$f(x,y)$ 在 (x_0, y_0) 处取极值，当 $A < 0$ 时取极大值，当 $A > 0$ 时取极小值；

(2) 当 $B^2 - AC > 0$ 时，$f(x,y)$ 在 (x_0, y_0) 处无极值；

(3) 当 $B^2 - AC = 0$ 时，$f(x,y)$ 在 (x_0, y_0) 处可能取极值，也可能不取极值.

这个定理的证明从略.

利用上面两个定理，对于具有二阶连续偏导数的函数 $z = f(x,y)$，可采取如下步骤求极值：

(1) 解方程组

$$\begin{cases} f'_x(x,y) = 0, \\ f'_y(x,y) = 0, \end{cases}$$

求出驻点.

(2) 对于每一个驻点 (x_0, y_0)，求出相应的二阶偏导数的值 A, B 和 C.

(3) 求出 $B^2 - AC$ 的值，根据取极值的充分条件判定 $f(x_0, y_0)$ 是否为极值，并区分是极大值还是极小值.

例 2.4.1 求函数 $z = x^3 + y^3 - 3xy$ 的极值.

解 由方程组

$$\begin{cases} \dfrac{\partial z}{\partial x} = 3x^2 - 3y = 0, \\ \dfrac{\partial z}{\partial y} = 3y^2 - 3x = 0 \end{cases}$$

解得驻点 $(0,0)$ 与 $(1,1)$.

求二阶偏导数，得

$$\frac{\partial^2 z}{\partial x^2} = 6x, \quad \frac{\partial^2 z}{\partial x \partial y} = -3, \quad \frac{\partial^2 z}{\partial y^2} = 6y.$$

于是由定理 2.4.2 知：

在点 $(0,0)$ 处, $B^2 - AC = 9 > 0$, 函数在点 $(0,0)$ 处没有极值.

在点 $(1,1)$ 处, $B^2 - AC = -27 < 0$ 且 $A = 6 > 0$, 函数在点 $(1,1)$ 处取极小值, 极小值是 $z(1,1) = -1$.

2. 最大值与最小值

设函数 $f(x,y)$ 在有界闭区域 D 上连续, 则 $f(x,y)$ 在 D 上必有最大值和最小值, 它们在 D 的内部或 D 的边界上取得. 如果 $f(x,y)$ 在 D 内部的点 (x_0, y_0) 处取得最大值或最小值, 则 (x_0, y_0) 必是 $f(x,y)$ 的极值点. 因此, 我们可以用下述方法求 $f(x,y)$ 在 D 上的最大、最小值:

(1) 先求出 $f(x,y)$ 在 D 内的可能极值点及其函数值;

(2) 再求出 $f(x,y)$ 在 D 的边界上的最大值和最小值;

(3) 将这些函数值相比较, 其中最大的就是 $f(x,y)$ 在 D 上的最大值, 最小的就是 $f(x,y)$ 在 D 上的最小值.

在实际问题中, D 不一定是闭区域, 也不一定是有界的. 这时, 由 $f(x,y)$ 在 D 上连续这一条件不能保证 $f(x,y)$ 在 D 上必有最大值和最小值. 但是, 对于某些具体问题, 如果我们根据问题的性质可以知道 $f(x,y)$ 在 D 上存在最大 (或最小) 值, 并且可以判定最大 (或最小) 值在 D 的内部取得, 那么当 $f(x,y)$ 在 D 的内部有唯一的可能极值点 (x_0, y_0) 时, $f(x_0, y_0)$ 就是 $f(x,y)$ 在 D 上的最大 (或最小) 值.

例 2.4.2 求二元函数 $z = f(x,y) = x^2 y(4 - x - y)$ 在由直线 $x + y = 6$ 与 x 轴、y 轴所围成闭区域 D 上的最大值和最小值.

解 由方程组

$$
\begin{cases}
f'_x(x,y) = 2xy(4 - x - y) - x^2 y = 0, \\
f'_y(x,y) = x^2(4 - x - y) - x^2 y = 0
\end{cases}
$$

解得 $(2,1), (4,0), (0,y)(y \in (0,6))$. 因为 $(4,0), (0,y)(y \in (0,6))$ 不在区域 D 内, 所以 $f(x,y)$ 在 D 内有唯一的驻点 $(2,1)$, 函数值 $f(2,1) = 4$.

考虑 $f(x,y)$ 在 D 的边界上的情况:

当 $x = 0$, $0 \leqslant y \leqslant 6$ 时, $f(x,y) = 0$;

当 $y = 0$, $0 \leqslant x \leqslant 6$ 时, $f(x,y) = 0$;

当 $x + y = 6, 0 \leqslant x \leqslant 6$ 时, $f(x,y)$ 可表示为一元函数

$$
\varphi(x) = f(x, 6 - x) = 2x^3 - 12x^2, \quad x \in [0,6].
$$

令 $\varphi'(x) = 6x^2 - 24x = 0$, 得 $\varphi(x)$ 在 $[0,6]$ 上的唯一驻点 $x = 4$, $\varphi(4) = f(4,2) = -64$, 而 $\varphi(0) = \varphi(6) = 0$, 知 $\varphi(x)$ 在 $[0,6]$ 上的最大值为 0, 最小值为 -64.

综上, $f(x,y)$ 在 D 上的最大值为 $f(2,1) = 4$, 最小值为 $f(4,2) = -64$.

例 2.4.3　某厂投入产出函数为

$$z = 6x^{\frac{1}{3}}y^{\frac{1}{2}},$$

其中 x 为资本投入，y 为劳动力投入，z 为产出. 产品售价为 2，资本价格为 4，劳动力价格为 3. 求该厂取得最大利润时的投入水平和最大利润.

解　利润函数 $L(x,y)$ 由收益函数 $R(x,y)$ 和成本函数 $C(x,y)$ 构成，其中

$$R(x,y) = 12x^{\frac{1}{3}}y^{\frac{1}{2}}, \quad C(x,y) = 4x + 3y.$$

所以问题成为求

$$L(x,y) = R(x,y) - C(x,y) = 12x^{\frac{1}{3}}y^{\frac{1}{2}} - 4x - 3y$$

在区域 $x > 0,\ y > 0$ 上的最大值.

由方程组

$$\begin{cases} L'_x = 4x^{-\frac{2}{3}}y^{\frac{1}{2}} - 4 = 0, \\ L'_y = 6x^{\frac{1}{3}}y^{-\frac{1}{2}} - 3 = 0 \end{cases}$$

得 $x = 8,\ y = 16$. 又由

$$L''_{xx} = -\frac{8}{3}x^{-\frac{5}{3}}y^{\frac{1}{2}}, \quad L''_{xy} = 2x^{-\frac{2}{3}}y^{-\frac{1}{2}}, \quad L''_{yy} = -3x^{\frac{1}{3}}y^{-\frac{3}{2}}$$

知

$$A = L''_{xx}(8,16) = -\frac{1}{3}, \quad B = L''_{xy}(8,16) = \frac{1}{8}, \quad C = L''_{yy}(8,16) = -\frac{3}{32},$$

由 $B^2 - AC = -\dfrac{1}{64} < 0,\ A = -\dfrac{1}{3} < 0$ 知，当 $x = 8,\ y = 16$ 时 $L(x,y)$ 取得极大值. 由问题的实际意义知，当 $x > 0,\ y > 0$ 时 $L(x,y)$ 必有最大值，故可确定 $L(8,16) = 16$ 为最大值，即当资本投入为 8，劳动力投入为 16 时，该厂取得最大利润 16.

2.4.2　条件极值问题

1. 条件极值

上面讨论的多元函数极值问题，对于函数的自变量，除了限制在函数的定义域内并无其他的要求，这种极值问题称为 **无条件极值** 问题.

在实际问题中，我们还经常要讨论另一种类型的极值问题，即对于函数的自变量，除了限制在函数的定义域内，自变量还受到其他条件的约束. 这种带有 **约束条件** 的函数极值问题称为 **条件极值** 问题.

对于二元函数的条件极值问题而言, 约束条件通常可以由一个二元方程 $\varphi(x, y) = 0$ 给出, 所以问题成为求函数 $f(x, y)$ 在条件 $\varphi(x, y) = 0$(称为 **约束方程**) 之下的极值问题.

例如, 要做一个长、宽、高分别为 x, y, z 的无盖水箱, 使得容积为 V. 怎样选取长、宽、高才能使用料最省?

问题就是求函数

$$f(x, y, z) = xy + 2(x + y)z$$

在约束条件 $xyz = V$ 之下的最小值.

解决这类问题的一个办法是将条件极值转化为无条件极值来处理. 本例可以先从约束方程中解出 $z = \dfrac{V}{xy}$, 代入函数 $f(x, y, z)$ 中, 成为求

$$S(x, y) = xy + 2V \left(\frac{1}{x} + \frac{1}{y} \right)$$

在其定义域 $x > 0, y > 0$ 内的最大值问题, 这是无条件极值问题.

这种方法的实质是将约束方程所确定的隐函数显化, 而这并非总是可行的. 为此, 下面介绍一种有效的求解条件极值问题的方法 —— Lagrange(拉格朗日) 乘数法.

2. Lagrange 乘数法

我们的问题是求函数

$$z = f(x, y)$$

在约束条件

$$\varphi(x, y) = 0 \tag{2.4.1}$$

下的极值.

如果函数 $z = f(x, y)$ 在 (x_0, y_0) 处取得条件极值, 那么首先应有

$$\varphi(x_0, y_0) = 0. \tag{2.4.2}$$

设在 (x_0, y_0) 的某一邻域内, $f(x, y)$ 与 $\varphi(x, y)$ 均有连续偏导数, 且 $\varphi'_y(x_0, y_0) \neq 0$. 由隐函数存在定理 (定理 2.3.4) 知, 方程 (2.4.1) 确定了一个具有连续导数的函数 $y = \psi(x)$, 将它代入函数 $z = f(x, y)$, 得到一元函数 $z = f[x, \psi(x)]$.

函数 $z = f(x, y)$ 在 (x_0, y_0) 取条件极值, 等同于函数 $z = f[x, \psi(x)]$ 在 $x = x_0$ 取无条件极值. 由一元可导函数取极值的必要条件知

$$\frac{\mathrm{d}z}{\mathrm{d}x} \bigg|_{x=x_0} = f'_x(x_0, y_0) + f'_y(x_0, y_0)\psi'(x_0) = 0.$$

由隐函数求导公式有

$$\psi'(x_0) = -\frac{\varphi'_x(x_0, y_0)}{\varphi'_y(x_0, y_0)},$$

从而有

$$f'_x(x_0, y_0) - f'_y(x_0, y_0)\frac{\varphi'_x(x_0, y_0)}{\varphi'_y(x_0, y_0)} = 0. \tag{2.4.3}$$

为了研究问题的方便, 再将式 (2.4.2) 和式 (2.4.3) 这两个条件整理一下. 设 $\dfrac{f'_y(x_0, y_0)}{\varphi'_y(x_0, y_0)} = -\lambda$, 那么式 (2.4.2) 与式 (2.4.3) 可写为

$$\begin{cases} f'_x(x_0, y_0) + \lambda\varphi'_x(x_0, y_0) = 0, \\ f'_y(x_0, y_0) + \lambda\varphi'_y(x_0, y_0) = 0, \\ \varphi(x_0, y_0) = 0. \end{cases} \tag{2.4.4}$$

这说明, 若 (x_0, y_0) 是 $z = f(x, y)$ 在约束条件 $\varphi(x, y) = 0$ 之下的极值点, 那么必有数 λ, 连同点 (x_0, y_0) 满足式 (2.4.4).

如果引进辅助函数

$$L(x, y, \lambda) = f(x, y) + \lambda\varphi(x, y),$$

其中 λ 也是自变量, 则求三元函数 $L(x, y, \lambda)$ 驻点的方程组为

$$\begin{cases} f'_x(x, y) + \lambda\varphi'_x(x, y) = 0, \\ f'_y(x, y) + \lambda\varphi'_y(x, y) = 0, \\ \varphi(x, y) = 0. \end{cases} \tag{2.4.5}$$

因此, 满足式 (2.4.4) 的 (x_0, y_0) 和 λ 必然满足方程组 (2.4.5). 这说明函数 $z = f(x, y)$ 在约束条件 $\varphi(x, y) = 0$ 下的极值点包含在方程组 (2.4.5) 的解之中, 如此一来, 条件极值问题就转化为函数 $L(x, y, \lambda)$ 的无条件极值问题.

辅助函数 $L(x, y, \lambda)$ 称为 **Lagrange 函数**, 参数 λ 称为 **Lagrange 乘数**, 上述方法称为 **Lagrange 乘数法**, 它是解决许多实际问题的有效方法.

利用 Lagrange 乘数法得到的点仅仅是 $z = f(x, y)$ 在条件 $\varphi(x, y) = 0$ 之下的可能极值点, 它是不是极值点, 一般还需根据问题的实际意义来判断.

例 2.4.4　某公司为销售产品作两种方式广告宣传. 当两种方式的宣传费分别为 x, y(单位: 万元) 时, 销售额 (单位: 万元) 为 $S = \dfrac{200x}{5+x} + \dfrac{100y}{10+y}$. 若销售产品所得利润是销售额的 $\dfrac{1}{5}$ 减去广告费. 现要使用广告费 25 万元, 问: 应如何选择两种广告形式, 才能使广告产生的利润最大? 最大利润是多少?

解 这是广告费最优投入问题. 依题意, 利润函数为

$$f(x,y) = \frac{1}{5}S - 25 = \frac{40x}{5+x} + \frac{20y}{10+y} - 25.$$

约束条件为

$$x + y = 25.$$

2-3 条件极值

引入 Lagrange 函数

$$L(x,y,\lambda) = \frac{40x}{5+x} + \frac{20y}{10+y} - 25 + \lambda(x+y-25),$$

由方程组

$$\begin{cases} L'_x = \dfrac{200}{(5+x)^2} + \lambda = 0, \\[2mm] L'_y = \dfrac{200}{(10+y)^2} + \lambda = 0, \\[2mm] x + y = 25 \end{cases}$$

解得 $x = 15,\ y = 10,\ \lambda = -\dfrac{1}{2}$.

由问题的实际意义知, 存在最大利润, 且驻点唯一, 故当两种广告方式分别投入 15 万元和 10 万元时, 广告产生的利润最大, 最大利润为 $f(15,10) = 15$ 万元.

例 2.4.5 某厂有两种产品, 市场每年对其需求量分别为 1200 件和 2000 件. 若分批生产, 其每批生产准备费分别为 40 元和 70 元, 每年每件产品库存费均为 0.15 元. 设两种产品每批总生产能力为 1000 件, 试确定最优批量 x 和 y(单位: 件), 使生产准备费和库存费之和最少.

解 这是生产准备费与库存费问题, 在均匀售出情况下平均库存量为批量的一半. 一年的库存费为

$$E_1 = 0.15 \times \frac{x}{2} + 0.15 \times \frac{y}{2} = 0.075(x+y),$$

两种产品每批生产的批量分别为 x, y, 一年的批次分别为 $\dfrac{1200}{x}$ 和 $\dfrac{2000}{y}$, 一年的总生产准备费为

$$E_2 = 40 \times \frac{1200}{x} + 70 \times \frac{2000}{y} = \frac{48000}{x} + \frac{140000}{y},$$

于是, 总的费用为

$$E = E_1 + E_2 = 0.075(x+y) + \frac{48000}{x} + \frac{140000}{y},$$

约束条件是

$$x + y = 1000.$$

引入 Lagrange 函数

$$L(x, y, \lambda) = 0.075(x + y) + \frac{48000}{x} + \frac{140000}{y} + \lambda(x + y - 1000),$$

由方程组

$$\begin{cases} L'_x = 0.075 - \dfrac{48000}{x^2} + \lambda = 0, \\[2mm] L'_y = 0.075 - \dfrac{140000}{y^2} + \lambda = 0, \\[2mm] x + y = 1000 \end{cases}$$

解得 $x = 369$, $y = 631$. 由问题的实际意义知存在总费用的最小值, 且驻点唯一, 故当两种产品的批量分别为 369 和 631 时总费用最小.

2-4 第 2 章总结

习 题 2.4

1. 求函数 $f(x, y) = \dfrac{1}{2}x^2 - 4xy + 9y^2 + 3x - 14y + \dfrac{1}{2}$ 的极值.

2. 求函数 $f(x, y) = (1 + \mathrm{e}^y)\cos x - y\mathrm{e}^y$ 的极值.

3. 设 $z = z(x, y)$ 是方程 $2x^2 + 2y^2 + z^2 + 8xz - z + 8 = 0$ 确定的隐函数, 求 $z(x, y)$ 的极值.

4. 求函数 $f(x, y) = \sin x + \sin y - \sin(x + y)$ 在有界闭区域 D 上的最大值和最小值, 其中 D 是由直线 $x + y = 2\pi$, x 轴和 y 轴所围成的三角形区域.

5. 经济学中著名的 Cobb-Douglas 生产函数模型为

$$f(x, y) = Cx^{\alpha}y^{1-\alpha},$$

其中 x 表示劳动力数量, y 表示资本数量, C 与 $\alpha(0 < \alpha < 1)$ 是常数, 由不同企业的具体情形决定, 函数值表示生产量. 已知某生产商的 Cobb-Douglas 生产函数为

$$f(x, y) = 100x^{\frac{3}{4}}y^{\frac{1}{4}},$$

其中每个劳动力与每单位资本的成本分别为 150 元及 250 元, 该生产商的总预算是 50000 元, 问他该如何分配这笔钱用于雇佣劳动力及投入资本, 以使生产量最高.

6. 设某工厂生产甲、乙两种产品, 产量分别为 x 和 y(单位: 千件), 利润函数 (单位: 万元) 为

$$L(x,y) = 6x - x^2 + 16y - 4y^2 - 2.$$

已知生产这两种产品时, 每千件产品均需消耗某种原料 2000kg. 现有该原料 12000kg, 问两种产品各生产多少千件时, 总利润最大? 最大利润为多少?

7. 某公司通过电台及报刊两种方式做某种产品的推销广告, 根据统计资料, 销售收入 R(单位: 万元) 与电台广告费用 x_1(单位: 万元) 及报刊广告费 x_2(单位: 万元) 之间的关系有如下经验公式:

$$R = 15 + 14x_1 + 32x_2 - 8x_1x_2 - 2x_1^2 - 10x_2^2.$$

(1) 求在广告费不限的情况下相应的最优广告策略;

(2) 求在限定广告费为 1.5 万元的情况下的最优广告策略.

8. 某消费者购买甲、乙两种商品的价格为 $P_x = 1$, $P_y = 4$, 消费者用 48 个单位的费用购买这两种商品. 又知当购买量分别为 x, y 时, 消费的效用函数为 $U = x^{\frac{1}{2}}y$. 问消费者如何购买, 可得到最大效用. 并求在取得最大效用时, 消费者的边际货币效用.

总习题 2

A 题

1. 填空题

(1) $z = \dfrac{\sqrt{4x - y^2}}{\ln(1 - x^2 - y^2)}$ 的定义域为 _____.

(2) $\lim\limits_{(x,y)\to(0,0)} \dfrac{\ln(1 + x^2 + y^2)}{\arcsin(x^2 + y^2)} = $ _____.

(3) 设 $u = \ln(3x - 2y + z)$, 则 $\mathrm{d}u = $ _____.

(4) 已知 $f(1,2) = 4$, $\mathrm{d}f(1,2) = 16\mathrm{d}x + 4\mathrm{d}y$, $\mathrm{d}f(1,4) = 64\mathrm{d}x + 8\mathrm{d}y$, 则 $z = f(x, f(x,y))$ 在点 $(1,2)$ 处对 x 的偏导数为 _____.

(5) 由方程 $x^2 + y^2 + z^2 - 2xyz = 0$ 所确定的隐函数 $z = z(x,y)$ 对 x 的偏导数为 _____.

(6) 函数 $z = x^2 + y^2$ 在条件 $x + y = 1$ 下的极值是 _____.

2. 选择题

(1) $\lim\limits_{(x,y)\to(0,0)} \dfrac{3xy}{x^2 + y^2} = ($ $)$.

(A) $\dfrac{3}{2}$　　(B) 0　　(C) $\dfrac{6}{5}$　　(D)不存在

(2) 设 $f(x,y) = y(x-1)^2 + x(y-2)^2$, 在下列求 $f_x'(1,2)$ 的方法中, 不正确的一种是 (　　).

(A) 因 $f(x,2) = 2(x-1)^2$, $f_x'(x,2) = 4(x-1)$, 故 $f_x'(1,2) = 4(x-1)|_{x=1} = 0$

(B) 因 $f(1,2) = 0$, 故 $f_x'(1,2) = (0)' = 0$

(C) 因 $f_x'(x,y) = 2y(x-1) + (y-2)^2$, 故 $f_x'(1,2) = f_x'(x,y)\Big|_{\substack{x=1 \\ y=2}} = 0$

(D) $f_x'(1,2) = \lim\limits_{x \to 1} \dfrac{f(x,2) - f(1,2)}{x-1} = \lim\limits_{x \to 1} \dfrac{2(x-1)^2 - 0}{x-1} = 0$

(3) 函数 $f(x,y) = \sqrt{|xy|}$ 在点 $(0,0)$ 处 (　　).

(A) 连续, 但偏导数不存在

(B) 偏导数存在, 但不可微

(C) 可微, 但偏导数不连续

(D) 偏导数存在且连续

(4) 设方程 $F(x-y, y-z, z-x) = 0$ 确定 z 是 x,y 的函数, F 是可微函数, 则 $\dfrac{\partial z}{\partial x} = ($　　$)$.

(A) $-\dfrac{F_1'}{F_3'}$　　(B) $\dfrac{F_1'}{F_3'}$　　(C) $\dfrac{F_x' - F_z'}{F_y' - F_z'}$　　(D) $\dfrac{F_1' - F_3'}{F_2' - F_3'}$

(5) 设 $x = x(y,z)$, $y = y(x,z)$, $z = z(x,y)$ 都是由方程 $F(x,y,z) = 0$ 所确定的隐函数, 则下列等式中不正确的一个是 (　　).

(A) $\dfrac{\partial x}{\partial y} \cdot \dfrac{\partial y}{\partial x} = 1$　　　　(B) $\dfrac{\partial x}{\partial z} \cdot \dfrac{\partial z}{\partial x} = 1$

(C) $\dfrac{\partial x}{\partial y} \cdot \dfrac{\partial y}{\partial z} \cdot \dfrac{\partial z}{\partial x} = 1$　　(D) $\dfrac{\partial x}{\partial y} \cdot \dfrac{\partial y}{\partial z} \cdot \dfrac{\partial z}{\partial x} = -1$

(6) 函数 $u = \sin x \sin y \sin z$ 满足条件 $x + y + z = \dfrac{\pi}{2}$ $(x > 0, y > 0, z > 0)$ 的条件极值为 (　　).

(A) 1　　(B) 0　　(C) $\dfrac{1}{6}$　　(D) $\dfrac{1}{8}$

(7) 设 $u(x,y)$ 在平面有界闭区域 D 上具有连续的二阶偏导数, 且满足 $\dfrac{\partial^2 u}{\partial x \partial y} \neq 0$ 及 $\dfrac{\partial^2 u}{\partial x^2} + \dfrac{\partial^2 u}{\partial y^2} = 0$, 则 $u(x,y)$ 的 (　　).

(A) 最大值点和最小值点必定都在 D 的内部

(B) 最大值点和最小值点必定都在 D 的边界上

(C) 最大值点在 D 的内部, 最小值点在 D 的边界上

(D) 最小值点在 D 的内部, 最大值点在 D 的边界上

3. 求下列极限:

(1) $\lim\limits_{(x,y)\to(0,0)}\dfrac{\sqrt{1+xy}-1}{xy}$;   (2) $\lim\limits_{\substack{x\to+\infty\\ y\to+\infty}}(x^2+y^2)\mathrm{e}^{-(x+y)}$;

(3) $\lim\limits_{\substack{x\to\infty\\ y\to\infty}}\dfrac{x^2+y^2}{x^4+y^4}$.

4. 求下列函数的一阶偏导数:

(1) $z=xy+\dfrac{x}{y}$;   (2) $z=\ln(x+\sqrt{x^2+y^2})$;

(3) $u=\sin\dfrac{xy^2}{1+z}$.

5. 求下列函数的所有二阶偏导数:

(1) $z=\ln(x^4+y^4)$;   (2) $z=\arctan\dfrac{y}{x}$;

(3) $z=y^x$.

6. 设 $r=\sqrt{x^2+y^2+z^2}$, 证明: 当 $r\neq 0$ 时, 有

$$\frac{\partial^2 r}{\partial x^2}+\frac{\partial^2 r}{\partial y^2}+\frac{\partial^2 r}{\partial z^2}=\frac{2}{r}.$$

7. 求下列函数的全微分:

(1) $z=\mathrm{e}^{xy}\ln x$;   (2) $z=\arctan\dfrac{x+y}{x-y}$;

(3) $u=x\sin yz$.

8. 求下列函数的导数或偏导数:

(1) $z=\arcsin(x-y), x=3t, y=4t^3$, 求 $\dfrac{\mathrm{d}z}{\mathrm{d}t}$;

(2) $z=x^2y-xy^2, x=r\cos\theta, y=r\sin\theta$, 求 $\dfrac{\partial z}{\partial r},\dfrac{\partial z}{\partial\theta}$;

(3) $z=u^2\ln v, u=\dfrac{x}{y}, v=3x-2y$, 求 $\dfrac{\partial z}{\partial x},\dfrac{\partial z}{\partial y}$.

9. 设 f 为可微函数, 求下列函数的偏导数:

(1) $z=f\left(x,\dfrac{x}{y}\right)$;   (2) $u=f(x-y+z, x^2+y^2-z^2)$.

10. 求下列方程所确定的隐函数的导数或偏导数:

(1) $z^3-3xyz=0$, 求 $\dfrac{\partial z}{\partial x},\dfrac{\partial z}{\partial y}$;

(2) $\ln\sqrt{x^2+y^2}=\arctan\dfrac{y}{x}$, 求 $\dfrac{\mathrm{d}^2 y}{\mathrm{d}x^2}$;

(3) $z=\sqrt{x^2-y^2}\arctan\dfrac{z}{\sqrt{x^2-y^2}}$, 求 $\dfrac{\partial^2 z}{\partial x^2}$.

11. 求下列函数的极值:

(1) $f(x,y) = e^{2x}(x + y^2 + 2y)$;

(2) $f(x,y) = x^3 + x^2 - y^3 + y^2$.

12. 求表面积为 $12m^2$ 的无盖长方形水箱的最大容积.

13. 某厂家的同一种产品同时在两个市场销售, 售价分别为 p_1 和 p_2, 销售量分别为 q_1 和 q_2, 需求函数为 $q_1 = 24 - 0.2p_1, q_2 = 10 - 0.05p_2$, 总成本函数为 $C = 35 + 40(q_1 + q_2)$, 问厂家如何确定两个市场的售价, 能使其获得的总利润最大.

B 题

1. 求下列函数的偏导数:

(1) $u = \arctan(x - y)^z$;   (2) $u = \int_{xz}^{yz} e^{t^2} dt$.

2. 设 f 具有连续的二阶偏导数, 在下列问题中, 求所指定的偏导数:

(1) $z = f(x + y, y^2)$, 求 $\dfrac{\partial^2 z}{\partial y^2}$.

(2) $z = f(e^{xy}, x^2 - y^2)$, 求 $\dfrac{\partial^2 z}{\partial x \partial y}$.

3. 设 $z = \dfrac{1}{x} f(xy) + y\varphi(x + y), f, \varphi$ 二阶可导, 求 $\dfrac{\partial^2 z}{\partial x \partial y}$.

4. 设二元函数 F 具有连续的偏导数, 它的两个偏导数 F_x', F_y' 不同时为零, 函数 $u(x,y)$ 具有连续的二阶偏导数, 且满足 $F\left(\dfrac{\partial u}{\partial x}, \dfrac{\partial u}{\partial y}\right) = 0$, 证明:

$$\frac{\partial^2 u}{\partial x^2} \frac{\partial^2 u}{\partial y^2} = \left(\frac{\partial^2 u}{\partial x \partial y}\right)^2.$$

5. 设 $u = f(x,y,z), \varphi(x^2, e^y, z) = 0, y = \sin x$, 其中 f 和 φ 具有连续偏导数, 求 $\dfrac{du}{dx}$.

6. 求函数 $f(x,y) = x^2 - 2xy + 2y$ 在矩形区域 $D = \{(x,y)|0 \leqslant x \leqslant 3, \ 0 \leqslant y \leqslant 2\}$ 上的最大值和最小值.

7. 求抛物线 $y = x^2$ 与直线 $x - y - 2 = 0$ 之间的最短距离.

8. 设生产某种产品必须投入两种要素, x 和 y 分别为两种要素的投入量, Q 为产出量. 若生产函数为 $Q = 2x^\alpha y^\beta$, 其中 α, β 为正常数, 且 $\alpha + \beta = 1$. 假设两种要素的价格分别为 P_1 和 P_2, 问当产出量为 12 时, 两种要素各投入多少可以使得投入总费用最小.

第 2 章自测题

第 3 章 重 积 分

把闭区间上一元函数的定积分的概念加以推广, 就得到平面有界闭区域上二元函数的二重积分以及空间有界闭区域上三元函数的三重积分.

本章主要内容包括: 二重积分和三重积分的概念和性质、二重积分和三重积分的计算.

3.1 二 重 积 分

3.1.1 二重积分的概念

为了直观起见, 我们通过下面的几何问题来引入二重积分的概念.

1. 曲顶柱体的体积

设 D 是平面上的有界闭区域, $f(x,y)$ 是定义在 D 上的非负连续函数.

由曲面 $z = f(x,y)$、有界闭区域 D 以及以 D 的边界曲线为准线而母线平行 z 轴的柱面所围成的空间立体称为 **曲顶柱体** (图 3.1).

3-1 二重积分的定义

为了求曲顶柱体的体积, 首先用任意曲线网把区域 D 分成 n 个小闭区域

$$\Delta\sigma_1, \Delta\sigma_2, \cdots, \Delta\sigma_n,$$

且小闭区域 $\Delta\sigma_k$ 的面积也记为 $\Delta\sigma_k$, 分别作以这些小闭区域的边界曲线为准线, 母线平行于 z 轴的柱面, 把原曲顶柱体分成了 n 个小曲顶柱体. 这 n 个小曲顶柱体的体积之和就是原曲顶柱体的体积. 当对区域 D 的分法很细时, 每个小曲顶柱体的体积可近似地看为平顶柱体的体积.

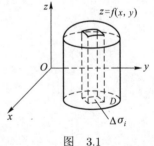

图 3.1

在每个小闭区域 $\Delta\sigma_k$ 上任取一点 (ξ_k, η_k), 则以 $\Delta\sigma_k$ 为底、以 $f(\xi_k, \eta_k)$ 为高的平顶柱体的体积为

$$f(\xi_k, \eta_k)\Delta\sigma_k,$$

于是和数

$$\sum_{k=1}^{n} f(\xi_k, \eta_k)\Delta\sigma_k$$

就是曲顶柱体体积的近似值. 当 n 个小闭区域的 **直径**(指小闭区域内任意两点间距离的最大值) 的最大值 (记为 λ) 趋于零时, 上述和数的极限, 便定义为所求曲顶柱体的体积 V, 即

$$V = \lim_{\lambda \to 0} \sum_{k=1}^{n} f(\xi_k, \eta_k) \Delta \sigma_k.$$

实际问题中很多量的计算可以归结为求上述和数的极限, 这就是我们所说的二重积分.

2. 二重积分的概念

定义 3.1.1 设 $f(x,y)$ 是有界闭区域 D 上的有界函数. 将闭区域 D 任意分成 n 个小闭区域

$$\Delta \sigma_1, \Delta \sigma_2, \cdots, \Delta \sigma_n,$$

其中 $\Delta \sigma_k$ 也表示第 k 个小闭区域的面积. 在每个 $\Delta \sigma_k$ 上任取一点 (ξ_k, η_k), 作和数 $\sum_{k=1}^{n} f(\xi_k, \eta_k) \Delta \sigma_k$. 如果当各个小闭区域的直径的最大值 λ 趋于零时, 和数的极限存在且与对区域的分法及点 (ξ_k, η_k) 的取法无关, 则称函数 $f(x,y)$ 在闭区域 D 上是 **可积** 的, 并称此极限值为函数 $f(x,y)$ 在闭区域 D 上的 **二重积分**, 记为 $\iint\limits_{D} f(x,y) \mathrm{d}\sigma$ 或 $\iint\limits_{D} f(x,y) \mathrm{d}x\mathrm{d}y$, 即

$$\iint\limits_{D} f(x,y) \mathrm{d}\sigma = \iint\limits_{D} f(x,y) \mathrm{d}x\mathrm{d}y = \lim_{\lambda \to 0} \sum_{k=1}^{n} f(\xi_k, \eta_k) \Delta \sigma_k.$$

其中 $f(x,y)$ 称为 **被积函数**, $f(x,y)\mathrm{d}\sigma$ 称为 **被积表达式**, $\mathrm{d}\sigma$ 称为 **面积元素**, x 与 y 称为 **积分变量**, D 称为 **积分区域**.

根据二重积分的定义, 当函数 $f(x,y)$ 在有界闭区域 D 上非负连续时, 上述曲顶柱体的体积

$$V = \iint\limits_{D} f(x,y) \mathrm{d}\sigma.$$

关于二元函数的可积性, 我们不加证明地给出下面的充分条件.

定理 3.1.1 若函数 $f(x,y)$ 在有界闭区域 D 上连续, 则 $f(x,y)$ 在 D 上可积.

以后的讨论中, 所遇到的被积函数 $f(x,y)$ 多数在闭区域 D 上是连续的.

3.1.2 二重积分的性质

二重积分与定积分有着完全类似的性质.

性质 3.1.1 若 $f(x,y)$ 恒为 1, 则 $\iint\limits_{D} \mathrm{d}\sigma = \sigma(D)$, 其中 $\sigma(D)$ 表示 D 的面积.

性质 3.1.2 若函数 $f(x,y)$ 与 $g(x,y)$ 都在有界闭区域 D 上可积, 则函数 $\alpha f(x,y) + \beta g(x,y)$ 在 D 上也可积, 且

$$\iint\limits_{D} (\alpha f(x,y) + \beta g(x,y))\,\mathrm{d}\sigma = \alpha \iint\limits_{D} f(x,y)\mathrm{d}\sigma + \beta \iint\limits_{D} g(x,y)\mathrm{d}\sigma.$$

其中 α, β 为常数.

这个性质说明二重积分的运算具有线性性质.

性质 3.1.3 设有界闭区域 $D = D_1 \bigcup D_2$, 其中 D_1 和 D_2 是无公共内点的闭区域. 若函数 $f(x,y)$ 在 D_1 与 D_2 上都可积, 则 $f(x,y)$ 在 D 上也可积, 且

$$\iint\limits_{D} f(x,y)\mathrm{d}\sigma = \iint\limits_{D_1} f(x,y)\mathrm{d}\sigma + \iint\limits_{D_2} f(x,y)\mathrm{d}\sigma.$$

这个性质说明二重积分对积分区域具有可加性.

性质 3.1.4 若函数 $f(x,y)$ 与 $g(x,y)$ 在有界闭区域 D 上可积, 且

$$f(x,y) \leqslant g(x,y), \qquad (x,y) \in D,$$

则

$$\iint\limits_{D} f(x,y)\mathrm{d}\sigma \leqslant \iint\limits_{D} g(x,y)\mathrm{d}\sigma.$$

性质 3.1.5 若函数 $f(x,y)$ 在有界闭区域 D 上可积, 则函数 $|f(x,y)|$ 在 D 上也可积, 且

$$\left| \iint\limits_{D} f(x,y)\mathrm{d}\sigma \right| \leqslant \iint\limits_{D} |f(x,y)|\mathrm{d}\sigma.$$

性质 3.1.6 设 $f(x,y)$ 在有界闭区域 D 上可积, 且 M 和 m 分别是 $f(x,y)$ 在 D 上的最大值和最小值, 则

$$m\sigma(D) \leqslant \iint\limits_{D} f(x,y)\mathrm{d}\sigma \leqslant M\sigma(D),$$

其中 $\sigma(D)$ 表示 D 的面积.

证明 因为 $m \leqslant f(x,y) \leqslant M$, 所以由性质 3.1.4 有

$$\iint\limits_{D} m\mathrm{d}\sigma \leqslant \iint\limits_{D} f(x,y)\mathrm{d}\sigma \leqslant \iint\limits_{D} M\mathrm{d}\sigma,$$

再由性质 3.1.1 和性质 3.1.2 便得到所要证明的不等式. □

性质 3.1.7(二重积分的中值定理)　若函数 $f(x,y)$ 在有界闭区域 D 上连续,则至少存在一点 $(\xi,\eta)\in D$, 使

$$\iint\limits_{D} f(x,y)\mathrm{d}\sigma = f(\xi,\eta)\sigma(D),$$

其中 $\sigma(D)$ 表示 D 的面积.

证明　由于函数 $f(x,y)$ 在有界闭区域 D 上连续, 所以 $f(x,y)$ 在 D 上必有最大值 M 和最小值 m, 根据性质 3.1.6 有

$$m\sigma(D) \leqslant \iint\limits_{D} f(x,y)\mathrm{d}\sigma \leqslant M\sigma(D),$$

即

$$m \leqslant \frac{1}{\sigma(D)} \iint\limits_{D} f(x,y)\mathrm{d}\sigma \leqslant M.$$

此式表明常数 $\dfrac{1}{\sigma(D)} \iint\limits_{D} f(x,y)\mathrm{d}\sigma$ 介于 $f(x,y)$ 在有界闭区域 D 上的最大值和最小值之间, 根据介值定理, 至少存在一点 $(\xi,\eta)\in D$, 使

$$f(\xi,\eta) = \frac{1}{\sigma(D)} \iint\limits_{D} f(x,y)\mathrm{d}\sigma,$$

即

$$\iint\limits_{D} f(x,y)\mathrm{d}\sigma = f(\xi,\eta)\sigma(D).$$

□

3.1.3　在直角坐标系下计算二重积分

称形如

$$D = \{(x,y)|\varphi_1(x) \leqslant y \leqslant \varphi_2(x), a \leqslant x \leqslant b\} \tag{3.1.1}$$

的闭区域为 x **型域**. 它是由直线 $x=a, x=b$ 和曲线 $y=\varphi_1(x), y=\varphi_2(x)$ $(a \leqslant x \leqslant b)$ 所围成的 (图 3.2), 其中 $\varphi_1(x)$ 和 $\varphi_2(x)$ 在 $[a,b]$ 上连续. x 型域的特点是: 任何平行于 y 轴且穿过区域内部的直线与 D 的边界的交点不多于两个.

称形如

$$D = \{(x,y)|\psi_1(y) \leqslant x \leqslant \psi_2(y), c \leqslant y \leqslant d\} \tag{3.1.2}$$

的闭区域为 y **型域**. 它是由直线 $y=c, y=d$ 和曲线 $x=\psi_1(y), x=\psi_2(y)$ $(c \leqslant y \leqslant d)$ 所围成的 (图 3.3), 其中 $\psi_1(y)$ 和 $\psi_2(y)$ 在 $[c,d]$ 上连续. y 型域的特点是: 任何平行于 x 轴且穿过区域内部的直线与 D 的边界的交点不多于两个.

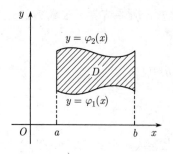
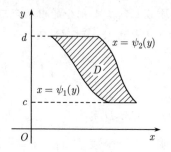

图 3.2   图 3.3

设闭区域 D 为由式 (3.1.1) 所表示的 x 型域, $f(x,y)$ 为 D 上非负连续函数, 这里从二重积分的几何意义出发, 讨论二重积分 $\iint\limits_{D} f(x,y)\mathrm{d}\sigma$ 的计算问题.

由二重积分的几何意义知, $\iint\limits_{D} f(x,y)\mathrm{d}\sigma$

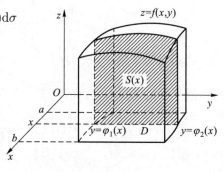

等于以 D 为底、以曲面 $z = f(x,y)$ 为顶的曲顶柱体 (图 3.4) 的体积 V. 在区间 $[a,b]$ 上任取一点 x(暂时看作常数), 过点 $(x,0,0)$ 作垂直于 x 轴的平面, 它截曲顶柱体的截面面积记为 $S(x)$, 由图 3.4 易见这个截面是以区间 $[\varphi_1(x), \varphi_2(x)]$ 为底、以曲线 $z = f(x,y)$(注意 x 看作常数) 为曲边的曲边梯形, 因此

图 3.4

$$S(x) = \int_{\varphi_1(x)}^{\varphi_2(x)} f(x,y)\mathrm{d}y.$$

这样曲顶柱体成为 "平行截面面积为已知的立体", 由定积分的应用知, 体积

$$V = \int_a^b S(x)\mathrm{d}x = \int_a^b \left[\int_{\varphi_1(x)}^{\varphi_2(x)} f(x,y)\mathrm{d}y \right] \mathrm{d}x.$$

而 $V = \iint\limits_{D} f(x,y)\mathrm{d}\sigma$, 于是便得到

$$\iint\limits_{D} f(x,y)\mathrm{d}\sigma = \int_a^b \left[\int_{\varphi_1(x)}^{\varphi_2(x)} f(x,y)\mathrm{d}y \right] \mathrm{d}x. \tag{3.1.3}$$

即二重积分的计算可化为计算两次定积分, 我们称式 (3.1.3) 右端的积分为先对 y 后对 x 的 **二次积分**.

为了简便，常把式 (3.1.3) 写成

$$\iint\limits_{D} f(x,y)\mathrm{d}x\mathrm{d}y = \int_a^b \mathrm{d}x \int_{\varphi_1(x)}^{\varphi_2(x)} f(x,y)\mathrm{d}y. \tag{3.1.4}$$

在以上的讨论中，我们假定 $f(x,y)$ 在 x 型域 D 上非负连续，而在实际上，只要 $f(x,y)$ 在 x 型域 D 上连续，式 (3.1.4) 就成立.

类似地，当 $f(x,y)$ 在由式 (3.1.2) 所表示的 y 型域 D 上连续时，

$$\iint\limits_{D} f(x,y)\mathrm{d}x\mathrm{d}y = \int_c^d \mathrm{d}y \int_{\psi_1(y)}^{\psi_2(y)} f(x,y)\mathrm{d}x. \tag{3.1.5}$$

即把二重积分化为先对 x 后对 y 的二次积分.

如果积分区域 D 既是 x 型域，又是 y 型域 (图 3.5)，这时 D 上的二重积分既可以用式 (3.1.4) 计算，又可以用式 (3.1.5) 计算，也就是既可以化为先对 y 后对 x 的二次积分，又可以化为先对 x 后对 y 的二次积分.

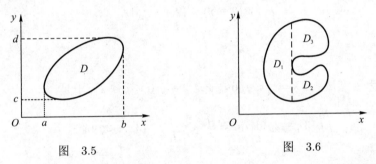

图 3.5　　　　　　　　　图 3.6

如果积分区域 D 既不是 x 型域，又不是 y 型域 (图 3.6)，这时通常可以把 D 分成几部分，使得每个部分区域是 x 型域或 y 型域，从而每个部分区域上的二重积分可以用式 (3.1.4) 或式 (3.1.5) 计算. 再利用二重积分对于区域的可加性，就可以得到整个区域 D 上的二重积分.

将二重积分化为二次积分计算时，确定积分限是关键. 一般可以先画出积分区域的草图，判断区域的类型以确定二次积分的次序，并定出相应的积分限.

例 3.1.1　计算二重积分 $\iint\limits_{D} \mathrm{e}^{x+y}\mathrm{d}x\mathrm{d}y$，其中区域 $D = \{(x,y)|0 \leqslant x \leqslant 1, 1 \leqslant y \leqslant 2\}$.

解　积分区域 D 是一个正方形，它既是 x 型域又是 y 型域，把 D 看成 x 型域，先对 y 后对 x 积分，得

$$\iint\limits_{D} \mathrm{e}^{x+y}\mathrm{d}x\mathrm{d}y = \iint\limits_{D} \mathrm{e}^x \cdot \mathrm{e}^y \mathrm{d}x\mathrm{d}y$$

$$= \int_0^1 e^x dx \int_1^2 e^y dy$$

$$= e(e-1)^2.$$

例 3.1.2 计算二重积分 $\iint\limits_{D}(3x+2y)dxdy$，其中 D 是由两坐标轴与直线 $x+y=2$ 所围成的闭区域.

解 积分区域是如图 3.7 所示的三角形区域. 作为 x 型域， $D=\{(x,y)|0\leqslant y\leqslant 2-x, 0\leqslant x\leqslant 2\}$，于是

$$\iint\limits_{D}(3x+2y)dxdy = \int_0^2 dx\int_0^{2-x}(3x+2y)dy$$

$$= \int_0^2 \left[3xy+y^2\right]\Big|_0^{2-x} dx$$

$$= \int_0^2 [3x(2-x)+(2-x)^2]dx$$

$$= 6\frac{2}{3}.$$

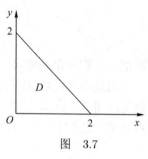

图 3.7

作为 y 型域， $D=\{(x,y)|0\leqslant x\leqslant 2-y, 0\leqslant y\leqslant 2\}$，于是

$$\iint\limits_{D}(3x+2y)dxdy = \int_0^2 dy\int_0^{2-y}(3x+2y)dx$$

$$= \int_0^2 \left[\frac{3}{2}x^2+2xy\right]\Big|_0^{2-y} dy$$

$$= \int_0^2 \left[\frac{3}{2}(2-y)^2+2y(2-y)\right]dy$$

$$= 6\frac{2}{3}.$$

这两种不同次序的积分计算量差不多.

例 3.1.3 计算二重积分 $\iint\limits_{D}\dfrac{x^2}{y^2}dxdy$，其中 D 是由直线 $x=2, y=x$ 和双曲线 $xy=1$ 所围成的闭区域.

解 积分区域 D 如图 3.8 所示. 作为 x 型域， $D=\left\{(x,y)\left|\dfrac{1}{x}\leqslant y\leqslant x, 1\leqslant x\leqslant 2\right.\right\}$，于是

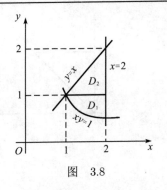

图 3.8

$$\iint_D \frac{x^2}{y^2}\mathrm{d}x\mathrm{d}y = \int_1^2 x^2\mathrm{d}x \int_{\frac{1}{x}}^x \frac{1}{y^2}\mathrm{d}y$$

$$= \int_1^2 x^2\left[-\frac{1}{y}\right]_{\frac{1}{x}}^x \mathrm{d}x$$

$$= \int_1^2 (x^3-x)\mathrm{d}x = \frac{9}{4}.$$

如果把 D 看成 y 型域, 由于 D 的左侧边界是由 $y = \dfrac{1}{x}$ 和 $y = x$ 两条曲线组成的, 应当用直线 $y = 1$ 将 D 分成 D_1 和 D_2 两部分 (图 3.8). 由于

$$D_1 = \left\{(x,y)\,\middle|\, \frac{1}{y} \leqslant x \leqslant 2, \frac{1}{2} \leqslant y \leqslant 1\right\},$$

$$D_2 = \{(x,y)|y \leqslant x \leqslant 2, 1 \leqslant y \leqslant 2\},$$

3-2 直角坐标下
二重积分的计算

所以

$$\iint_D \frac{x^2}{y^2}\mathrm{d}x\mathrm{d}y = \iint_{D_1} \frac{x^2}{y^2}\mathrm{d}x\mathrm{d}y + \iint_{D_2} \frac{x^2}{y^2}\mathrm{d}x\mathrm{d}y$$

$$= \int_{\frac{1}{2}}^1 \frac{1}{y^2}\mathrm{d}y \int_{\frac{1}{y}}^2 x^2\mathrm{d}x + \int_1^2 \frac{1}{y^2}\mathrm{d}y \int_y^2 x^2\mathrm{d}x$$

$$= \frac{9}{4}.$$

这两种次序的二次积分中先对 x 后对 y 的积分较为麻烦, 计算量几乎比前者多出一倍. 因此, 选择好积分次序很重要.

例 3.1.4 计算二重积分 $I = \iint_D x^2\mathrm{e}^{-y^2}\mathrm{d}x\mathrm{d}y$, 其中 D 是由直线 $x = 0, y = 1$ 和 $y = x$ 所围成的闭区域.

解 积分区域 D 如图 3.9 所示, 如果先对 y 后对 x 积分, 则

$$I = \iint_D x^2\mathrm{e}^{-y^2}\mathrm{d}x\mathrm{d}y = \int_0^1 x^2\mathrm{d}x \int_x^1 \mathrm{e}^{-y^2}\mathrm{d}y.$$

我们遇到了积分 $\displaystyle\int_x^1 \mathrm{e}^{-y^2}\mathrm{d}y$, 而 e^{-y^2} 的原函数不能表示为初等函数, 故这个积分是 "积不出来的".

如果先对 x 后对 y 积分, 则

$$I = \iint\limits_{D} x^2 e^{-y^2} dx dy = \int_0^1 e^{-y^2} dy \int_0^y x^2 dx$$

$$= \frac{1}{3} \int_0^1 y^3 e^{-y^2} dy.$$

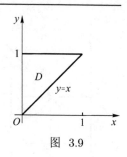

图 3.9

作变量替换 $t = y^2$, 有

$$I = \frac{1}{6} \int_0^1 y^2 e^{-y^2} d(y^2) = \frac{1}{6} \int_0^1 t e^{-t} dt,$$

再由分部积分法得

$$I = -\frac{1}{6} \int_0^1 t d e^{-t} = -\frac{1}{6} \left[t e^{-t} |_0^1 - \int_0^1 e^{-t} dt \right]$$

$$= -\frac{1}{6} \left[t e^{-t} + e^{-t} \right] |_0^1$$

$$= \frac{1}{6} (1 - 2e^{-1}).$$

本例中的积分区域 D 既是 x 型域又是 y 型域, 但是只能选择先 x 后 y 的积分次序. 可见积分次序的选择不仅是繁简问题, 有时还涉及能否计算出结果的问题.

例 3.1.5 求由两个圆柱面 $x^2 + y^2 = a^2$, $x^2 + z^2 = a^2$ 所围成的立体的体积.

解 由对称性可知, 所求立体的体积 V 是该立体位于第一卦限部分 (图 3.10) 的体积 V_1 的 8 倍.

立体位于第一卦限部分可看作一个曲顶柱体, 它的底是区域

$$D = \{(x, y) | 0 \leqslant y \leqslant \sqrt{a^2 - x^2}, 0 \leqslant x \leqslant a\},$$

曲顶是柱面 $z = \sqrt{a^2 - x^2}$ 的一部分, 于是

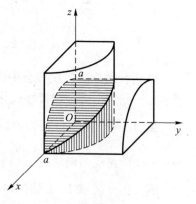

图 3.10

$$V = 8V_1 = 8 \iint\limits_{D} \sqrt{a^2 - x^2} dx dy$$

$$= 8 \int_0^a dx \int_0^{\sqrt{a^2 - x^2}} \sqrt{a^2 - x^2} dy$$

$$= 8 \int_0^a (a^2 - x^2) \mathrm{d}x = \frac{16}{3} a^3.$$

例 3.1.6 某城市受地理限制呈直角三角形分布, 斜边临一条河. 由于交通关系, 城市发展不太均衡, 这一点可以从税收状况反映出来. 若以两直角边为坐标轴建立直角坐标系, 则位于 x 轴和 y 轴上的城市长度各为 16km 和 12km, 且税收情况与地理位置的关系大体为

$$R(x, y) = 20x + 10y \, (\text{单位: 万元 } /\text{km}^2),$$

试计算该市总的税收收入.

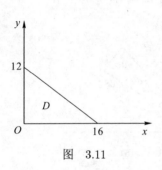

图 3.11

解 这是一个二重积分应用问题. 其中积分区域 D 由 x 轴、y 轴与直线 $\dfrac{x}{16} + \dfrac{y}{12} = 1$ 围成的 (图 3.11), $D = \left\{ (x, y) \,\middle|\, 0 \leqslant y \leqslant 12 - \dfrac{3}{4}x, 0 \leqslant x \leqslant 16 \right\}$. 于是所求总税收收入为

$$L = \iint\limits_D R(x, y) \mathrm{d}x\mathrm{d}y$$
$$= \int_0^{16} \mathrm{d}x \int_0^{12 - \frac{3}{4}x} (20x + 10y) \mathrm{d}y$$
$$= 14080.$$

即总税收收入为 14080 万元.

3.1.4 在极坐标系下计算二重积分

对于有些二重积分, 积分区域的边界曲线用极坐标方程表示比较方便, 并且被积函数在极坐标系的表达式也比较简单, 此时利用极坐标计算这些二重积分常常较为简捷.

直角坐标系中的点 $M(x, y)$ 可以用极坐标系中 (r, θ) 来表示, 称为点 M 的极坐标. 其中 r 是点 M 到原点 O 的距离, θ 是 x 轴正向按逆时针与向量 $\overrightarrow{OM}$ 的夹角 (图 3.12), 通常规定

$$0 \leqslant r < +\infty, \quad 0 \leqslant \theta \leqslant 2\pi.$$

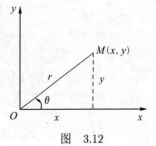

图 3.12

点 M 的直角坐标 (x, y) 与极坐标 (r, θ) 之间的关系是:

$$\begin{cases} x = r\cos\theta, \\ y = r\sin\theta. \end{cases} \tag{3.1.6}$$

在极坐标系中:

$r = r_0$(常数) 是以原点为中心、半径为 r_0 的圆, 它在直角坐标系中的方程为 $x^2 + y^2 = r_0^2$;

$\theta = \theta_0$(常数) 是从原点 (称为极点) 出发, 与 x 轴正向的夹角为 θ_0 的射线.

设 D 是 Oxy 面上的有界闭区域, $f(x, y)$ 在 D 上连续. 我们用极坐标系中的一组同心圆 $r =$ 常数和发自极点的一组射线 $\theta =$ 常数将区域 D 分成多个小区域 (图 3.13(a)), 并利用元素法的观点考察一个代表性小区域 (图 3.13(b)).

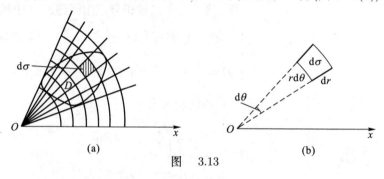

图　　3.13

在不计高阶无穷小时, 它的面积 (即面积元素) 为

$$d\sigma = rd\theta \cdot dr = rdrd\theta,$$

再根据直角坐标与极坐标的关系式 (3.1.6) 有

$$\iint\limits_{D} f(x, y)d\sigma = \iint\limits_{D} f(r\cos\theta, r\sin\theta)rdrd\theta. \tag{3.1.7}$$

这样就将直角坐标系下的二重积分转化为极坐标系下的二重积分.

设积分区域 D 可以在极坐标系下表示为

$$D = \{(x, y) | r_1(\theta) \leqslant r \leqslant r_2(\theta), \alpha \leqslant \theta \leqslant \beta\},$$

它是由射线 $\theta = \alpha, \theta = \beta$ 和曲线 $r = r_1(\theta), r = r_2(\theta)$ 所围成的 (图 3.14), 其中 $r_1(\theta)$ 和 $r_2(\theta)$ 在 $[\alpha, \beta]$ 上连续. 此种区域的特点是: 任何发自极点且穿过 D 的射线与 D 的边界的交点不多于两点. 类似于直角坐标系下的讨论, 可将极坐标系下的二重积分 (3.1.7) 化为先对 r 后对 θ 的二次积分

$$\iint\limits_{D} f(r\cos\theta, r\sin\theta)rdrd\theta = \int_{\alpha}^{\beta} d\theta \int_{r_1(\theta)}^{r_2(\theta)} f(r\cos\theta, r\sin\theta)rdr. \tag{3.1.8}$$

当 $r_1(\theta) = 0$ 时曲线 $r = r_1(\theta)$ 退缩为极点 O(图 3.15), 式 (3.1.8) 中下限 $r_1(\theta)$ 变为 0. 特别地, 当极点为 D 的内点 (图 3.16) 时, 式 (3.1.8) 成为

$$\iint\limits_D f(r\cos\theta, r\sin\theta)r\mathrm{d}r\mathrm{d}\theta = \int_0^{2\pi}\mathrm{d}\theta\int_0^{r(\theta)} f(r\cos\theta, r\sin\theta)r\mathrm{d}r,$$

其中 $r = r(\theta)$ 是 D 的边界曲线方程.

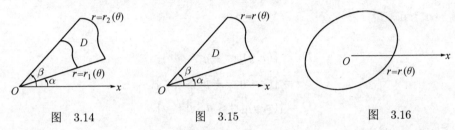

图 3.14   图 3.15   图 3.16

例 3.1.7 计算二重积分 $\iint\limits_D (x^2 + y^2)\mathrm{d}x\mathrm{d}y$, 其中 D 是圆环形域 $D = \{(x,y)|1 \leqslant x^2 + y^2 \leqslant 4\}$.

解 积分区域 D 如图 3.17 所示, 在极坐标系下的 D 的内圆边界方程为 $r = 1$, 外圆边界方程为 $r = 2$, D 可以表示为

$$D = \{(r,\theta)|1 \leqslant r \leqslant 2, 0 \leqslant \theta \leqslant 2\pi\},$$

于是有

$$\begin{aligned}
\iint\limits_D (x^2 + y^2)\mathrm{d}x\mathrm{d}y &= \iint\limits_D r^2 \cdot r\mathrm{d}r\mathrm{d}\theta \\
&= \int_0^{2\pi}\mathrm{d}\theta\int_1^2 r^3\mathrm{d}r \\
&= 2\pi \cdot \frac{1}{4}r^4\Big|_1^2 = \frac{15}{2}\pi.
\end{aligned}$$

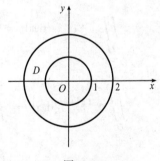

图 3.17

由本例可见, 如果积分区域的边界方程或被积函数中含有 $x^2 + y^2$, 利用极坐标计算相应的二重积分较为简便.

例 3.1.8 计算 $\iint\limits_D \mathrm{e}^{-(x^2+y^2)}\mathrm{d}x\mathrm{d}y$, 其中 D 为圆域 $x^2 + y^2 \leqslant a^2, a > 0$.

解 在极坐标系下, 圆域 D 可以表示为

$$D = \{(r,\theta)|0 \leqslant r \leqslant a, 0 \leqslant \theta \leqslant 2\pi\},$$

于是有

$$\iint\limits_{D} e^{-(x^2+y^2)} dxdy = \int_0^{2\pi} d\theta \int_0^a e^{-r^2} rdr$$

$$= \frac{1}{2} \int_0^{2\pi} (1 - e^{-a^2}) d\theta = \pi(1 - e^{-a^2}).$$

利用所得结果，我们来计算在概率论中有着重要应用的反常积分 $\int_0^{+\infty} e^{-x^2} dx$. 设

$$D_1 = \{(x,y)|x^2 + y^2 \leqslant a^2\},$$
$$D_2 = \{(x,y)|x^2 + y^2 \leqslant 2a^2\},$$
$$D = \{(x,y)||x| \leqslant a, |y| \leqslant a\},$$

则 $D_1 \subset D \subset D_2$(图 3.18), 又 $e^{-(x^2+y^2)} > 0$, 所以

$$\iint\limits_{D_1} e^{-(x^2+y^2)} dxdy < \iint\limits_{D} e^{-(x^2+y^2)} dxdy < \iint\limits_{D_2} e^{-(x^2+y^2)} dxdy.$$

由例 3.1.8 得

$$\iint\limits_{D_1} e^{-(x^2+y^2)} dxdy = \pi(1 - e^{-a^2}),$$

$$\iint\limits_{D_2} e^{-(x^2+y^2)} dxdy = \pi(1 - e^{-2a^2}),$$

而

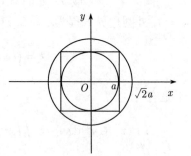

图　3.18

$$\iint\limits_{D} e^{-(x^2+y^2)} dxdy = \int_{-a}^a e^{-x^2} dx \int_{-a}^a e^{-y^2} dy$$

$$= \left(\int_{-a}^a e^{-x^2} dx\right)^2 = 4 \left(\int_0^a e^{-a^2} dx\right)^2,$$

因此

$$\frac{\pi}{4}(1 - e^{-a^2}) < \left(\int_0^a e^{-x^2} dx\right)^2 < \frac{\pi}{4}(1 - e^{-2a^2}).$$

令 $a \to +\infty$, 上式两端极限值为 $\frac{\pi}{4}$, 从而反常积分

$$\int_0^{+\infty} e^{-x^2} dx = \frac{\sqrt{\pi}}{2}.$$

例 3.1.9 计算球体 $x^2 + y^2 + z^2 \leqslant a^2$ 被圆柱面 $x^2 + y^2 = ax$ 所截得的那部分立体的体积 $(a > 0)$.

解 所截立体在 Oxy 面上方部分如图 3.19 所示. 它是以区域

$$D = \{(x,y)|x^2 + y^2 \leqslant ax\}$$

为底、以球面 $z = \sqrt{a^2 - x^2 - y^2}$ 的一部分为顶的曲顶柱体. 由对称性得

$$V = 2 \iint\limits_{D} \sqrt{a^2 - x^2 - y^2}\mathrm{d}x\mathrm{d}y.$$

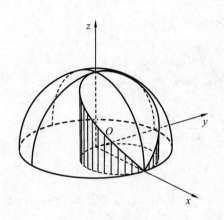

图 3.19   图 3.20

在极坐标系下 D 的边界曲线方程为 $r = a\cos\theta$(图 3.20), D 可以表示为

$$D = \left\{ (r,\theta) \middle| 0 \leqslant r \leqslant a\cos\theta, \ -\frac{\pi}{2} \leqslant \theta \leqslant \frac{\pi}{2} \right\},$$

这里取 $-\dfrac{\pi}{2} \leqslant \theta \leqslant \dfrac{\pi}{2}$ 是为了表示式的简单及计算的方便. 于是

$$V = 2 \iint\limits_{D} \sqrt{a^2 - x^2 - y^2}\mathrm{d}x\mathrm{d}y = 2 \int_{-\frac{\pi}{2}}^{\frac{\pi}{2}} \mathrm{d}\theta \int_{0}^{a\cos\theta} \sqrt{a^2 - r^2}r\mathrm{d}r$$

$$= \frac{2}{3} \int_{-\frac{\pi}{2}}^{\frac{\pi}{2}} \left[-(a^2 - r^2)^{\frac{3}{2}} \right]_{0}^{a\cos\theta} \mathrm{d}\theta$$

$$= \frac{2}{3} a^3 \int_{-\frac{\pi}{2}}^{\frac{\pi}{2}} (1 - |\sin\theta|^3)\mathrm{d}\theta$$

$$= \frac{4}{3} a^3 \int_{0}^{\frac{\pi}{2}} (1 - \sin^3\theta)\mathrm{d}\theta$$

$$= \frac{4}{3} a^3 \left(\frac{\pi}{2} - \frac{2}{3} \right).$$

3.1.5 反常二重积分

与一元函数的反常积分相仿, 二重积分也可以推广到反常二重积分. 我们仅讨论其中无界区域上的反常二重积分.

设 D 是 Oxy 面上的无界区域, $f(x,y)$ 在 D 上连续. 任取一系列有界闭区域, 满足

$$D_1 \subset D_2 \subset \cdots \subset D_n \cdots \subset D.$$

且当 $n \to \infty$ 时, D_n 扩张为 D. 如果极限 $\lim\limits_{n\to\infty} \iint\limits_{D_n} f(x,y)\mathrm{d}\sigma$ 存在, 我们称极限值为 $f(x,y)$ 在 **无界区域 D 上的反常二重积分**, 记为

$$\iint\limits_{D} f(x,y)\mathrm{d}\sigma = \lim_{n\to\infty} \iint\limits_{D_n} f(x,y)\mathrm{d}\sigma.$$

例 3.1.10 计算反常二重积分 $I = \iint\limits_{D} \dfrac{\mathrm{d}x\mathrm{d}y}{(1+x^2+y^2)^\alpha}, \alpha \neq 1$, D 是整个 Oxy 平面.

解 取一系列圆域 $D_n = \{(x,y)|x^2+y^2 \leqslant n^2\}(n=1,2,\cdots)$, 则当 $n \to \infty$ 时, D_n 扩张为 D, 并且

$$I(n) = \iint\limits_{D_n} \frac{\mathrm{d}x\mathrm{d}y}{(1+x^2+y^2)^\alpha}$$

$$= \int_0^{2\pi} \mathrm{d}\theta \int_0^n \frac{r\mathrm{d}r}{(1+r^2)^\alpha}$$

$$= \frac{\pi}{1-\alpha}\left[\frac{1}{(1+n^2)^{\alpha-1}} - 1\right].$$

当 $\alpha > 1$ 时, 因 $\lim\limits_{n\to\infty} I(n) = \dfrac{\pi}{\alpha-1}$, 所以

$$I = \frac{\pi}{\alpha-1}.$$

当 $\alpha < 1$ 时, 因

$$\lim_{n\to\infty} I(n) = \infty,$$

所以原反常二重积分不存在.

习　题　3.1

1. 利用二重积分的性质比较下列积分的大小：

(1) $\displaystyle\iint\limits_{D}(x+y)^2\mathrm{d}\sigma$ 与 $\displaystyle\iint\limits_{D}(x+y)^3\mathrm{d}\sigma$，其中 D 是由 x 轴、y 轴与直线 $x+y=1$ 所围成的闭区域；

(2) $\displaystyle\iint\limits_{D}\ln(x+y)\mathrm{d}\sigma$ 与 $\displaystyle\iint\limits_{D}[\ln(x+y)]^2\mathrm{d}\sigma$，其中 $D=\{(x,y)|3\leqslant x\leqslant 5, 0\leqslant y\leqslant 1\}$.

2. 利用二重积分的性质，估计下列积分值：

(1) $\displaystyle\iint\limits_{D}\sqrt{4+xy}\,\mathrm{d}\sigma$，其中 $D=\{(x,y)|0\leqslant x\leqslant 2, 0\leqslant y\leqslant 2\}$；

(2) $\displaystyle\iint\limits_{D}(x^2+4y^2+9)\mathrm{d}\sigma$，其中 $D=\{(x,y)|x^2+y^2\leqslant 4\}$.

3. 计算下列二重积分：

(1) $\displaystyle\iint\limits_{D}(x^2+y^2+1)\mathrm{d}\sigma$，其中 D 是矩形闭区域：$|x|\leqslant 1, |y|\leqslant 2$；

(2) $\displaystyle\iint\limits_{D}xy\mathrm{d}\sigma$，其中 D 是由 $x=1, y=x, y=2$ 所围成的闭区域；

(3) $\displaystyle\iint\limits_{D}(x+2y)\mathrm{d}\sigma$，其中 D 是由抛物线 $y=2x^2$ 与 $y=1+x^2$ 所围成的闭区域；

(4) $\displaystyle\iint\limits_{D}(2x-y)\mathrm{d}\sigma$，其中 D 是由直线 $y=1, 2x-y+3=0, x+y-3=0$ 所围成的闭区域；

(5) $\displaystyle\iint\limits_{D}\sin(y^2)\mathrm{d}\sigma$，其中 D 是由直线 $x=0, y=1$ 与 $y=x$ 所围成的闭区域.

4. 计算下列二次积分或二重积分：

(1) $I=\displaystyle\int_0^1\mathrm{d}y\int_y^1 x^2\sin(xy)\mathrm{d}x$；

(2) $\displaystyle\iint\limits_{D}y\mathrm{e}^{x^2y^2}\mathrm{d}x\mathrm{d}y$，其中 D 是由直线 $x=1, x=2, y=0$ 和曲线 $xy=1$ 所围成的闭区域；

(3) $\displaystyle\iint\limits_{D}x\sin(x+y)\mathrm{d}x\mathrm{d}y$，$D$ 是以 $(0,0),\left(0,\dfrac{\pi}{2}\right),\left(\dfrac{\pi}{2},\dfrac{\pi}{2}\right)$ 为顶点的三角形

区域;

(4) $\iint\limits_{D} \dfrac{x}{1+y}\mathrm{d}x\mathrm{d}y$, D 是由 $y=x^2+1, y=2x, x=0$ 所围成的闭区域.

5. 按两种不同次序化二重积分 $\iint\limits_{D} f(x,y)\mathrm{d}x\mathrm{d}y$ 为二次积分, 其中 D 为:

(1) 由曲线 $y=\ln x$, 直线 $x=2$ 与 x 轴所围成的闭区域;

(2) 由直线 $y=x, x=2$ 与双曲线 $y=\dfrac{1}{x}(x>0)$ 所围成的闭区域;

(3) 由抛物线 $y=x^2$ 与直线 $2x+y=3$ 所围成的闭区域.

6. 交换下列二次积分的积分次序:

(1) $\displaystyle\int_2^4 \mathrm{d}y \int_y^4 f(x,y)\mathrm{d}x$;

(2) $\displaystyle\int_{-1}^0 \mathrm{d}x \int_{x+1}^{\sqrt{1-x^2}} f(x,y)\mathrm{d}y$;

(3) $\displaystyle\int_1^{\mathrm{e}} \mathrm{d}x \int_0^{\ln x} f(x,y)\mathrm{d}y$;

(4) $\displaystyle\int_0^1 \mathrm{d}x \int_{-\sqrt{x}}^{\sqrt{x}} f(x,y)\mathrm{d}y + \int_1^4 \mathrm{d}x \int_{x-2}^{\sqrt{x}} f(x,y)\mathrm{d}y$.

7. 利用极坐标计算下列二重积分:

(1) $\iint\limits_{D} y\mathrm{d}x\mathrm{d}y$, 其中 $D=\{(x,y)|x^2+y^2 \leqslant a^2, x \geqslant 0, y \geqslant 0\}$;

(2) $\iint\limits_{D} \ln(1+x^2+y^2)\mathrm{d}x\mathrm{d}y$, 其中 $D=\{x^2+y^2 \leqslant 1, x \geqslant 0, y \geqslant 0\}$;

(3) $\iint\limits_{D} \arctan \dfrac{y}{x}\mathrm{d}x\mathrm{d}y$, 其中 D 是由 $x^2+y^2=1, x^2+y^2=4$ 及直线 $y=x, y=0$ 所包围的在第一象限内的那部分区域;

(4) $\iint\limits_{D} \sin \sqrt{x^2+y^2}\mathrm{d}x\mathrm{d}y$, 其中 $D=\{(x,y)|\pi^2 \leqslant x^2+y^2 \leqslant 4\pi^2\}$.

8. 化下列积分为极坐标系下的二次积分:

(1) $\displaystyle\int_0^{2a} \mathrm{d}y \int_0^{\sqrt{2ay-y^2}} f(x^2+y^2)\mathrm{d}x$;

(2) $\iint\limits_{D} f(x^2+y^2)\mathrm{d}x\mathrm{d}y$, 其中 $D=\{(x,y)|x+y \leqslant 1, x \geqslant 0, y \geqslant 0\}$;

(3) $\iint\limits_{D} f(\sqrt{x^2+y^2})\mathrm{d}x\mathrm{d}y$, 其中 $D=\{(x,y)|x^2+y^2 \leqslant 2(x+y)\}$.

9. 计算下列二重积分:

(1) $\iint\limits_{D} \sqrt{|y - x^2|}\mathrm{d}x\mathrm{d}y$, 其中 $D = \{(x,y)|0 \leqslant x \leqslant 1, 0 \leqslant y \leqslant 1\}$;

(2) $\iint\limits_{D} f(x,y)\mathrm{d}x\mathrm{d}y$, 其中 $f(x,y) = \begin{cases} 1 - x - y, & x + y \leqslant 1, \\ 0, & x + y > 1, \end{cases}$ $D = \{(x,y)|0 \leqslant x \leqslant 1, 0 \leqslant y \leqslant 1\}$;

(3) $\iint\limits_{D} \sqrt{x^2 + y^2}\mathrm{d}x\mathrm{d}y$, D 是由 $y = x, y = x^4 (x \geqslant 0)$ 所围成的;

(4) $\iint\limits_{D} |1 - x^2 - y^2|\mathrm{d}\sigma$, 其中 D 为圆域 $x^2 + y^2 \leqslant 4$.

10. 为修建高速公路, 要在一山坡中开辟出一条长 500m、宽 20m 的通道. 以出发点一侧为原点, 往另一侧方向为 x 轴 $(0 \leqslant x \leqslant 20)$, 往公路延伸方向为 y 轴 $(0 \leqslant y \leqslant 500)$, 且山坡的高度为

$$z = \sin \frac{\pi}{20}x + 10 \sin \frac{\pi}{500}y,$$

试计算所需挖掉的土方量.

11. 计算

$$I = \iint\limits_{D} f(x,y)\mathrm{d}\sigma,$$

其中 $f(x,y) = \begin{cases} x^2 y, & 1 \leqslant x \leqslant 2, 0 \leqslant y \leqslant x, \\ 0, & \text{其他}, \end{cases}$ $D = \{(x,y)|x^2 + y^2 \geqslant 2x\}$.

12. 计算

$$I = \int_{-\infty}^{+\infty} \int_{-\infty}^{+\infty} \min\{x,y\}\mathrm{e}^{-(x^2+y^2)}\mathrm{d}x\mathrm{d}y.$$

3.2 三重积分

3.2.1 三重积分的概念和性质

将二重积分的概念加以推广就得到三重积分的概念.

定义 3.2.1 设 $f(x,y,z)$ 是空间有界闭区域 Ω 上的有界函数. 将 Ω 任意分成 n 个小闭区域

$$\Delta V_1, \Delta V_2, \cdots, \Delta V_n,$$

其中 $\Delta V_k(k = 1, 2, \cdots, n)$ 也表示第 k 个小闭区域的体积. 在每个 ΔV_k 上任取一点 (ξ_k, η_k, ζ_k), 作和数 $\displaystyle\sum_{k=1}^{n} f(\xi_k, \eta_k, \zeta_k)\Delta V_k$. 用 λ 表示各小闭区域的直径的最大值, 如果当 $\lambda \to 0$ 时, 和数的极限存在且与对区域的分法及点 (ξ_k, η_k, ζ_k) 的取法无关, 则称函数 $f(x, y, z)$ 在闭区域 Ω 上 **可积**, 并称此极限值为函数 $f(x, y, z)$ 在闭区域 Ω 上的 **三重积分**, 记为 $\displaystyle\iiint\limits_{\Omega} f(x, y, z)\mathrm{d}V$ 或 $\displaystyle\iiint\limits_{\Omega} f(x, y, z)\mathrm{d}x\mathrm{d}y\mathrm{d}z$, 即

$$\iiint\limits_{\Omega} f(x, y, z)\mathrm{d}V = \iiint\limits_{\Omega} f(x, y, z)\mathrm{d}x\mathrm{d}y\mathrm{d}z = \lim_{\lambda \to 0} \sum_{k=1}^{n} f(\xi_k, \eta_k, \zeta_k)\Delta V_k,$$

其中 $\mathrm{d}V$ 称为体积元素.

如果函数 $f(x, y, z)$ 在有界闭区域 Ω 上连续, 则 $f(x, y, z)$ 在 Ω 上可积.

三重积分有着与二重积分完全类似的性质, 比如, 当 $f(x, y, z) \equiv 1$ 时,

$$\iiint\limits_{\Omega} \mathrm{d}V = V,$$

V 为 Ω 的体积. 其他性质不再一一重复.

3.2.2　在直角坐标系下计算三重积分

1. 先一后二法

设函数 $f(x, y, z)$ 在空间有界闭区域 Ω 上连续.

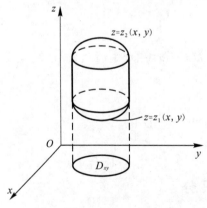

图　3.21

如果 Ω 在 Oxy 面上的投影区域为 D_{xy}, 平行于 z 轴并且穿过 Ω 内部的直线与 Ω 的边界曲面的交点不多于两个, 那么以 D_{xy} 的边界曲线为准线, 母线平行于 z 轴的柱面就把 Ω 的边界曲面分成上、下两部分 (图 3.21). 设下面部分和上面部分的方程分别为

$$\Sigma_1 : z = z_1(x, y), \quad \Sigma_2 : z = z_2(x, y),$$

其中 $z_1(x, y)$ 和 $z_2(x, y)$ 在 D_{xy} 上连续, 且 $z_1(x, y) \leqslant z_2(x, y)$, 此时闭区域 Ω 可以表示为

$$\Omega = \{(x, y, z) | z_1(x, y) \leqslant z \leqslant z_2(x, y), (x, y) \in D_{xy}\},$$

三重积分可以化为

$$\iiint\limits_{\Omega} f(x, y, z)\mathrm{d}x\mathrm{d}y\mathrm{d}z = \iint\limits_{D_{xy}} \left[\int_{z_1(x,y)}^{z_2(x,y)} f(x, y, z)\mathrm{d}z \right] \mathrm{d}x\mathrm{d}y$$

$$= \iint\limits_{D_{xy}} \mathrm{d}x\mathrm{d}y \int_{z_1(x,y)}^{z_2(x,y)} f(x,y,z)\mathrm{d}z, \qquad (3.2.1)$$

即先对 z 积分再在 D_{xy} 上二重积分 (称为 **先一后二法**).

如果 D_{xy} 是 Oxy 面上的 x 型域

$$D_{xy} = \{(x,y)|y_1(x) \leqslant y \leqslant y_2(x), a \leqslant x \leqslant b\},$$

即

$$\Omega = \{(x,y,z)|z_1(x,y) \leqslant z \leqslant z_2(x,y), y_1(x) \leqslant y \leqslant y_2(x), a \leqslant x \leqslant b\},$$

则式 (3.2.1) 可化为

$$\iiint\limits_{\Omega} f(x,y,z)\mathrm{d}x\mathrm{d}y\mathrm{d}z = \int_a^b \mathrm{d}x \int_{y_1(x)}^{y_2(x)} \mathrm{d}y \int_{z_1(x,y)}^{z(x,y)} f(x,y,z)\mathrm{d}z,$$

即先对 z 再对 y 最后对 x 的 **三次积分**.

如果 D_{xy} 是 Oxy 面上的 y 型域

$$D_{xy} = \{(x,y)|x_1(y) \leqslant x \leqslant x_2(y), c \leqslant y \leqslant d\},$$

则式 (3.2.1) 可化为

$$\iiint\limits_{\Omega} f(x,y,z)\mathrm{d}v = \int_c^d \mathrm{d}y \int_{x_1(y)}^{x_2(y)} \mathrm{d}x \int_{z_1(x,y)}^{z(x,y)} f(x,y,z)\mathrm{d}z.$$

在类似的条件下, 将积分区域投影到 Oyz 面或 Ozx 面上, 可将三重积分化为另外两种先一后二积分, 进一步可化为各种不同次序的三次积分.

例 3.2.1 计算三重积分 $\iiint\limits_{\Omega} xyz\mathrm{d}x\mathrm{d}y\mathrm{d}z$, 其中 Ω 是由三个坐标面与平面 $x+y+z = 1$ 围成的闭区域.

解 积分区域 Ω 是如图 3.22 所示的四面体, 可以表示为

$$\Omega = \{(x,y,z)|0 \leqslant z \leqslant 1-x-y, (x,y) \in D_{xy}\}$$
$$= \{(x,y,z)|0 \leqslant z \leqslant 1-x-y,$$
$$0 \leqslant y \leqslant 1-x, 0 \leqslant x \leqslant 1\},$$

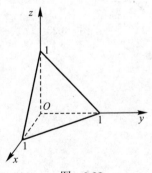

图 3.22

于是

$$\iiint\limits_{\Omega} xyz\mathrm{d}x\mathrm{d}y\mathrm{d}z = \iint\limits_{D_{xy}} xy\mathrm{d}x\mathrm{d}y \int_0^{1-x-y} z\mathrm{d}z$$

$$= \int_0^1 x\mathrm{d}x \int_0^{1-x} y\mathrm{d}y \int_0^{1-x-y} z\mathrm{d}z$$

$$= \frac{1}{2} \int_0^1 x\mathrm{d}x \int_0^{1-x} yz^2\Big|_0^{1-x-y} \mathrm{d}y$$

$$= \frac{1}{2} \int_0^1 x\mathrm{d}x \int_0^{1-x} y(1-x-y)^2\mathrm{d}y$$

$$= \frac{1}{2} \int_0^1 x\mathrm{d}x \int_0^{1-x} [y(1-x)^2 - 2(1-x)y^2 + y^3]\mathrm{d}y$$

$$= \frac{1}{24} \int_0^1 x(1-x)^4\mathrm{d}x$$

$$= \frac{1}{720}.$$

例 3.2.2 计算三重积分 $I = \iiint\limits_{\Omega} \dfrac{xy}{\sqrt{z}}\mathrm{d}x\mathrm{d}y\mathrm{d}z$, 其中 Ω 是锥面 $z = 2\sqrt{x^2+y^2}$ 与平面 $z = 2$ 围成的锥体在第一卦限中的部分.

解 积分区域 Ω 如图 3.23 所示, 将它投影到 Oxy 面上, Ω 可以表示为

$$\Omega = \{(x,y,z)|2\sqrt{x^2+y^2} \leqslant z \leqslant 2, (x,y) \in D_{xy}\}$$

$$= \{(x,y,z)|2\sqrt{x^2+y^2} \leqslant z \leqslant 2, 0 \leqslant y \leqslant \sqrt{1-x^2},$$

$$0 \leqslant x \leqslant 1\},$$

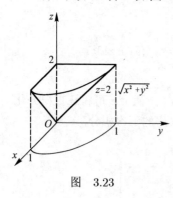

图 3.23

于是

$$I = \iiint\limits_{\Omega} \frac{xy}{\sqrt{z}}\mathrm{d}x\mathrm{d}y\mathrm{d}z$$

$$= \iint\limits_{D_{xy}} xy\mathrm{d}x\mathrm{d}y \int_{2\sqrt{x^2+y^2}}^2 \frac{1}{\sqrt{z}}\mathrm{d}z$$

$$= 2\iint\limits_{D_{xy}} xy\sqrt{z}\Big|_{2\sqrt{x^2+y^2}}^2 \mathrm{d}x\mathrm{d}y$$

$$= 2\sqrt{2}\iint\limits_{D_{xy}} xy(1-(x^2+y^2)^{1/4})\mathrm{d}x\mathrm{d}y.$$

这个二重积分利用极坐标计算比较简单,

$$I = 2\sqrt{2}\int_0^{\frac{\pi}{2}} \mathrm{d}\theta \int_0^1 r^2\cos\theta\sin\theta(1-\sqrt{r})r\mathrm{d}r$$

$$= 2\sqrt{2} \times \frac{1}{2} \times \left(\frac{1}{4} - \frac{2}{9} \right) = \frac{1}{36}\sqrt{2}.$$

以上两例都可以将 Ω 投影到 Oyz 或 Ozx 面上进行计算.

2. 先二后一法

下面通过例题介绍计算三重积分的 "先二后一法".

例 3.2.3 计算三重积分 $\iiint\limits_{\Omega} z\mathrm{d}x\mathrm{d}y\mathrm{d}z$, 其中 Ω 是上半椭球体,

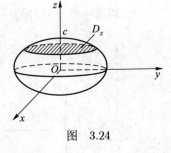

图 3.24

$$\Omega = \left\{ (x,y,z) \,\middle|\, \frac{x^2}{a^2} + \frac{y^2}{b^2} + \frac{z^2}{c^2} \leqslant 1, z \geqslant 0 \right\}.$$

解 积分区域 Ω 如图 3.24 所示, 可以表示为

$$\Omega = \{(x,y,z) \,|\, (x,y) \in D_z, 0 \leqslant z \leqslant c\},$$

其中 D_z 是过 z 轴上点 $(0,0,z)(0 \leqslant z \leqslant c)$ 的垂直于 z 轴的平面截 Ω 得到的平面区域

$$D_z = \left\{ (x,y) \,\middle|\, \frac{x^2}{a^2} + \frac{y^2}{b^2} \leqslant 1 - \frac{z^2}{c^2} \right\},$$

它是平行 Oxy 面的平面上的椭圆域, 面积为

$$A(z) = \pi ab \left(1 - \frac{z^2}{c^2} \right), \quad 0 \leqslant z \leqslant c.$$

于是

$$\iiint\limits_{\Omega} z\mathrm{d}x\mathrm{d}y\mathrm{d}z = \int_0^c \mathrm{d}z \iint\limits_{D_z} z\mathrm{d}x\mathrm{d}y = \int_0^c z\mathrm{d}z \iint\limits_{D_z} \mathrm{d}x\mathrm{d}y$$

$$= \int_0^c z \cdot \pi ab \left(1 - \frac{z^2}{c^2} \right) \mathrm{d}z$$

$$= \pi ab \int_0^c \left(z - \frac{z^3}{c^2} \right) \mathrm{d}z = \frac{\pi}{4}abc^2.$$

此题如果将 Ω 投影到 Oxy 面上, 把三重积分化为先对 z 积分再在 D_{xy} 上计算二重积分将比较麻烦. 一般情况下, 如果积分区域 Ω 在 z 轴上的投影区间为 $[p,q]$, 过点 $(0,0,z)(p \leqslant z \leqslant q)$ 的垂直于 z 轴的平面截 Ω 得到的平面区域为 D_z, 则

$$\iiint\limits_{\Omega} f(x,y,z)\mathrm{d}x\mathrm{d}y\mathrm{d}z = \int_p^q \mathrm{d}z \iint\limits_{D_z} f(x,y,z)\mathrm{d}x\mathrm{d}y.$$

即将三重积分化为先在 D_z 上二重积分再对 z 积分 (称为**先二后一法**). 当 $\iint\limits_{D_z} f(x,$
$y, z)\mathrm{d}x\mathrm{d}y$ 容易计算时, 这种方法比较简便.

3.2.3 在柱面坐标系和球面坐标系下计算三重积分

1. 利用柱面坐标计算三重积分

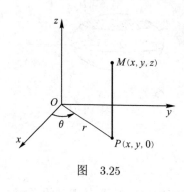

图 3.25

设 $M(x, y, z)$ 为直角坐标系中一点, 并设点 M 在 Oxy 面上投影点 P 的极坐标为 (r, θ)(图 3.25), 则称 (r, θ, z) 为点 M 的**柱面坐标**. 通常规定

$$0 \leqslant r < +\infty, \quad 0 \leqslant \theta \leqslant 2\pi, \quad -\infty < z < \infty.$$

点 M 的直角坐标 (x, y, z) 与柱面坐标 (r, θ, z) 的关系是:

$$\begin{cases} x = r\cos\theta, \\ y = r\sin\theta, \\ z = z. \end{cases} \tag{3.2.2}$$

在柱面坐标系中:

$r = r_0$(常数) 是以 z 轴为中心轴的圆柱面, 它在直角坐标系中的方程为 $x^2 + y^2 = r_0^2$;

$\theta = \theta_0$(常数) 是通过 z 轴的半平面, 这个半平面与 Ozx 面的夹角为 θ_0;

$z = z_0$(常数) 是与 Oxy 面平行的平面.

设 Ω 为空间有界闭区域, $f(x, y, z)$ 在 Ω 上连续. 我们用柱面坐标系中的三组曲面 $r =$ 常数, $\theta =$ 常数和 $z =$ 常数把 Ω 分成多个小区域, 其中一个代表性的小区域如图 3.26 所示. 在不计高阶无穷小时, 它的体积 (即体积元素) 为

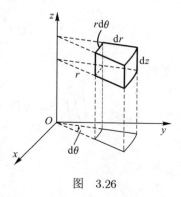

图 3.26

$$\mathrm{d}V = r\mathrm{d}r\mathrm{d}\theta\mathrm{d}z.$$

再根据直角坐标与柱面坐标的关系式 (3.2.2) 有

$$\iiint\limits_{\Omega} f(x, y, z)\mathrm{d}x\mathrm{d}y\mathrm{d}z = \iiint\limits_{\Omega} f(r\cos\theta, r\sin\theta, z)r\mathrm{d}r\mathrm{d}\theta\mathrm{d}z. \tag{3.2.3}$$

为了把这个三重积分化为柱面坐标系下的三次积分, 通常把 Ω 投影到 Oxy 面, 并把投影域表示成极坐标形式, 再确定 Ω 的下面边界曲面及上面边界曲面方程,

即把 Ω 表示为

$$\Omega = \{(r,\theta,z)|z_1(r,\theta) \leqslant z \leqslant z_2(r,\theta),(r,\theta) \in D_{r\theta}\},$$

这样式 (3.2.3) 就可化为

$$\iiint\limits_{\Omega} f(x,y,z)\mathrm{d}x\mathrm{d}y\mathrm{d}z = \iint\limits_{D_{r\theta}} r\mathrm{d}r\mathrm{d}\theta \int_{z_1(r,\theta)}^{z_2(r,\theta)} f(r\cos\theta, r\sin\theta, z)\mathrm{d}z$$

$$= \int_{\alpha}^{\beta} \mathrm{d}\theta \int_{r_1(\theta)}^{r_2(\theta)} r\mathrm{d}r \int_{z_1(r,\theta)}^{z_2(r,\theta)} f(r\cos\theta, r\sin\theta, z)\mathrm{d}z,$$

即化为先对 z 再对 r 最后对 θ 的三重积分.

例 3.2.4 计算三重积分 $\iiint\limits_{\Omega}(1+x^2+y^2)z\mathrm{d}x\mathrm{d}y\mathrm{d}z$, 其中 Ω 是由锥面 $z = \sqrt{x^2+y^2}$ 和平面 $z = 1$ 围成的闭区域.

解 积分区域 Ω 如图 3.27 所示, 在柱面坐标系下可以表示为

$$\Omega = \{(r,\theta,z)|r \leqslant z \leqslant 1, 0 \leqslant r \leqslant 1, 0 \leqslant \theta \leqslant 2\pi\},$$

3-3 柱面坐标下
三重积分的计算

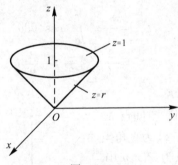

图 3.27

于是

$$\iiint\limits_{\Omega}(1+x^2+y^2)z\mathrm{d}x\mathrm{d}y\mathrm{d}z = \iiint\limits_{\Omega}(1+r^2)zr\mathrm{d}r\mathrm{d}\theta\mathrm{d}z$$

$$= \int_0^{2\pi}\mathrm{d}\theta\int_0^1 r(1+r^2)\mathrm{d}r\int_r^1 z\mathrm{d}z$$

$$= \frac{1}{2}\int_0^{2\pi}\mathrm{d}\theta\int_0^1 r(1+r^2)(1-r^2)\mathrm{d}r$$

$$= \frac{1}{2}\cdot 2\pi\int_0^1(r-r^5)\mathrm{d}r = \frac{\pi}{3}.$$

例 3.2.5 计算三重积分 $\iiint\limits_{\Omega} z\sqrt{x^2+y^2}\mathrm{d}x\mathrm{d}y\mathrm{d}z$，其中 Ω 是圆柱面 $x^2+y^2=2x$ 与平面 $z=0$, $z=a(a>0)$ 所围成的闭区域.

解 积分区域 Ω 如图 3.28 所示，由于圆柱面的方程在柱面坐标系下可表示为 $r=2\cos\theta$，所以 Ω 可以表示为

$$\Omega = \left\{(r,\theta,z)\,\middle|\,0\leqslant z\leqslant a, 0\leqslant r\leqslant 2\cos\theta, -\frac{\pi}{2}\leqslant\theta\leqslant\frac{\pi}{2}\right\},$$

于是

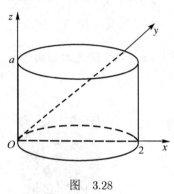

图 3.28

$$\iiint\limits_{\Omega} z\sqrt{x^2+y^2}\mathrm{d}x\mathrm{d}y\mathrm{d}z$$

$$=\iiint\limits_{\Omega} zr\cdot r\mathrm{d}r\mathrm{d}\theta\mathrm{d}z$$

$$=\int_{-\frac{\pi}{2}}^{\frac{\pi}{2}}\mathrm{d}\theta\int_0^{2\cos\theta}r^2\mathrm{d}r\int_0^a z\mathrm{d}z$$

$$=\frac{a^2}{2}\int_{-\frac{\pi}{2}}^{\frac{\pi}{2}}\mathrm{d}\theta\int_0^{2\cos\theta}r^2\mathrm{d}r$$

$$=\frac{a^2}{2}\cdot\frac{8}{3}\int_{-\frac{\pi}{2}}^{\frac{\pi}{2}}\cos^3\theta\mathrm{d}\theta$$

$$=\frac{8}{3}a^2\int_0^{\frac{\pi}{2}}\cos^3\theta\mathrm{d}\theta$$

$$=\frac{8}{3}a^2\cdot\frac{2}{3}=\frac{16}{9}a^2.$$

2. 利用球面坐标计算三重积分

除了直角坐标、柱面坐标之外，空间点 M 还可以用球面坐标表示. 设 $M(x,y,z)$ 为直角坐标系中一点，它在 Oxy 面的投影点为 $P(x,y,0)$. 设 r 为点 M 到原点 O 的距离，θ 为 x 轴的正向按逆时针与向量 $\overrightarrow{OP}$ 的夹角，φ 为 z 轴正向与向量 $\overrightarrow{OM}$ 的夹角 (图 3.29). 称 (r,θ,φ) 为点 M 的 **球面坐标**. 通常规定

$$0\leqslant r<+\infty,\quad 0\leqslant\theta\leqslant 2\pi,\quad 0\leqslant\varphi\leqslant\pi.$$

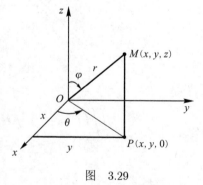

图 3.29

从图 3.29 可以看出点 M 的直角坐标 (x,y,z) 与球面坐标 (r,θ,φ) 的关系是：

$$\begin{cases} x=r\sin\varphi\cos\theta, \\ y=r\sin\varphi\sin\theta, \\ z=r\cos\varphi. \end{cases} \tag{3.2.4}$$

在球面坐标系中:

$r = r_0$(常数) 是以原点为中心, 半径为 r_0 的球面, 它在直角坐标系中的方程为 $x^2 + y^2 + z^2 = r_0^2$.

$\theta = \theta_0$(常数) 是通过 z 轴的半平面, 这个半平面与 Ozx 面的夹角为 θ_0.

$\varphi = \varphi_0$(常数) 是以原点为顶点, z 轴为中心轴的圆锥面, 它在直角坐标系中的方程为 $\sqrt{x^2 + y^2} = z \tan \varphi_0$.

设 Ω 为空间有界闭区域, $f(x, y, z)$ 在 Ω 上连续. 我们用球面坐标系中的三组曲面 $r =$ 常数, $\theta =$ 常数和 $\varphi =$ 常数把 Ω 分成多个小区域, 其中一个代表性的小区域如图 3.30 所示. 在不计高阶无穷小时, 它的体积 (即体积元素) 为

$$dV = r^2 \sin \varphi dr d\theta d\varphi.$$

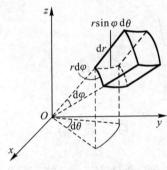

图 3.30

再根据直角坐标与球面坐标的关系式 (3.2.4) 有

$$\iiint\limits_{\Omega} f(x, y, z) dx dy dz$$

$$= \iiint\limits_{\Omega} f(r \sin \varphi \cos \theta, r \sin \varphi \sin \theta, r \cos \varphi) r^2 \sin \varphi dr d\theta d\varphi. \tag{3.2.5}$$

通常把式 (3.2.5) 右端的三重积分化为先对 r 再对 φ 最后对 θ 的三次积分.

例如, 当积分区域边界曲面是一个包围原点的闭曲面, 其球面坐标方程为 $r = r(\theta, \varphi)$, 则

$$\iiint\limits_{\Omega} f(x, y, z) dx dy dz$$

$$= \int_0^{2\pi} d\theta \int_0^{\pi} d\varphi \int_0^{r(\theta, \varphi)} f(r \sin \varphi \cos \theta, r \sin \varphi \sin \theta, r \cos \varphi) r^2 \sin \varphi dr.$$

例 3.2.6 计算三重积分 $\iiint\limits_{\Omega} (x^2 + y^2 + z^2) dx dy dz$, 其中 Ω 是由锥面 $z = \sqrt{x^2 + y^2}$ 和球面 $z = \sqrt{a^2 - x^2 - y^2}(a > 0)$ 围成的闭区域.

解 积分区域 Ω 如图 3.31 所示，在球面坐标系中，锥面的方程为 $\varphi = \dfrac{\pi}{4}$，球面的方程为 $r = a$，Ω 可以表示为

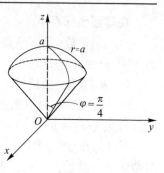

$$\Omega = \left\{ (r, \theta, \varphi) \,\middle|\, 0 \leqslant r \leqslant a, 0 \leqslant \theta \leqslant 2\pi, 0 \leqslant \varphi \leqslant \frac{\pi}{4} \right\},$$

于是

$$\iiint\limits_{\Omega} (x^2 + y^2 + z^2)\mathrm{d}x\mathrm{d}y\mathrm{d}z$$

$$= \iiint\limits_{\Omega} r^2 \cdot r^2 \sin\varphi \,\mathrm{d}r\mathrm{d}\theta\mathrm{d}\varphi$$

$$= \int_0^{2\pi} \mathrm{d}\theta \int_0^{\frac{\pi}{4}} \sin\varphi\,\mathrm{d}\varphi \int_0^a r^4\mathrm{d}r$$

$$= 2\pi \cdot \left(1 - \frac{\sqrt{2}}{2} \right) \cdot \frac{a^5}{5} = \frac{2}{5}\pi a^5 \left(1 - \frac{\sqrt{2}}{2} \right).$$

图 3.31

3-4 第 3 章小结

习 题 3.2

1. 设 $f(x, y, z)$ 在有界闭区域 Ω 上连续，将三重积分 $\displaystyle\iiint\limits_{\Omega} f(x, y, z)\mathrm{d}V$ 化成先对 z 再对 y 最后对 x 的三次积分，其中积分区域 Ω 分别是：

(1) 由三个坐标面与平面 $x + y + z = 1$ 所围成的闭区域；

(2) 由双曲抛物面 $z = xy$ 与平面 $z = 0, x + y = 1$ 所围成的闭区域；

(3) $\Omega = \{ (x, y, z) \mid 0 \leqslant z \leqslant \sqrt{4 - x^2 - y^2}, x^2 + y^2 \leqslant 2x \}$.

2. 计算下列三重积分：

(1) $\displaystyle\iiint\limits_{\Omega} xyz\mathrm{d}V$，其中 $\Omega = \{ (x, y, z) \mid 0 \leqslant x \leqslant 1, 0 \leqslant y \leqslant 1, 0 \leqslant z \leqslant 1 \}$；

(2) $\displaystyle\iiint\limits_{\Omega} xy^2 z^3\mathrm{d}V$，其中 Ω 是由曲面 $z = xy$ 与平面 $y = x, x = 1$ 和 $z = 0$ 所围成的闭区域；

(3) $\displaystyle\iiint\limits_{\Omega} (x + y) \sin z\mathrm{d}V$，其中 Ω 是由平面 $x + y = 1, y = x, y = 0, z = 0$ 和 $z = \pi$ 所围成的闭区域.

3. 利用柱面坐标计算下列三重积分：

(1) $\iiint\limits_{\Omega} z\mathrm{d}V$，其中 Ω 是由曲面 $z = \sqrt{4-x^2-y^2}$ 与 $z = \dfrac{1}{3}(x^2+y^2)$ 所围

成的闭区域；

(2) $\iiint\limits_{\Omega} xyz\mathrm{d}V$，其中 $\Omega = \{(x,y,z)|x^2+y^2 \leqslant 1, 0 \leqslant z \leqslant 1, x \geqslant 0, y \geqslant 0\}$；

(3) $\iiint\limits_{\Omega} \sqrt{x^2+y^2}\mathrm{d}V$，其中 $\Omega = \{(x,y,z)|\sqrt{x^2+y^2} \leqslant z \leqslant 1\}$。

4. 利用球面坐标计算下列三重积分：

(1) $\iiint\limits_{\Omega} (x^2+y^2+z^2)^n\mathrm{d}V(n>0)$，其中 Ω 是球体 $x^2+y^2+z^2 \leqslant 1$；

(2) $\iiint\limits_{\Omega} xyz\mathrm{d}V$，其中 Ω 是球体 $x^2+y^2+z^2 \leqslant 1$ 在第一卦限中的部分；

(3) $\iiint\limits_{\Omega} z\mathrm{d}V$，其中 Ω 是球体 $x^2+y^2+z^2 \leqslant 2z$。

5. 利用三重积分求下列曲面所围成的空间闭区域的体积：

(1) $z = 6-x^2-y^2, z = \sqrt{x^2+y^2}$；

(2) $x^2+y^2+z^2 = 2az(a>0), x^2+y^2 = z^2$(含 z 轴部分)；

(3) $\dfrac{x^2}{a^2} + \dfrac{y^2}{b^2} + \dfrac{z^2}{c^2} = 1(a>0, b>0, c>0)$。

总习题 3

A 题

1. 填空题

(1) 积分 $\displaystyle\int_0^2 \mathrm{d}x \int_x^2 \mathrm{e}^{-y^2}\mathrm{d}y = $ _____．

(2) 交换积分次序 $\displaystyle\int_0^1 \mathrm{d}x \int_{-\sqrt{x}}^{\sqrt{x}} f(x,y)\mathrm{d}y + \int_1^4 \mathrm{d}x \int_{x-2}^{\sqrt{x}} f(x,y)\mathrm{d}y = $ _____．

(3) 设积分区域 $D: |x|+|y| \leqslant 1$，则 $\displaystyle\iint\limits_{D}(|x|+|y|)\mathrm{d}x\mathrm{d}y = $ _____．

(4) 设积分区域 $D: x^2 + y^2 \leqslant R^2$, 则 $\iint\limits_{D} x^2 \mathrm{d}x\mathrm{d}y = $ _____.

(5) 直角坐标系中三次积分 $I = \int_{-1}^{1} \mathrm{d}x \int_{-\sqrt{1-x^2}}^{\sqrt{1+x^2}} \mathrm{d}y \int_{0}^{x^2+y^2} f(x,y,z)\mathrm{d}z$, 在柱面坐标系中先 z 再 r 后 θ 顺序的三次积分是 _____.

2. 选择题

(1) 设 $f(x,y)$ 连续, 且 $f(x,y) = xy + \iint\limits_{D} f(x,y)\mathrm{d}x\mathrm{d}y$, 其中 D 是由 $y = 0, y = x^2, x = 1$ 所围成的闭区域, 则 $f(x,y)$ 等于 (　　).

(A) xy　　　(B) $2xy$　　　(C) $xy + \dfrac{1}{8}$　　　(D) $xy + 1$

(2) 设 D 是在 Oxy 面上以 $(1,1), (-1,1)$ 和 $(-1,-1)$ 为顶点的三角形区域, D_1 是 D 的第一象限部分, 则 $\iint\limits_{D} (xy + \cos x \sin y)\mathrm{d}x\mathrm{d}y$ 等于 (　　).

(A) $2\iint\limits_{D_1} \cos x \sin y\mathrm{d}x\mathrm{d}y$　　　　　　(B) $2\iint\limits_{D_1} xy\mathrm{d}x\mathrm{d}y$

(C) $4\iint\limits_{D_1} (xy + \cos x \sin y)\mathrm{d}x\mathrm{d}y$　　　(D) 0

(3) 设平面区域 $D: 1 \leqslant x^2 + y^2 \leqslant 4$, 函数 $f(x,y)$ 在 D 上连续, 则 $\iint\limits_{D} f(\sqrt{x^2+y^2}) \cdot \mathrm{d}x\mathrm{d}y$ 等于 (　　).

(A) $2\pi \int_{1}^{2} rf(r)\mathrm{d}r$　　　(B) $2\pi \left[\int_{0}^{2} rf(r)\mathrm{d}r + \int_{0}^{1} rf(r)\mathrm{d}r \right]$

(C) $2\pi \int_{1}^{2} rf(r^2)\mathrm{d}r$　　　(D) $2\pi \left[\int_{0}^{2} rf(r^2)\mathrm{d}r + \int_{0}^{1} rf(r^2)\mathrm{d}r \right]$

(4) 设有空间区域 $\Omega: x^2 + y^2 + z^2 \leqslant R^2, z \geqslant 0, \Omega_1$ 是 Ω 在第一卦限中的部分, 则 (　　).

(A) $\iiint\limits_{\Omega} x\mathrm{d}V = 4\iiint\limits_{\Omega_1} x\mathrm{d}V$　　　(B) $\iiint\limits_{\Omega} y\mathrm{d}V = 4\iiint\limits_{\Omega_1} y\mathrm{d}V$

(C) $\iiint\limits_{\Omega} z\mathrm{d}V = 4\iiint\limits_{\Omega_1} z\mathrm{d}V$　　　(D) $\iiint\limits_{\Omega} xyz\mathrm{d}V = 4\iiint\limits_{\Omega_1} xyz\mathrm{d}V$

(5) 设有空间区域 $\Omega: x^2 + y^2 + z^2 \leqslant R^2$, 则 $\iiint\limits_{\Omega} \sqrt{x^2+y^2+z^2}\mathrm{d}V$ 等于 (　　).

(A) πR^4　　　(B) $\dfrac{4}{3}\pi R^4$　　　(C) $\dfrac{2}{3}\pi R^4$　　　(D) $2\pi R^4$

3. 计算下列二重积分：

(1) $\iint\limits_{D} xy^2 \mathrm{d}\sigma, D = \{(x,y)|y^2 \leqslant 4x, x \leqslant 1\}$；

(2) $\iint\limits_{D} x\mathrm{e}^{xy}\mathrm{d}\sigma, D = \{(x,y)|0 \leqslant x \leqslant 1, -1 \leqslant y \leqslant 0\}$；

(3) $\iint\limits_{D} \dfrac{\ln y}{x}\mathrm{d}\sigma$，其中 D 是由直线 $y = 1, y = x$ 和 $x = 2$ 所围成的闭区域；

(4) $\iint\limits_{D} (x^2 - y^2)\mathrm{d}\sigma, D = \{(x,y)|0 \leqslant y \leqslant \sin x, 0 \leqslant x \leqslant \pi\}$；

(5) $\iint\limits_{D} \dfrac{x\sin y}{y}\mathrm{d}\sigma$，其中 D 是由抛物线 $y = x^2$ 和直线 $y = x$ 所围成的闭区域.

4. 交换下列二次积分的积分次序：

(1) $\displaystyle\int_{-1}^{1} \mathrm{d}x \int_{0}^{\sqrt{1-x^2}} f(x,y)\mathrm{d}y$；

(2) $\displaystyle\int_{-1}^{0} \mathrm{d}x \int_{0}^{1+x} f(x,y)\mathrm{d}y + \int_{0}^{1} \mathrm{d}x \int_{0}^{1-x} f(x,y)\mathrm{d}y$.

5. 利用极坐标计算下列二重积分：

(1) $\iint\limits_{D} y\mathrm{d}\sigma, D = \{(x,y)|x^2 + y^2 \leqslant a^2, x \geqslant 0, y \geqslant 0\} \ (a > 0)$；

(2) $\iint\limits_{D} (x^2 + y^2)\mathrm{d}\sigma, D = \{(x,y)|2x \leqslant x^2 + y^2 \leqslant 4, x \geqslant 0, y \geqslant 0\}$；

(3) $\iint\limits_{D} \ln(1 + x^2 + y^2)\mathrm{d}\sigma, D = \{(x,y)|x^2 + y^2 \leqslant 1, 0 \leqslant y \leqslant x\}$.

6. 计算由下列各组曲线所围成的图形的面积：

(1) 双曲线 $xy = a^2$ 与直线 $x + y = \dfrac{5}{2}a(a \geqslant 0)$；

(2) 抛物线 $y^2 = \dfrac{b^2}{a}x$ 和直线 $y = \dfrac{b}{a}x(a > 0, b > 0)$.

7. 某水池呈圆形，半径为 5m，以中心为坐标原点，距中心 $r(\mathrm{m})$ 处水深为 $\dfrac{5}{1+r^2}$m，求该水池的蓄水量.

8. 计算三重积分 $\iiint\limits_{\Omega} z\mathrm{d}V$，其中 Ω 是由锥面 $z = \sqrt{x^2 + y^2}$ 与平面 $z = 2$ 所围成的闭区域.

9. 计算三重积分 $\iiint\limits_{\Omega} \mathrm{e}^{|z|}\mathrm{d}V$，其中 $\Omega = \{(x,y,z)|x^2 + y^2 + z^2 \leqslant 1\}$.

10. 计算三次积分 $\int_0^2 \mathrm{d}x \int_0^{\sqrt{2x-x^2}} \mathrm{d}y \int_0^h z\sqrt{x^2 + y^2}\mathrm{d}z$.

11. 计算三重积分 $\iiint\limits_{\Omega}(x^2+y^2)\mathrm{d}V$，其中 Ω 是由上半球面 $z = \sqrt{a^2 - x^2 - y^2}$ 和锥面 $z = \sqrt{x^2 + y^2} - a(a > 0)$ 所围成的闭区域.

B 题

1. 计算下列二重积分或二次积分：

(1) $\iint\limits_{D} \mathrm{e}^{-|x|-|y|}\mathrm{d}\sigma$，其中 $D = \{(x,y)||x| \leqslant a, |y| \leqslant a\}$;

(2) $\iint\limits_{D} f(x,y)\mathrm{d}\sigma$，其中 $D = \{(x,y)|0 \leqslant x \leqslant 1, 0 \leqslant y \leqslant 1\}$,

$$f(x,y) = \begin{cases} 1 - x - y, & x + y \leqslant 1, \\ 0, & x + y > 1; \end{cases}$$

(3) $\int_0^1 \mathrm{d}y \int_y^1 \sin x^2 \mathrm{d}x$.

2. 计算下列二重积分：

(1) $\iint\limits_{D} \arctan \dfrac{y}{x}\mathrm{d}\sigma, D = \{(x,y)|1 \leqslant x^2 + y^2 \leqslant 4, 0 \leqslant y \leqslant x\}$;

(2) $\iint\limits_{D} \sqrt{\dfrac{1 - x^2 - y^2}{1 + x^2 + y^2}}\mathrm{d}\sigma, D = \{(x,y)|x^2 + y^2 \leqslant 1, x \geqslant 0\}$;

(3) $\iint\limits_{D} \sqrt{x^2 + y^2}\mathrm{d}\sigma$，其中 D 是由直线 $y = x$ 与曲线 $y = x^4(x \geqslant 0)$ 所围成的闭区域.

3. 设 $f(x)$ 在 $[a,b]$ 上连续，试利用二重积分证明

$$\left[\int_a^b f(x)\mathrm{d}x\right]^2 \leqslant (b-a)\int_a^b f^2(x)\mathrm{d}x.$$

4. 求球面 $x^2 + y^2 + z^2 = a^2$ 与柱面 $x^2 + y^2 = ax\ (a > 0)$ 所围成的立体体积.

5. 设 $f(x,y) = \begin{cases} 2x, & 0 \leqslant x \leqslant 1, 0 \leqslant y \leqslant 1, \\ 0, & \text{其他}, \end{cases}$ 求 $F(t) = \iint\limits_{x+y \leqslant t} f(x,y)\mathrm{d}x\mathrm{d}y$.

6. 计算三重积分 $\iiint\limits_{\Omega} \dfrac{\sin \pi z}{\sqrt{x^2+y^2}} \mathrm{d}V$, 其中 Ω 是由锥面 $z = \dfrac{2}{\sqrt{3}}\sqrt{x^2+y^2}$

和柱面 $x^2 + y^2 = \dfrac{1}{3}$ 以及平面 $z = 2$ 所围成的闭区域.

7. 计算三重积分 $\iiint\limits_{\Omega} z^2 \mathrm{d}V$, 其中 Ω 是两个球 $x^2 + y^2 + z^2 \leqslant R^2$ 和 $x^2 +$

$y^2 + z^2 \leqslant 2Rz (R > 0)$ 的公共部分.

8. 设 $F(t) = \iiint\limits_{\Omega_t} f(x^2 + y^2 + z^2)\mathrm{d}V$, 其中 $\Omega_t = \{(x,y,z) | x^2 + y^2 + z^2 \leqslant t^2\}$,

f 为连续函数, 求 $F'(t)$.

第 3 章自测题

第 4 章　无穷级数

无穷级数是高等数学的一个重要的组成部分，它是表示和研究函数乃至进行数值计算的重要数学工具，它与微积分一起构成高等数学的基础．无穷级数包括常数项级数与函数项级数两大类，常数项级数是函数项级数的基础，因此，本章先介绍常数项级数的有关内容，然后介绍函数项级数中最重要的幂级数．

4.1　常数项级数及其性质

4.1.1　常数项级数的概念

定义 4.1.1　设给定数列 $\{u_n\}$，将表达式

$$u_1 + u_2 + \cdots + u_n + \cdots$$

称为 **常数项无穷级数**，简称为 **常数项级数** 或 **级数**，记为 $\sum\limits_{n=1}^{\infty} u_n$，即

$$\sum_{n=1}^{\infty} u_n = u_1 + u_2 + \cdots + u_n + \cdots, \tag{4.1.1}$$

其中 u_n 称为级数的 **第 n 项** 或级数的 **通项**．

级数 (4.1.1) 是一种无限项和的形式，如果按着普通加法的规律，把它一项不漏地从头到尾加起来是办不到的．因为级数有无穷多项，逐项相加将永远没有加完的时候．那么，如何理解无穷多项相加呢？结果是什么？下面就来研究这一问题．

级数 (4.1.1) 前 n 项和

$$S_n = u_1 + u_2 + \cdots + u_n \tag{4.1.2}$$

称为级数 (4.1.1) 的前 n 项 **部分和**．数列

$$S_1, S_2, \cdots, S_n, \cdots$$

称为级数 (4.1.1) 的 **部分和数列**，记为 $\{S_n\}$．

很明显，随着 n 的增大，S_n 中 u_n 的项也就跟着增多．所以当 n 趋于无穷大时，S_n 的变化趋势也就反映了无穷多项相加的变化趋势．这样，就可以通过级数的部分和的极限来研究无穷多项相加的变化趋势．

定义 4.1.2 如果级数 (4.1.1) 的部分和数列 $\{S_n\}$ 有极限 S, 即

$$\lim_{n \to \infty} S_n = S,$$

则称级数 (4.1.1)**收敛**. S 称为级数 (4.1.1) 的 **和**. 记为

$$S = u_1 + u_2 + \cdots + u_n + \cdots = \sum_{n=1}^{\infty} u_n.$$

如果 $\{S_n\}$ 的极限不存在, 则称级数 (4.1.1)**发散**. 发散的级数没有和.

当级数 (4.1.1) 收敛时, 其部分和 S_n 是级数 (4.1.1) 的和 S 的近似值. 这时称 $S - S_n$ 为级数 (4.1.1) 的 **余项**, 记为 r_n, 即

$$r_n = S - S_n = u_{n+1} + u_{n+2} + \cdots + u_{n+k} + \cdots. \tag{4.1.3}$$

用级数 (4.1.1) 的部分和 S_n 作为级数 (4.1.1) 和的近似值, 其绝对误差为 $|r_n|$.

例 4.1.1 讨论 **等比级数**(又称 **几何级数**)

$$\sum_{n=0}^{\infty} aq^n = a + aq + aq^2 + \cdots + aq^n + \cdots \tag{4.1.4}$$

的敛散性, 其中 $a \neq 0$.

解 如果 $|q| \neq 1$, 则部分和

$$S_n = a + aq + aq^2 + \cdots + aq^{n-1} = \frac{a - aq^n}{1 - q}.$$

(1) 当 $|q| < 1$ 时, $\lim\limits_{n \to \infty} S_n = \lim\limits_{n \to \infty} \dfrac{a - aq^n}{1 - q} = \dfrac{a}{1 - q}$, 所以级数 (4.1.4) 收敛, 其和为 $\dfrac{a}{1 - q}$.

(2) 当 $|q| > 1$ 时, $\lim\limits_{n \to \infty} q^n = \infty$, 所以 $\lim\limits_{n \to \infty} S_n = \infty$, 级数 (4.1.4) 发散.

如果 $|q| = 1$, 则

(1) 当 $q = 1$ 时, $S_n = na \to \infty$ (当 $n \to \infty$), 因此, 级数 (4.1.4) 发散.

(2) 当 $q = -1$ 时, 级数 (4.1.4) 成为

$$a - a + a - a + \cdots,$$

其部分和

$$S_n = \begin{cases} 0, & n = 2p, \\ a, & n = 2p + 1, \end{cases} \quad \text{其中 } p \text{ 是正整数}.$$

所以, S_n 的极限不存在, 级数 (4.1.4) 发散.

根据以上讨论可知: 当 $|q| < 1$ 时, 等比级数 (4.1.4) 收敛, 其和等于 $\dfrac{a}{1-q}$; 当 $|q| \geqslant 1$ 时, 级数发散.

例 4.1.2 判断级数

$$\sum_{k=1}^{\infty} \frac{1}{k(k+1)}$$

的收敛性.

解 因为

$$\frac{1}{k(k+1)} = \frac{1}{k} - \frac{1}{k+1},$$

所以

$$\begin{aligned}
S_n &= \sum_{k=1}^{n} \left(\frac{1}{k} - \frac{1}{k+1} \right) \\
&= \left(1 - \frac{1}{2} \right) + \left(\frac{1}{2} - \frac{1}{3} \right) + \cdots + \left(\frac{1}{n} - \frac{1}{n+1} \right) \\
&= 1 - \frac{1}{n+1}.
\end{aligned}$$

于是

$$\lim_{n \to \infty} S_n = \lim_{n \to \infty} \left(1 - \frac{1}{n+1} \right) = 1,$$

所以级数 $\displaystyle\sum_{k=1}^{\infty} \frac{1}{k(k+1)}$ 收敛.

例 4.1.3 证明 **调和级数**

$$\sum_{n=1}^{\infty} \frac{1}{n} = 1 + \frac{1}{2} + \frac{1}{3} + \cdots + \frac{1}{n} + \cdots \tag{4.1.5}$$

是发散的.

证明 用反证法. 若级数 (4.1.5) 收敛, 设它的前 n 项部分和数列为 $\{S_n\}$, 和为 S, 则

$$\lim_{n \to \infty} S_n = \lim_{n \to \infty} S_{2n} = S,$$

故

$$\lim_{n \to \infty} (S_{2n} - S_n) = S - S = 0. \tag{4.1.6}$$

但是

$$S_{2n} - S_n = \frac{1}{n+1} + \frac{1}{n+2} + \cdots + \frac{1}{2n} > \frac{1}{2n} + \frac{1}{2n} + \cdots + \frac{1}{2n} = \frac{1}{2}.$$

根据数列极限的保号性有

$$\lim_{n \to \infty} (S_{2n} - S_n) \geqslant \frac{1}{2}.$$

与式 (4.1.6) 矛盾, 这说明级数 (4.1.5) 发散. □

4.1.2 无穷级数的基本性质

由级数收敛和发散的定义可以得到级数的几个基本性质.

性质 4.1.1 设级数 $\sum\limits_{n=1}^{\infty} u_n$ 和 $\sum\limits_{n=1}^{\infty} v_n$ 均收敛, 它们的和分别为 S_1 和 S_2, 则级数 $\sum\limits_{n=1}^{\infty} (u_n + v_n)$ 收敛, 且

$$\sum_{n=1}^{\infty} (u_n + v_n) = S_1 + S_2.$$

性质 4.1.2 级数 $\sum\limits_{n=1}^{\infty} k u_n$ 与级数 $\sum\limits_{n=1}^{\infty} u_n$ 同敛散, 即敛散性相同, 其中 k 为常数 $(k \neq 0)$. 且当上述级数收敛时有

$$\sum_{n=1}^{\infty} k u_n = k \sum_{n=1}^{\infty} u_n.$$

性质 4.1.3 增加、减少或改变级数的有限项后不改变级数的敛散性.

由此我们可以得到当级数 $\sum\limits_{n=1}^{\infty} u_n$ 收敛时, 余项

$$r_n = u_{n+1} + u_{n+2} + \cdots + u_{n+k} + \cdots$$

所构成的级数也收敛. 反之, 如果级数 $\sum\limits_{n=1}^{\infty} r_n$ 收敛, 则级数 $\sum\limits_{n=1}^{\infty} u_n$ 也收敛.

以上这些性质可从级数收敛的定义和极限的运算性质得到证明.

性质 4.1.4 收敛的级数任意加括号后所得的新级数仍然收敛, 且和不变.

证明 设有收敛级数

$$\sum_{n=1}^{\infty} u_n = u_1 + u_2 + \cdots + u_n + \cdots,$$

加括号后所得新级数为

$$(u_1 + \cdots + u_{n_1}) + (u_{n_1+1} + \cdots + u_{n_2}) + \cdots + (u_{n_{k-1}+1} + \cdots + u_{n_k}) + \cdots. \tag{4.1.7}$$

记 $\{S'_k\}$ 为级数 (4.1.7) 的前 k 项部分和数列，S_n 表示原级数对应于 S'_k 的前 n 项部分和，于是有

$$S'_1 = u_1 + u_2 + \cdots + u_{n_1} = S_{n_1},$$

$$S'_2 = (u_1 + \cdots + u_{n_1}) + (u_{n_1+1} + \cdots + u_{n_2}) = S_{n_2},$$

$$\vdots$$

$$S'_k = (u_1 + \cdots + u_{n_1}) + (u_{n_1+1} + \cdots + u_{n_2}) + \cdots + (u_{n_{k-1}+1} + \cdots + u_{n_k}) = S_{n_k}.$$

由于 $\sum\limits_{n=1}^{\infty} u_n$ 收敛，所以 $\lim\limits_{n\to\infty} S_n$ 存在，从而 $\lim\limits_{k\to\infty} S'_k$ 也存在，且

$$\lim_{k\to\infty} S'_k = \lim_{n\to\infty} S_n.$$

于是性质 4.1.4 成立. □

需要指出的是, 性质 4.1.4 的逆命题不真. 即当级数任意加括号后的新级数收敛时, 不能得原来级数收敛的结论. 例如: 级数 $\sum\limits_{n=1}^{\infty} (-1)^{n+1} = 1-1+1-1+1-1+\cdots$ 每两项加括号为 $(1-1) + (1-1) + (1-1) + \cdots$, 此级数收敛, 但级数 $\sum\limits_{n=1}^{\infty} (-1)^{n+1}$ 发散.

然而由性质 4.1.4 可以直接得到: 如果加括号后所得的新级数发散, 则原级数发散.

性质 4.1.5(级数收敛的必要条件)　如果级数 $\sum\limits_{n=1}^{\infty} u_n$ 收敛, 则

$$\lim_{n\to\infty} u_n = 0.$$

证明　设收敛级数 $\sum\limits_{n=1}^{\infty} u_n$ 的前 n 项部分和数列为 $\{S_n\}$, 其和为 S, 则有

$$u_n = S_n - S_{n-1}, \qquad \lim_{n\to\infty} S_n = S, \qquad \lim_{n\to\infty} S_{n-1} = S,$$

所以

$$\lim_{n\to\infty} u_n = \lim_{n\to\infty} (S_n - S_{n-1}) = S - S = 0.$$ □

由此性质可知, 如果级数的一般项不趋于零, 则级数发散.

例如, 级数 $\sum\limits_{n=1}^{\infty} \dfrac{n}{n+1}$, 由于

$$\lim_{n\to\infty} u_n = \lim_{n\to\infty} \frac{n}{n+1} = 1 \neq 0,$$

所以级数 $\displaystyle\sum_{n=1}^{\infty} \frac{n}{n+1}$ 发散.

但应当注意,级数一般项趋于零是级数收敛的必要条件,不是充分条件. 例如:调和级数 $\displaystyle\sum_{n=1}^{\infty} \frac{1}{n}$ 的一般项为 $\dfrac{1}{n}$,显然 $\displaystyle\lim_{n\to\infty} \frac{1}{n} = 0$,但我们在例 4.1.3 中已证明 $\displaystyle\sum_{n=1}^{\infty} \frac{1}{n}$ 是发散的.

习 题 4.1

1. 已知下列级数的 n 项部分和为 S_n,写出该级数的一般项,并求级数的和:

(1) $S_n = \dfrac{n+1}{n}$;　　　　(2) $S_n = \dfrac{2^n - 1}{2^n}$.

2. 根据级数收敛与发散的定义及级数的性质判别下列级数的敛散性:

(1) $\displaystyle\sum_{n=1}^{\infty}(\sqrt{n+1} - \sqrt{n})$;　　(2) $\displaystyle\sum_{n=1}^{\infty} \frac{1}{n(n+3)}$;

(3) $\displaystyle\sum_{n=1}^{\infty} \frac{2 + (-1)^n}{2^n}$;　　(4) $\displaystyle\sum_{n=1}^{\infty} \ln\left(\frac{n}{n+1}\right)^{-3}$;

(5) $\dfrac{1}{1 \times 3} + \dfrac{1}{3 \times 5} + \dfrac{1}{5 \times 7} + \cdots + \dfrac{1}{(2n-1)\cdot(2n+1)} + \cdots$.

3. 判断下列级数的敛散性:

(1) $\displaystyle\sum_{n=1}^{\infty} \frac{n}{100n + 1}$;　　　　(2) $\displaystyle\sum_{n=1}^{\infty}(-1)^n$;

(3) $-\dfrac{8}{9} + \dfrac{8^2}{9^2} - \dfrac{8^3}{9^3} + \cdots$;

(4) $\dfrac{1}{3} + \dfrac{1}{6} + \dfrac{1}{9} + \dfrac{1}{12} + \dfrac{1}{15} + \cdots$;

(5) $\dfrac{1}{3} + \dfrac{1}{\sqrt{3}} + \dfrac{1}{\sqrt[3]{3}} + \dfrac{1}{\sqrt[4]{3}} + \cdots$;

(6) $\left(\dfrac{1}{2} + \dfrac{1}{3}\right) + \left(\dfrac{1}{2^2} + \dfrac{1}{3^2}\right) + \left(\dfrac{1}{2^3} + \dfrac{1}{3^3}\right) + \cdots$;

(7) $\dfrac{1}{2} + \dfrac{1}{10} + \dfrac{1}{4} + \dfrac{1}{20} + \cdots + \dfrac{1}{2^n} + \dfrac{1}{10 \cdot n} + \cdots$.

4. 利用定义判断级数 $\displaystyle\sum_{n=1}^{\infty} \frac{n}{3^n}$ 的敛散性,并求级数的和.

4.2 常数项级数收敛性的判别法

4.2.1 正项级数及其判别法

在常数项级数中, 通项非负的级数称为 **正项级数**.

设级数

$$\sum_{n=1}^{\infty} u_n = u_1 + u_2 + u_3 + \cdots + u_n + \cdots \tag{4.2.1}$$

是一个正项级数, 它的部分和数列记为 $\{S_n\}$. 于是 $\{S_n\}$ 是单调增加数列, 即

$$S_1 \leqslant S_2 \leqslant S_3 \leqslant \cdots \leqslant S_n \leqslant \cdots,$$

由数列的单调有界原理及无穷级数收敛的定义, 可立即得到以下定理.

定理 4.2.1 正项级数 (4.2.1) 收敛的充要条件是部分和数列 $\{S_n\}$ 有上界.

利用定理 4.2.1, 可以得到几种常用的正项级数的收敛性的判别法.

定理 4.2.2 (比较判别法) 设正项级数 $\sum_{n=1}^{\infty} u_n$ 与 $\sum_{n=1}^{\infty} v_n$ 满足条件 $u_n \leqslant v_n$ $(n = 1, 2, \cdots)$, 那么

(1) 如果级数 $\sum_{n=1}^{\infty} v_n$ 收敛, 则级数 $\sum_{n=1}^{\infty} u_n$ 收敛;

(2) 如果级数 $\sum_{n=1}^{\infty} u_n$ 发散, 则级数 $\sum_{n=1}^{\infty} v_n$ 发散.

4-1 正项级数比较判别法

证明 设级数 $\sum_{n=1}^{\infty} v_n$ 和 $\sum_{n=1}^{\infty} u_n$ 的部分和数列分别为 $\{T_n\}$ 与 $\{S_n\}$, 由条件知, $S_n \leqslant T_n$ $(n = 1, 2, \cdots)$.

若 $\sum_{n=1}^{\infty} v_n$ 收敛, 由定理 4.2.1 知, $\{T_n\}$ 有上界, 故 $\{S_n\}$ 也有上界. 再由定理 4.2.1 知 $\sum_{n=1}^{\infty} u_n$ 收敛. 于是结论 (1) 成立.

而结论 (2) 只不过是结论 (1) 的逆否命题, 故成立. □

由级数的性质和定理 4.2.2 我们不难得到下面的推论.

推论 4.2.1 设 $\sum_{n=1}^{\infty} u_n$ 与 $\sum_{n=1}^{\infty} v_n$ 是两个正项级数. 如果有正整数 N 及非零常数 k, 使得当 $n > N$ 时, 有 $u_n \leqslant k v_n$, 则

(1) 如果级数 $\sum_{n=1}^{\infty} v_n$ 收敛, 则级数 $\sum_{n=1}^{\infty} u_n$ 收敛;

(2) 如果级数 $\displaystyle\sum_{n=1}^{\infty} u_n$ 发散, 则级数 $\displaystyle\sum_{n=1}^{\infty} v_n$ 发散.

例 4.2.1　判定级数

$$1 + \frac{1}{3} + \frac{1}{5} + \frac{1}{7} + \cdots + \frac{1}{2n-1} + \cdots$$

的敛散性.

解　因为级数的一般项 $u_n = \dfrac{1}{2n-1} > \dfrac{1}{2n}$ $(n = 1, 2, \cdots)$, 而级数 $\displaystyle\sum_{n=1}^{\infty} \frac{1}{2n}$

发散, 所以级数 $\displaystyle\sum_{n=1}^{\infty} \frac{1}{2n-1}$ 也发散.

例 4.2.2　讨论 p-级数

$$1 + \frac{1}{2^p} + \frac{1}{3^p} + \cdots + \frac{1}{n^p} + \cdots \tag{4.2.2}$$

的敛散性.

解　若 $p \leqslant 1$, 则 $\dfrac{1}{n^p} \geqslant \dfrac{1}{n}$. 而调和级数发散, 由比较判别法知, 当 $p \leqslant 1$ 时, 级数 (4.2.2) 发散.

若 $p > 1$, 依次将级数 (4.2.2) 的第 1 项, 第 2、3 项, 第 4 至第 7 项, 第 8 至第 15 项 $\cdots$ 括在一起, 得到新级数:

$$1 + \left(\frac{1}{2^p} + \frac{1}{3^p} \right) + \left(\frac{1}{4^p} + \frac{1}{5^p} + \frac{1}{6^p} + \frac{1}{7^p} \right) + \left(\frac{1}{8^p} + \cdots + \frac{1}{15^p} \right) + \cdots$$
$$\tag{4.2.3}$$

它的各项显然不超过级数

$$1 + \left(\frac{1}{2^p} + \frac{1}{2^p} \right) + \left(\frac{1}{4^p} + \frac{1}{4^p} + \frac{1}{4^p} + \frac{1}{4^p} \right) + \left(\frac{1}{8^p} + \cdots + \frac{1}{8^p} \right) + \cdots$$

$$= 1 + \frac{1}{2^{p-1}} + \left(\frac{1}{2^{p-1}} \right)^2 + \left(\frac{1}{2^{p-1}} \right)^3 + \cdots \tag{4.2.4}$$

的对应项, 而级数 (4.2.4) 为公比 $\dfrac{1}{2^{p-1}} < 1$ 的等比级数, 所以级数 (4.2.4) 收敛. 于是, 当 $p > 1$ 时, 级数 (4.2.3) 收敛, 从而级数 (4.2.3) 的部分和数列有界. 因此, 级数 (4.2.2) 的部分和数列有界. 由定理 4.2.1 知原级数收敛.

综上所述, 当 $p \leqslant 1$ 时, p-级数发散, 当 $p > 1$ 时, p-级数收敛.

例 4.2.3　判断级数

$$\frac{1}{2 \times 5} + \frac{1}{3 \times 6} + \cdots + \frac{1}{(n+1)(n+4)} + \cdots$$

的敛散性.

解　因为级数的一般项 $u_n = \dfrac{1}{(n+1)(n+4)} < \dfrac{1}{n^2}$，而级数 $\displaystyle\sum_{n=1}^{\infty} \dfrac{1}{n^2}$ 是对应于 $p=2$ 的 p- 级数，它是收敛的，所以，由比较判别法知，级数 $\displaystyle\sum_{n=1}^{\infty} \dfrac{1}{(n+1)(n+4)}$ 也收敛.

例 4.2.4　判断级数 $\displaystyle\sum_{n=1}^{\infty} \left(\dfrac{n}{2n+1}\right)^n$ 的敛散性.

解　因为

$$\left(\frac{n}{2n+1}\right)^n < \left(\frac{1}{2}\right)^n, \quad n=1,2,3,\cdots,$$

而 $\displaystyle\sum_{n=1}^{\infty} \left(\dfrac{1}{2}\right)^n$ 收敛，再由比较判别法知 $\displaystyle\sum_{n=1}^{\infty} \left(\dfrac{n}{2n+1}\right)^n$ 收敛.

实际应用中，我们还要常用到比较判别法的极限形式.

定理 4.2.3　设 $\displaystyle\sum_{n=1}^{\infty} u_n$ 与 $\displaystyle\sum_{n=1}^{\infty} v_n$ 是两个正项级数，且

$$\lim_{n\to\infty} \frac{u_n}{v_n} = l.$$

(1) 若 $l=0$, 则当 $\displaystyle\sum_{n=1}^{\infty} v_n$ 收敛时，$\displaystyle\sum_{n=1}^{\infty} u_n$ 收敛.

(2) 若 $l=+\infty$, 则当 $\displaystyle\sum_{n=1}^{\infty} v_n$ 发散时，$\displaystyle\sum_{n=1}^{\infty} u_n$ 发散.

(3) 若 $0 < l < +\infty$, 则级数 $\displaystyle\sum_{n=1}^{\infty} v_n$ 与级数 $\displaystyle\sum_{n=1}^{\infty} u_n$ 同敛散.

证明　(1) 由于 $\displaystyle\lim_{n\to\infty} \dfrac{u_n}{v_n} = l$, 故对于取定正数 ε_0, 总存在正整数 N, 当 $n > N$ 时有

$$l - \varepsilon_0 < \frac{u_n}{v_n} < l + \varepsilon_0,$$

即

$$(l - \varepsilon_0) v_n < u_n < (l + \varepsilon_0) v_n.$$

由于 $l=0$, 有

$$-\varepsilon_0 v_n < u_n < \varepsilon_0 v_n.$$

由于 $\displaystyle\sum_{n=1}^{\infty} v_n$ 收敛，故由推论 4.2.1 知，$\displaystyle\sum_{n=1}^{\infty} u_n$ 收敛.

(2) 由于 $\lim\limits_{n\to\infty} \dfrac{u_n}{v_n} = +\infty$, 所以 $\lim\limits_{n\to\infty} \dfrac{v_n}{u_n} = 0$, 由 (1) 知, 若 $\sum\limits_{n=1}^{\infty} u_n$ 收敛,

则 $\sum\limits_{n=1}^{\infty} v_n$ 也收敛, 这与已知矛盾. 故 $\sum\limits_{n=1}^{\infty} u_n$ 发散.

(3) 由于 $\lim\limits_{n\to\infty} \dfrac{u_n}{v_n} = l > 0$, 取 $\varepsilon_0 = \dfrac{l}{2}$, 则 $\exists N \in \mathbb{N}^+$, 当 $n > N$ 时有

$$\frac{l}{2} v_n < u_n < \frac{3}{2} v_n.$$

由推论 4.2.1 知, 级数 $\sum\limits_{n=1}^{\infty} u_n$ 与 $\sum\limits_{n=1}^{\infty} v_n$ 同敛散. $\qquad\square$

例 4.2.5 判断级数 $\sum\limits_{n=1}^{\infty} \dfrac{1}{\sqrt{n(n+1)}}$ 的敛散性.

解 由于 $\lim\limits_{n\to\infty} \dfrac{\dfrac{1}{\sqrt{n(n+1)}}}{\dfrac{1}{n}} = \lim\limits_{n\to\infty} \dfrac{n}{\sqrt{n(n+1)}} = 1$, 而调和级数 $\sum\limits_{u=1}^{\infty} \dfrac{1}{n}$

发散, 故由定理 4.2.3 知, $\sum\limits_{n=1}^{\infty} \dfrac{1}{\sqrt{n(n+1)}}$ 发散.

例 4.2.6 判别级数

$$\sum_{n=1}^{\infty} \tan \frac{1}{2n} = \tan \frac{1}{2} + \tan \frac{1}{4} + \cdots + \tan \frac{1}{2n} + \cdots \tag{4.2.5}$$

的敛散性.

解 $u_n = \tan \dfrac{1}{2n} \geqslant 0$, 因为

$$\lim_{n\to\infty} \frac{\tan \dfrac{1}{2n}}{\dfrac{1}{2n}} = 1,$$

而级数 $\sum\limits_{n=1}^{\infty} \dfrac{1}{2n}$ 发散, 由定理 4.2.3 知原级数发散.

在应用比较判别法及其极限形式判别一个级数的敛散性时, 需要选择一个已知收敛性的基本级数与所给的级数比较, 通常被选择为基本级数的有等比级数和 p - 级数. 尽管如此, 具体选择哪一个级数才能使这种方法有效, 并不都是容易找到的. 为此我们再介绍两个比较实用方便的判别法 —— 比值判别法和根值判别法. 这两种判别法是以等比级数为基本级数通过比较判别法导出的.

定理 4.2.4 (比值判别法或 D'Alembert(达朗贝尔) 判别法) 　设 $\sum\limits_{n=1}^{\infty} u_n$ 是正项级数，$u_n > 0 \ (n = 1, 2, \cdots)$. 如果极限

$$\lim_{n \to \infty} \frac{u_{n+1}}{u_n} = \rho,$$

则

(1) 当 $\rho < 1$ 时，级数 $\sum\limits_{n=1}^{\infty} u_n$ 收敛；

(2) 当 $\rho > 1$(或 $\rho = +\infty$) 时，级数 $\sum\limits_{n=1}^{\infty} u_n$ 发散；

(3) 当 $\rho = 1$ 时，级数 $\sum\limits_{n=1}^{\infty} u_n$ 可能收敛，也可能发散.

证明　因为 $\lim\limits_{n \to \infty} \dfrac{u_{n+1}}{u_n} = \rho$, 所以由极限的定义知，对于任意给定的正数 ε, 总存在正整数 N, 当 $n \geqslant N$ 时，有

$$\rho - \varepsilon < \frac{u_{n+1}}{u_n} < \rho + \varepsilon,$$

即

$$(\rho - \varepsilon) u_n < u_{n+1} < (\rho + \varepsilon) u_n.$$

(1) 当 $\rho < 1$ 时，可选取适当小的正数 ε, 使 $\rho + \varepsilon = r < 1$. 从而有

$$u_{N+1} < r u_N,$$

$$u_{N+2} < r u_{N+1} < r^2 u_N,$$

$$\vdots$$

$$u_{N+k} < r u_{N+k-1} < r^k u_N,$$

$$\vdots$$

由于 $\sum\limits_{k=1}^{\infty} u_N r^k$ 是收敛的等比级数，所以由比较判别法知 $\sum\limits_{k=1}^{\infty} u_{N+k}$ 收敛. 由于 $\sum\limits_{n=1}^{\infty} u_n$ 只比级数 $\sum\limits_{k=1}^{\infty} u_{N+k}$ 多了前面 N 项，因此也是收敛的.

(2) 当 $\rho > 1$ 时, 可选取适当小的正数 ε, 使 $\rho - \varepsilon = r > 1$. 从而有

$$u_{N+1} > r u_N,$$

$$u_{N+2} > r u_{N+1} > r^2 u_N,$$

$$\vdots$$

$$u_{N+k} > r u_{N+k-1} > r^k u_N,$$

$$\vdots$$

因为 $r > 1$, 故 $\lim\limits_{k \to \infty} r^k u_N = +\infty$, 因此, 有 $\lim\limits_{k \to \infty} u_{N+k} = +\infty$, 故 $\lim\limits_{n \to \infty} u_n = +\infty$, 从而 $\sum\limits_{n=1}^{\infty} u_n$ 发散.

(3) 当 $\rho = 1$ 时, 级数 $\sum\limits_{n=1}^{\infty} u_n$ 可能收敛, 也可能发散.

以 p - 级数 $\sum\limits_{n=1}^{\infty} \dfrac{1}{n^p}$ 为例, 一般项 $u_n = \dfrac{1}{n^p}$, 不论 p 为何值都有

$$\rho = \lim_{n \to \infty} \frac{u_{n+1}}{u_n} = \lim_{n \to \infty} \frac{\dfrac{1}{(n+1)^p}}{\dfrac{1}{n^p}} = 1.$$

例 4.2.2 告诉我们, 当 $p \leqslant 1$ 时, $\sum\limits_{n=1}^{\infty} \dfrac{1}{n^p}$ 发散; 当 $p > 1$ 时, $\sum\limits_{n=1}^{\infty} \dfrac{1}{n^p}$ 收敛. 因此, 当 $\rho = 1$ 时, 级数可能收敛, 也可能发散. $\qquad\square$

例 4.2.7 证明级数 $\sum\limits_{n=1}^{\infty} \dfrac{1}{(n-1)!}$ 收敛. 记 $S = \sum\limits_{n=1}^{\infty} \dfrac{1}{(n-1)!}$, 估计以部分和 S_n 近似代替和 S 所产生的误差.

解 记 $u_n = \dfrac{1}{(n-1)!} \geqslant 0 \ (n = 1, 2, \cdots)$. 那么

$$\lim_{n \to \infty} \frac{u_{n+1}}{u_n} = \lim_{n \to \infty} \frac{1}{n} = 0.$$

根据比值判别法知, 级数 $\sum\limits_{n=1}^{\infty} \dfrac{1}{(n-1)!}$ 收敛.

由式 (4.1.3) 知, 误差 $r_n = S - S_n$, 即

$$|r_n| = \frac{1}{n!} + \frac{1}{(n+1)!} + \frac{1}{(n+2)!} + \cdots$$

$$= \frac{1}{n!} \left[1 + \frac{1}{n+1} + \frac{1}{(n+1)(n+2)} + \cdots \right]$$

$$< \frac{1}{n!} \left(1 + \frac{1}{n} + \frac{1}{n^2} + \cdots \right)$$

$$= \frac{1}{n!} \left(\frac{1}{1 - \frac{1}{n}} \right) = \frac{1}{(n-1)(n-1)!}.$$

例 4.2.8　判断级数 $\sum\limits_{n=1}^{\infty} \dfrac{3^n}{n \cdot 2^n}$ 的敛散性.

解　记 $u_n = \dfrac{3^n}{n \cdot 2^n} \geqslant 0 \ (n = 1, 2, \cdots)$, 则

$$\frac{u_{n+1}}{u_n} = \frac{3^{n+1}}{(n+1)2^{n+1}} \cdot \frac{n \cdot 2^n}{3^n} = \frac{3}{2} \cdot \frac{n}{n+1},$$

因此

$$\lim_{n \to \infty} \frac{u_{n+1}}{u_n} = \frac{3}{2}.$$

根据比值判别法知, 级数 $\sum\limits_{n=1}^{\infty} \dfrac{3^n}{n \cdot 2^n}$ 发散.

例 4.2.9　判断级数 $\sum\limits_{n=1}^{\infty} \dfrac{n+1}{n(n+2)}$ 的敛散性.

解　记 $u_n = \dfrac{n+1}{n(n+2)} \geqslant 0 \ (n = 1, 2, \cdots)$, 则

$$\lim_{n \to \infty} \frac{u_{n+1}}{u_n} = \lim_{n \to \infty} \frac{n+2}{(n+1)(n+3)} \cdot \frac{n(n+2)}{n+1} = 1.$$

比值判别法失效, 无法判断级数的敛散性. 我们改用比较判别法.

由于

$$u_n = \frac{n+1}{n(n+2)} > \frac{1}{(n+2)},$$

而级数 $\sum\limits_{n=1}^{\infty} \dfrac{1}{n+2}$ 发散, 故由比较判别法知级数 $\sum\limits_{n=1}^{\infty} \dfrac{n+1}{n(n+2)}$ 发散.

定理 4.2.5 (根值判别法或 Cauchy(柯西) 判别法)　设 $\sum\limits_{n=1}^{\infty} u_n$ 是正项级数.
如果

$$\lim_{n \to \infty} \sqrt[n]{u_n} = \rho,$$

则

(1) 当 $\rho < 1$ 时, 级数 $\displaystyle\sum_{n=1}^{\infty} u_n$ 收敛;

(2) 当 $\rho > 1$(或 $\rho = +\infty$) 时, 级数 $\displaystyle\sum_{n=1}^{\infty} u_n$ 发散;

(3) 当 $\rho = 1$ 时, 级数 $\displaystyle\sum_{n=1}^{\infty} u_n$ 可能收敛, 也可能发散.

定理 4.2.5 的证明与定理 4.2.4 的证明类似, 在此从略.

例 4.2.10 设 $a > 0$, 讨论级数 $\displaystyle\sum_{n=1}^{\infty} \left(\frac{a}{n}\right)^n$ 的敛散性.

解 $u_n = (\frac{a}{n})^n \geqslant 0$, 因为

$$\lim_{n \to \infty} \sqrt[n]{\left(\frac{a}{n}\right)^n} = \lim_{n \to \infty} \frac{a}{n} = 0,$$

故由根值判别法知级数收敛.

例 4.2.11 讨论级数 $\displaystyle\sum_{n=1}^{\infty} 2^{-n-(-1)^n}$ 的敛散性.

解 $u_n = 2^{-n-(-1)^n} \geqslant 0$, 因为

$$\lim_{n \to \infty} \sqrt[n]{u_n} = \lim_{n \to \infty} 2^{-1-\frac{(-1)^n}{n}} = \frac{1}{2} < 1,$$

故由根值判别法知级数收敛.

4.2.2 交错级数及其判别法

定义 4.2.1 设 $u_n > 0$ $(n = 1, 2, \cdots)$, 称级数 $\displaystyle\sum_{n=1}^{\infty} (-1)^n u_n$ 或 $\displaystyle\sum_{n=1}^{\infty} (-1)^{n-1} u_n$ 为 **交错级数**.

由于 $\displaystyle\sum_{n=1}^{\infty} (-1)^{n-1} u_n = (-1) \sum_{n=1}^{\infty} (-1)^n u_n$, 所以我们仅对 $\displaystyle\sum_{n=1}^{\infty} (-1)^{n-1} u_n$ 的形式研究交错级数敛散性的判别法.

定理 4.2.6 (Leibniz(莱布尼茨) 判别法) 设有交错级数 $\displaystyle\sum_{n=1}^{\infty} (-1)^{n-1} u_n$, 如果它满足

(1) $u_n \geqslant u_{n+1}$ $(n = 1, 2, \cdots)$;

(2) $\lim\limits_{n \to \infty} u_n = 0$.

则交错级数 $\sum\limits_{n=1}^{\infty} (-1)^{n-1} u_n$ 收敛, 且其和 $S \leqslant u_1$, 余项

$|r_n| \leqslant u_{n+1}$.

4-2 交错级数判别法

证明　设 $\{S_n\}$ 为交错级数 $\sum\limits_{n=1}^{\infty} (-1)^{n-1} u_n$ 的前 n 项部分和数列. 将级数的前 $2n$ 部分和 S_{2n} 写成两种形式:

$$S_{2n} = (u_1 - u_2) + (u_3 - u_4) + \cdots + (u_{2n-1} - u_{2n});$$

$$S_{2n} = u_1 - (u_2 - u_3) - (u_4 - u_5) - \cdots - (u_{2n-2} - u_{2n-1}) - u_{2n}.$$

根据条件 (1) 知所有括号中的差都是非负的. 由第一种形式可见数列 $\{S_{2n}\}$ 是单调增加数列, 由第二种形式知 $S_{2n} \leqslant u_1$, 故 $\{S_{2n}\}$ 为单调有界数列, 从而 $\lim\limits_{n \to \infty} S_{2n}$ 存在.

设 $\lim\limits_{n \to \infty} S_{2n} = S$, 由条件 (2) 知 $\lim\limits_{n \to \infty} u_{2n+1} = 0$, 因此

$$\lim\limits_{n \to \infty} S_{2n+1} = \lim\limits_{n \to \infty} (S_{2n} + u_{2n+1}) = \lim\limits_{n \to \infty} S_{2n} + \lim\limits_{n \to \infty} u_{2n+1} = S.$$

这说明 $\lim\limits_{n \to \infty} S_n = S$, $\sum\limits_{n=1}^{\infty} (-1)^{n-1} u_n$ 收敛. 另外, 由于 $S_{2n} \leqslant u_1$, 因此, $S \leqslant u_1$.

类似前述讨论可知余项

$$|r_n| = \left| S - \sum\limits_{k=1}^{n} (-1)^{k-1} u_k \right| = u_{n+1} - u_{n+2} + u_{n+3} - \cdots$$

是一个交错级数, 满足定理的两个条件, 所以其和小于级数的第一项 u_{n+1}, 即

$$|r_n| \leqslant u_{n+1}.$$

　　　□

例 4.2.12　判断交错级数 $\sum\limits_{n=1}^{\infty} (-1)^{n-1} \dfrac{1}{n}$ 的敛散性.

解　因为 $u_n = \dfrac{1}{n}$, $u_{n+1} = \dfrac{1}{n+1}$, 可见

$$u_n > u_{n+1}, 且 \lim\limits_{n \to \infty} u_n = 0,$$

所以由 Leibniz 判别法知, 交错级数 $\sum\limits_{n=1}^{\infty} (-1)^{n-1} \dfrac{1}{n}$ 收敛.

例 4.2.13 讨论级数 $\sum\limits_{n=1}^{\infty} \dfrac{(-1)^{n-1}}{(2n-1)!(2n-1)}$ 的收敛性. 若取其前三项的和作为级数的和的近似值, 试估计其误差.

解 $u_n = \dfrac{1}{(2n-1)!(2n-1)}$, $u_{n+1} = \dfrac{1}{(2n+1)!(2n+1)}$,

显然 $u_n > u_{n+1}$, 且

$$\lim_{n\to\infty} u_n = \lim_{n\to\infty} \frac{1}{(2n-1)!(2n-1)} = 0,$$

因此所给级数收敛.

取前三项的和为级数的和 S 的近似值, 有

$$S \approx 1 - \frac{1}{3! \times 3} + \frac{1}{5! \times 5},$$

产生的误差 $|r_3| \leqslant u_4 = \dfrac{1}{7! \times 7} = \dfrac{1}{35280} < 0.0001$.

4.2.3 绝对收敛与条件收敛

设有级数

$$u_1 + u_2 + \cdots + u_n + \cdots,$$

其中 $u_n \ (n = 1, 2, \cdots)$ 是任意实数, 这样的级数叫做 **任意项级数**. 为了判别任意项级数的敛散性, 通常先考查其各项取绝对值组成的正项级数

$$|u_1| + |u_2| + \cdots + |u_n| + \cdots.$$

定义 4.2.2 设 $\sum\limits_{n=1}^{\infty} u_n$ 为一任意项级数, 如果正项级数 $\sum\limits_{n=1}^{\infty} |u_n|$ 收敛, 则称级数 $\sum\limits_{n=1}^{\infty} u_n$ **绝对收敛**; 如果 $\sum\limits_{n=1}^{\infty} u_n$ 收敛, 而 $\sum\limits_{n=1}^{\infty} |u_n|$ 发散, 则称级数 $\sum\limits_{n=1}^{\infty} u_n$ **条件收敛**.

由定义 4.2.2 知, 任何正项级数都绝对收敛. 但对任意项级数, 的确存在条件收敛的级数, 例如, 由例 4.2.12 知级数 $\sum\limits_{n=1}^{\infty} \dfrac{(-1)^n}{n}$ 收敛, 而 $\sum\limits_{n=1}^{\infty} \left| \dfrac{(-1)^n}{n} \right| = \sum\limits_{n=1}^{\infty} \dfrac{1}{n}$ 为调和级数, 是发散的, 所以 $\sum\limits_{n=1}^{\infty} \dfrac{(-1)^n}{n}$ 条件收敛.

对于绝对收敛我们有下面的结论:

定理 4.2.7 如果级数 $\sum\limits_{n=1}^{\infty} |u_n|$ 收敛, 则级数 $\sum\limits_{n=1}^{\infty} u_n$ 收敛.

证明 设 $v_n = \dfrac{1}{2}(|u_n| + u_n)$ $(n = 1, 2, \cdots)$，则 $0 \leqslant v_n \leqslant |u_n|$. 由于级数 $\displaystyle\sum_{n=1}^{\infty} |u_n|$ 收敛，所以由比较判别法知，级数 $\displaystyle\sum_{n=1}^{\infty} v_n$ 收敛.

注意到 $u_n = 2v_n - |u_n|$，所以由收敛级数的性质 4.1.1 和性质 4.1.2 知级数 $\displaystyle\sum_{n=1}^{\infty} u_n$ 收敛. □

例 4.2.14 证明 $\displaystyle\sum_{n=1}^{\infty} \dfrac{\sin na}{n^4}$ 是绝对收敛的.

解 因为 $\left| \dfrac{\sin na}{n^4} \right| \leqslant \dfrac{1}{n^4}$，而级数 $\displaystyle\sum_{n=1}^{\infty} \dfrac{1}{n^4}$ 收敛，所以级数 $\displaystyle\sum_{n=1}^{\infty} \left| \dfrac{\sin na}{n^4} \right|$ 收敛，级数 $\displaystyle\sum_{n=1}^{\infty} \dfrac{\sin na}{n^4}$ 绝对收敛.

例 4.2.15 讨论级数 $\displaystyle\sum_{n=1}^{\infty} (-1)^{n-1} \dfrac{n^3}{2^n}$ 是否收敛. 如果收敛，是绝对收敛还是条件收敛？

解 考虑级数 $\displaystyle\sum_{n=1}^{\infty} \dfrac{n^3}{2^n}$. 由于

$$\lim_{n\to\infty} \frac{u_{n+1}}{u_n} = \lim_{n\to\infty} \frac{(n+1)^3}{2^{n+1}} \bigg/ \frac{n^3}{2^n} = \frac{1}{2} \lim_{n\to\infty} \left(\frac{n+1}{n} \right)^3 = \frac{1}{2},$$

所以由比值判别法知，级数 $\displaystyle\sum_{n=1}^{\infty} \dfrac{n^3}{2^n}$ 收敛，故级数 $\displaystyle\sum_{n=1}^{\infty} (-1)^{n-1} \dfrac{n^3}{2^n}$ 是绝对收敛的.

例 4.2.16 讨论级数 $\displaystyle\sum_{n=1}^{\infty} (-1)^{n-1} \dfrac{1}{\sqrt{n}}$ 是否收敛. 如果收敛，是绝对收敛还是条件收敛？

解 由于 $\left| \dfrac{(-1)^{n-1}}{\sqrt{n}} \right| = \dfrac{1}{\sqrt{n}}$，而 $\displaystyle\sum_{n=1}^{\infty} \dfrac{1}{\sqrt{n}}$ 发散，所以级数 $\displaystyle\sum_{n=1}^{\infty} (-1)^{n-1} \dfrac{1}{\sqrt{n}}$ 不绝对收敛.

又由 Leibniz 判别法知，级数 $\displaystyle\sum_{n=1}^{\infty} (-1)^{n-1} \dfrac{1}{\sqrt{n}}$ 收敛，所以级数 $\displaystyle\sum_{n=1}^{\infty} (-1)^{n-1} \dfrac{1}{\sqrt{n}}$ 是条件收敛的.

例 4.2.17 判别级数 $\displaystyle\sum_{n=1}^{\infty} \dfrac{(-1)^n}{n - \ln n}$ 的收敛性.

解 因 $u_n = \dfrac{1}{n - \ln n} > 0$, 原级数是交错级数, 注意到 $\left| \dfrac{(-1)^n}{n - \ln n} \right| > \dfrac{1}{n}$, 故原级数不绝对收敛. 又因为

$$\lim_{n \to \infty} \frac{1}{n - \ln n} = \lim_{n \to \infty} \frac{1}{n\left(1 - \dfrac{\ln n}{n}\right)} = 0,$$

且由于函数 $f(x) = \dfrac{1}{x - \ln x}$, 当 $x > 1$ 时,

$$f'(x) = -\frac{1 - \dfrac{1}{x}}{(x - \ln x)^2} < 0,$$

因此 $f(x)$ 单调减少, 故

$$u_{n+1} < u_n, \quad n = 1, 2, \cdots.$$

从而由 Leibniz 判别法知, 级数 $\displaystyle\sum_{n=1}^{\infty} \frac{(-1)^n}{n - \ln n}$ 收敛. 因此, 原级数条件收敛.

习 题 4.2

1. 用比较判别法或其极限形式判别下列级数的敛散性:

(1) $\displaystyle\sum_{n=1}^{\infty} \frac{1}{\sqrt{n}}$;   (2) $\displaystyle\sum_{n=1}^{\infty} \frac{1}{(n+1)^2 - 1}$;

(3) $1 + \dfrac{1+2}{1+2^2} + \dfrac{1+3}{1+3^2} + \cdots$;

(4) $\sin \dfrac{\pi}{2} + \sin \dfrac{\pi}{2^2} + \sin \dfrac{\pi}{2^3} + \cdots$;

(5) $\displaystyle\sum_{n=1}^{\infty} \frac{1}{1 + a^n} (a > 0)$;   (6) $\displaystyle\sum_{n=1}^{\infty} \frac{1}{n \sqrt[n]{n}}$.

2. 用比值判别法判别下列级数的敛散性:

(1) $\displaystyle\sum_{n=1}^{\infty} \frac{n+2}{2^n}$;   (2) $\displaystyle\sum_{n=1}^{\infty} \frac{n^2}{3^n}$;

(3) $\displaystyle\sum_{n=1}^{\infty} \frac{2n-1}{(\sqrt{2})^n}$;   (4) $\displaystyle\sum_{n=1}^{\infty} \frac{(n!)^2}{2^{n^3}}$;

(5) $\displaystyle\sum_{n=1}^{\infty} \frac{3^n \cdot n!}{n^n}$;   (6) $\displaystyle\sum_{n=1}^{\infty} n \tan \frac{\pi}{2^{n+1}}$.

3. 用根值判别法判别下列级数的敛散性:

(1) $\displaystyle\sum_{n=1}^{\infty} \left(\frac{n}{2n+1} \right)^n$;

(2) $\displaystyle\sum_{n=1}^{\infty} \frac{1}{[\ln(n+1)]^n}$;

(3) $\displaystyle\sum_{n=1}^{\infty} \left(\frac{b}{a_n} \right)^n$, 其中 $a_n \to a \ (n \to \infty)$, a_n, a, b 均为正数, 且 $a \neq b$.

4. 用适当的方法判定下列级数的敛散性:

(1) $\dfrac{3}{4} + 2\left(\dfrac{3}{4}\right)^2 + 3\left(\dfrac{3}{4}\right)^3 + 4\left(\dfrac{3}{4}\right)^4 + \cdots$;

(2) $\dfrac{1^4}{1!} + \dfrac{2^4}{2!} + \dfrac{3^4}{3!} + \dfrac{4^4}{4!} + \cdots$;

(3) $\dfrac{1}{2 \times 1^2} + \dfrac{(2!)^2}{2 \times 2^2} + \dfrac{(3!)^2}{2 \times 3^2} + \cdots$;

(4) $\dfrac{1}{a+b} + \dfrac{1}{2a+b} + \dfrac{1}{3a+b} + \cdots \ (a > 0, b > 0)$;

(5) $\dfrac{1}{1+1^2} + \dfrac{2}{1+2^2} + \cdots + \dfrac{n}{1+n^2} + \cdots$;

(6) $\displaystyle\sum_{n=1}^{\infty} \frac{n \cos^2 \frac{n\pi}{3}}{2^n}$;

(7) $\dfrac{1}{1001} + \dfrac{2}{2001} + \cdots + \dfrac{n}{1000n+1} + \cdots$.

5. 判断下列级数是否收敛. 如果收敛, 指出是绝对收敛, 还是条件收敛?

(1) $\dfrac{1}{3} \cdot \dfrac{1}{2} - \dfrac{1}{3} \cdot \dfrac{1}{2^2} + \dfrac{1}{3} \cdot \dfrac{1}{2^3} - \dfrac{1}{3} \cdot \dfrac{1}{2^4} + \cdots$;

(2) $\dfrac{1}{\pi^2} \sin\dfrac{\pi}{2} - \dfrac{1}{\pi^3} \sin\dfrac{\pi}{3} + \dfrac{1}{\pi^4} \sin\dfrac{\pi}{4} - \cdots$;

(3) $\displaystyle\sum_{n=1}^{\infty} (-1)^{n-1} \frac{n^2}{3^{n-1}}$;   (4) $\displaystyle\sum_{n=1}^{\infty} (-1)^{n-1} \frac{2^{n^2}}{n!}$;

(5) $\displaystyle\sum_{n=1}^{\infty} (-1)^{n-1} \frac{\ln n}{n}$;   (6) $\displaystyle\sum_{n=1}^{\infty} (-1)^n \ln\frac{n}{n+1}$;

(7) $\displaystyle\sum_{n=1}^{\infty} \frac{(-1)^n}{n^p}$;   (8) $\displaystyle\sum_{n=1}^{\infty} \frac{(-1)^{n-1}}{(2n-1)^2}$.

6. 设常数 $\lambda > 0$, 级数 $\displaystyle\sum_{n=1}^{\infty} a_n^2$ 收敛, 讨论级数 $\displaystyle\sum_{n=1}^{\infty} (-1)^n \frac{|a_n|}{\sqrt{n^2+\lambda}}$ 是否收敛. 若收敛, 是条件收敛还是绝对收敛?

4.3 函数项级数

定义 4.3.1 设函数列

$$u_1(x), u_2(x), \cdots, u_n(x), \cdots$$

中的每项 $u_n(x)$ $(n = 1, 2, \cdots)$ 都在区间 I 上有定义，则将表达式

$$u_1(x) + u_2(x) + \cdots + u_n(x) + \cdots$$

称为定义在区间 I 内的 **函数项级数**, 记为 $\sum\limits_{n=1}^{\infty} u_n(x)$, 即

$$\sum_{n=1}^{\infty} u_n(x) = u_1(x) + \cdots + u_n(x) + \cdots. \tag{4.3.1}$$

对于确定的点 $x_0 \in I$, 将 $x = x_0$ 代入函数项级数 (4.3.1) 便成为常数项级数 $\sum\limits_{n=1}^{\infty} u_n(x_0)$, 这一常数项级数可能收敛, 也可能发散. 为此有以下定义.

定义 4.3.2 对于 $x_0 \in I$, 如果级数 $\sum\limits_{n=1}^{\infty} u_n(x_0)$ 收敛, 则称点 x_0 为函数项级数 (4.3.1) 的 **收敛点**, 否则称 x_0 为函数项级数 (4.3.1) 的 **发散点**.

为了今后叙述方便, 我们把级数 (4.3.1) 的所有收敛点所构成的集合称为级数 (4.3.1) 的 **收敛域**, 记为 D, 即 $D = \left\{ x \left| \sum\limits_{n=1}^{\infty} u_n(x) 收敛 \right. \right\}$.

收敛域 D 一般是区间 I 的子集; 也可能 $D = I$, 这时级数 (4.3.1) 在整个区间 I 上收敛; D 也可能是空集, 即 $D = \varnothing$, 此时级数 (4.3.1) 在区间 I 上任意点发散.

例 4.3.1 讨论几何级数

$$\sum_{n=1}^{\infty} x^{n-1} = 1 + x + x^2 + \cdots + x^{n-1} + \cdots \tag{4.3.2}$$

的收敛域.

解 由例 4.1.1 知, 级数 $\sum\limits_{n=1}^{\infty} x^n$ 当且仅当 $|x| < 1$ 时收敛, 因此级数 (4.3.2) 的收敛域是开区间 $(-1, 1)$.

例 4.3.2 求函数项级数

$$\mathrm{e}^{-x} + 2\mathrm{e}^{-2x} + \cdots + n\mathrm{e}^{-nx} + \cdots \tag{4.3.3}$$

的收敛域.

解　对每个给定的实数 x_0, 级数 (4.3.3) 为正项级数

$$e^{-x_0} + 2e^{-2x_0} + \cdots + ne^{-nx_0} + \cdots. \tag{4.3.4}$$

因为

$$\rho = \lim_{n \to \infty} \frac{(n+1)e^{-(n+1)x_0}}{ne^{-nx_0}} = e^{-x_0},$$

由比值判别法知,

(1) 当 $x_0 > 0$ 时,　$\rho < 1$, 级数 $\displaystyle\sum_{n=1}^{\infty} ne^{-nx_0}$ 收敛;

(2) 当 $x_0 < 0$ 时,　$\rho > 1$, 级数 $\displaystyle\sum_{n=1}^{\infty} ne^{-nx_0}$ 发散;

(3) 当 $x_0 = 0$ 时,　级数 $\displaystyle\sum_{n=1}^{\infty} ne^{-nx_0}$ 成为

$$1 + 2 + 3 + \cdots + n + \cdots,$$

是发散的.

综上所述, 级数 (4.3.3) 的收敛域是 $(0, +\infty)$.

对于函数项级数 (4.3.1), 若它的收敛域为 D, 则对应于 D 内任一点 x, 级数 (4.3.1) 成为收敛的常数项级数, 因而有确定的和 $S(x)$. 这样, 在收敛域 D 上, $S(x)$ 是 x 的函数, 称 $S(x)$ 为函数项级数的 **和函数**. 记为

$$S(x) = \sum_{n=1}^{\infty} u_n(x), \quad x \in D.$$

例如, 在例 4.3.1 中, 当 $x \in (-1, 1)$ 时,

$$1 + x + x^2 + \cdots + x^{n-1} + \cdots = \frac{1}{1-x},$$

因此, $\dfrac{1}{1-x}$ 是 $\displaystyle\sum_{n=1}^{\infty} x^{n-1}$ 的和函数.

4.4　幂级数

现在我们讨论函数项级数中最简单而应用最广泛的幂级数.

4.4.1 幂级数及其收敛域

定义 4.4.1 把形如

$$a_0 + a_1(x - x_0) + a_2(x - x_0)^2 + \cdots + a_n(x - x_0)^n + \cdots \tag{4.4.1}$$

的函数项级数称为关于 $(x - x_0)$ 的 **幂级数**, 记为 $\sum_{n=0}^{\infty} a_n(x - x_0)^n$, 即

$$\sum_{n=0}^{\infty} a_n(x - x_0)^n = a_0 + a_1(x - x_0) + a_2(x - x_0)^2 + \cdots + a_n(x - x_0)^n + \cdots,$$

其中 $a_0, a_1, \cdots, a_n, \cdots$ 为常数, 称为幂级数的系数.

我们先来讨论幂级数的收敛域问题, 为了研究问题的方便, 不妨设幂级数 (4.4.1) 中的 $x_0 = 0$, 即讨论幂级数

$$\sum_{n=0}^{\infty} a_n x^n = a_0 + a_1 x + a_2 x^2 + \cdots + a_n x^n + \cdots \tag{4.4.2}$$

的收敛域问题, 并将它称为 x 的幂级数. 这不影响讨论的一般性. 因为只需作代换 $t = x - x_0$, 就可将式 (4.4.1) 化成式 (4.4.2).

幂级数 (4.4.2) 是在整个实数域上有定义的. 那么它在哪些点处收敛, 哪些点处发散呢? 例如, 在例 4.3.1 中讨论的幂级数

$$1 + x + x^2 + \cdots + x^n + \cdots$$

是形如 (4.4.2) 的幂级数, 它的收敛域是以原点为中心的对称区间 $(-1, 1)$. 对于一般的幂级数 (4.4.2) 是否也有类似的规律呢? 回答是肯定的, 下面的定理可以说明这一点.

定理 4.4.1(Abel(阿贝尔) 定理)

(1) 如果当 $x = x_1$ $(x_1 \neq 0)$ 时幂级数 (4.4.2) 收敛, 则对于满足不等式 $|x| < |x_1|$ 的一切 x, 幂级数 (4.4.2) 绝对收敛.

(2) 如果当 $x = x_2$ 时幂级数 (4.4.2) 发散, 则对于满足不等式 $|x| > |x_2|$ 的一切 x, 幂级数 (4.4.2) 发散.

证明 (1) 由于 x_1 是幂级数的收敛点, 即级数 $\sum_{n=0}^{\infty} a_n x_1^n$ 收敛, 由级数收敛的必要条件知 $\lim_{n \to \infty} a_n x_1^n = 0$, 从而数列 $\{a_n x_1^n\}$ 有界, 即总存在正的常数 M, 使

$$|a_n x_1^n| \leqslant M, \quad n = 0, 1, 2, \cdots.$$

由于 $|x| < |x_1|$, 所以

$$|a_n x^n| = \left| a_n x_1^n \cdot \frac{x^n}{x_1^n} \right| \leqslant |a_n x_1^n| \left| \frac{x}{x_1} \right|^n \leqslant M \left| \frac{x}{x_1} \right|^n, \quad n = 0, 1, 2, \cdots.$$

注意到 $\sum\limits_{n=0}^{\infty} M \left| \dfrac{x}{x_1} \right|^n$ 是收敛的等比级数 $\left($ 公比 $q = \left| \dfrac{x}{x_1} \right| < 1 \right)$，由比较判别法

知 $\sum\limits_{n=0}^{\infty} |a_n x^n|$ 收敛，即级数 (4.4.2) 绝对收敛.

(2) 用反证法. 假设有 x'，满足 $|x'| > |x_2|$，并使 $\sum\limits_{n=0}^{\infty} a_n (x')^n$ 收敛，则由 (1)

知 $\sum\limits_{n=0}^{\infty} a_n x_2^n$ 收敛，与题设矛盾. 从而结论 (2) 成立.   □

Abel 定理给出了幂级数收敛域的结构情况，即若点 x_0 是幂级数 (4.4.2) 的收敛点，则到坐标原点的距离比点 x_0 近的点都是幂级数 (4.4.2) 的收敛点；若点 x_0 是幂级数的发散点，则到坐标原点的距离比点 x_0 远的点都是该幂级数的发散点.

数轴上的点不是幂级数 (4.4.2) 的收敛点就是发散点. 显然 $x = 0$ 是其收敛点. 假设级数 (4.4.2) 不仅仅在 $x = 0$ 处收敛，也不是在整个数轴上收敛，设想从原点出发沿数轴向右行进，先遇到的点必然都是收敛点，一旦遇到了一个发散点，那么以后遇到的都是发散点. 自原点向左也有类似的情况. 因此，它在原点的左右两侧各有一个临界点 M 及 M'，由定理 4.4.1 可知它们到原点的距离是一样的，记这个距离为 R. 因此，有如下的推论：

推论 4.4.1 如果幂级数 (4.4.2) 不是仅在 $x = 0$ 一点收敛，也不是在实数轴上每一点都收敛，则必存在唯一的正数 R，使得

(1) 当 $|x| < R$ 时，幂级数 (4.4.2) 绝对收敛；

(2) 当 $|x| > R$ 时，幂级数 (4.4.2) 发散；

(3) 当 $|x| = R$ 时，幂级数 (4.4.2) 可能收敛，也可能发散.

证明从略.

我们把满足推论 (4.4.1) 中的实数 R 称为幂级数 (4.4.2) 的 **收敛半径**，幂级数 (4.4.2) 在 $(-R, R)$ 内是收敛的. 我们将开区间 $(-R, R)$ 称为幂级数 (4.4.2) 的 **收敛区间**. 由于在区间端点 $x = \pm R$ 处幂级数的敛散性需另行确定，因此幂级数的收敛域有四种情形：$(-R, R), [-R, R], [-R, R)$ 或 $(-R, R]$.

特殊地，如果幂级数 (4.4.2) 只在 $x = 0$ 点收敛，则规定其收敛半径 $R = 0$. 如果幂级数 (4.4.2) 对一切 $x \in (-\infty, +\infty)$ 均收敛，则规定其收敛半径 $R = +\infty$.

这样，幂级数总是有收敛半径的.

由此可见，讨论幂级数的收敛问题，要先求出收敛半径，再讨论在收敛区间端点处幂级数的敛散性，就可以确定收敛域了. 下面的定理给出了收敛半径的一种计算方法.

定理 4.4.2 设 $\sum\limits_{n=0}^{\infty} a_n x^n$ 为幂级数，且

$$\lim_{n \to \infty} \left| \frac{a_{n+1}}{a_n} \right| = \rho,$$

R 为其收敛半径. 则

(1) 若 $0 < \rho < +\infty$, 则 $R = \dfrac{1}{\rho}$.

(2) 若 $\rho = 0$, 则 $R = +\infty$.

(3) 若 $\rho = +\infty$, 则 $R = 0$.

证明 由于 $\lim\limits_{n \to \infty} \left| \dfrac{a_{n+1}}{a_n} \right| = \rho$, 所以对固定的 x 有

$$\lim_{n \to \infty} \left| \frac{a_{n+1} x^{n+1}}{a_n x^n} \right| = \rho |x|.$$

由正项级数的比值判别法可知

(1) 设 $0 < \rho < +\infty$, 则当 $\rho |x| < 1$, 即 $|x| < \dfrac{1}{\rho}$ 时, 级数 $\sum\limits_{n=0}^{\infty} |a_n x^n|$ 收敛; 当 $\rho |x| > 1$, 即 $|x| > \dfrac{1}{\rho}$ 时, 级数 $\sum\limits_{n=0}^{\infty} |a_n x^n|$ 发散, 故 $R = \dfrac{1}{\rho}$.

(2) 当 $\rho = 0$ 时, 对所有的 x, 级数 $\sum\limits_{n=0}^{\infty} |a_n x^n|$ 都收敛, 故 $R = +\infty$.

(3) 当 $\rho = +\infty$ 时, 只有 $x = 0$ 时, 级数 $\sum\limits_{n=0}^{\infty} |a_n x^n|$ 收敛, 故 $R = 0$. □

例 4.4.1 求幂级数 $\sum\limits_{n=1}^{\infty} (-1)^{n+1} \dfrac{x^n}{n}$ 的收敛半径和收敛域.

解 由定理 4.4.2 知,

$$\rho = \lim_{n \to \infty} \left| \frac{a_{n+1}}{a_n} \right| = \lim_{n \to \infty} \left(\frac{1}{n} \bigg/ \frac{1}{n+1} \right) = 1.$$

故收敛半径为 $R = \dfrac{1}{\rho} = 1$.

当 $x = 1$ 时, 级数 $\sum\limits_{n=1}^{\infty} (-1)^{n+1} \dfrac{x^n}{n} = \sum\limits_{n=1}^{\infty} \dfrac{(-1)^{n+1}}{n}$ 为交错级数, 由例 4.2.12 知它是收敛的.

当 $x = -1$ 时, 级数 $\sum\limits_{n=1}^{\infty} (-1)^{n+1} \dfrac{(-1)^n}{n} = -\sum\limits_{n=1}^{\infty} \dfrac{1}{n}$ 为调和级数, 发散. 所以, 原级数的收敛域为 $(-1, 1]$.

例 4.4.2 求下列幂级数的收敛域:

(1) $\sum\limits_{n=0}^{\infty} n! x^n$;

(2) $x - \dfrac{x^3}{3!} + \dfrac{x^5}{5!} - \dfrac{x^7}{7!} + \cdots + (-1)^{n-1}\dfrac{x^{2n-1}}{(2n-1)!} + \cdots$;

(3) $\displaystyle\sum_{n=0}^{\infty} 2^n x^{2n}$;

(4) $1 - (2x+3)^2 + (2x+3)^4 - (2x+3)^6 + \cdots$.

解 (1) 记 $a_n = n!$. $\rho = \lim\limits_{n\to\infty}\left|\dfrac{a_{n+1}}{a_n}\right| = +\infty$, 由定理 4.4.2 知 $\displaystyle\sum_{n=0}^{\infty} n!x^n$ 的收敛半径 $R = 0$. 从而收敛域为 $\{0\}$.

(2) 由于级数缺偶数项, 故不能直接应用定理 4.4.2 求级数的收敛半径. 我们采用比值判别法求收敛域. 记 $u_n(x) = (-1)^{n-1}\dfrac{x^{2n-1}}{(2n-1)!}$. 则对于任意 x, 有

$$\lim_{n\to\infty}\left|\frac{u_{n+1}(x)}{u_n(x)}\right| = \lim_{n\to\infty}\left|\frac{x^{2n+1}}{(2n+1)!}\bigg/\frac{x^{2n-1}}{(2n-1)!}\right|$$
$$= \lim_{n\to\infty}\frac{1}{(2n+1)(2n)}|x|^2$$
$$= 0,$$

所以由比值判别法知, 级数处处收敛, 从而收敛域为 $(-\infty, +\infty)$.

(3) 此级数缺奇数项, 与 (2) 的方法类似, 记 $u_n(x) = 2^n x^{2n}$, 则

$$\lim_{n\to\infty}\left|\frac{u_{n+1}(x)}{u_n(x)}\right| = \lim_{n\to\infty}\left|\frac{2^{n+1}x^{2n+2}}{2^n x^{2n}}\right| = 2x^2.$$

由比值判别法知, 当 $2x^2 < 1$, 即 $|x| < \dfrac{1}{\sqrt{2}}$ 时, 幂级数收敛; 当 $2x^2 > 1$, 即 $|x| > \dfrac{1}{\sqrt{2}}$ 时, 幂级数发散; 当 $2x^2 = 1$ 时, 得级数 $\displaystyle\sum_{n=0}^{\infty} 1$, 是发散的. 所以级数的收敛域为 $\left(-\dfrac{1}{\sqrt{2}}, \dfrac{1}{\sqrt{2}}\right)$.

实际上, 将原级数改写为 $\displaystyle\sum_{n=0}^{\infty}(2x^2)^n \xlongequal{q=2x^2} \sum_{n=0}^{\infty} q^n$, 则由等比级数的收敛域为 $|q| < 1$ 得, 原级数的收敛域为 $2x^2 < 1$, 即 $|x| < \dfrac{1}{\sqrt{2}}$.

(4) 令 $2x+3 = t$, 则原级数变为

$$1 - t^2 + t^4 - t^6 + \cdots + (-1)^n t^{2n} + \cdots.$$

上述新级数缺奇次项, 与 (2)、(3) 类似, 若设 $u_n(t) = (-1)^n t^{2n}$, 则

$$\lim_{n\to\infty}\left|\frac{u_{n+1}(t)}{u_n(t)}\right| = \lim_{n\to\infty}\left|\frac{t^{2n+2}}{t^{2n}}\right| = t^2.$$

于是仅当 $t^2 < 1$, 即 $-1 < t < 1$ 时, 新级数收敛. 将 $2x + 3 = t$ 代入, 得原级数的收敛域为 $-2 < x < -1$.

另外, 利用根值判别法, 还可以证明: 如果 $\lim\limits_{n \to \infty} \sqrt[n]{|a_n|} = \rho$, 则幂级数 $\sum\limits_{n=0}^{\infty} a_n x^n$ 的收敛半径为

$$
R = \begin{cases} 0, & \rho = +\infty, \\[2mm] \dfrac{1}{\rho}, & 0 < \rho < +\infty, \\[2mm] +\infty, & \rho = 0. \end{cases}
$$

也可以利用这种办法求幂级数的收敛半径.

4.4.2 幂级数的运算与性质

1. 幂级数的运算

设幂级数 $\sum\limits_{n=0}^{\infty} a_n x^n$ 及 $\sum\limits_{n=0}^{\infty} b_n x^n$ 的收敛半径分别为 R_1, R_2, 如果 $R = \min\{R_1, R_2\}$, 则在 $(-R, R)$ 内有

(1) $\sum\limits_{n=0}^{\infty} a_n x^n \pm \sum\limits_{n=0}^{\infty} b_n x^n = \sum\limits_{n=0}^{\infty} (a_n \pm b_n) x^n$;

(2) $\left(\sum\limits_{n=0}^{\infty} a_n x^n \right) \left(\sum\limits_{n=0}^{\infty} b_n x^n \right) = \sum\limits_{n=0}^{\infty} c_n x^n$, $\qquad\qquad$ (4.4.3)

其中 $c_n = \sum\limits_{k=0}^{n} a_k b_{n-k}$.

证明从略. 值得注意的是, 两个幂级数相加减或相乘得到的幂级数, 其收敛半径 $R \geqslant \min\{R_1, R_2\}$.

2. 和函数的性质

设幂级数 $\sum\limits_{n=0}^{\infty} a_n x^n$ 的收敛半径为 R, 和函数为 $S(x)$, 即

$$
S(x) = \sum_{n=0}^{\infty} a_n x^n, \quad x \in (-R, R).
$$

则幂级数的和函数有如下重要性质 (证明从略):

(1) 连续性　$S(x)$ 在 $(-R, R)$ 内连续, 且当 $\sum\limits_{n=0}^{\infty} a_n x^n$ 在 $x = R$(或 $x = -R$) 处收敛时, $S(x)$ 在 $x = R$ 处左连续 (或在 $x = -R$ 处右连续).

(2) 逐项微分　$S(x)$ 在 $(-R, R)$ 内可导, 并可逐项求导, 即

$$S'(x) = \left(\sum_{n=0}^{\infty} a_n x^n\right)' = \sum_{n=0}^{\infty} (a_n x^n)' = \sum_{n=1}^{\infty} n a_n x^{n-1}, \quad x \in (-R, R),$$

且逐项求导后得到的幂级数 $\sum\limits_{n=1}^{\infty} n a_n x^{n-1}$ 与原幂级数的收敛半径相同.

(3) 逐项积分　$S(x)$ 在 $(-R, R)$ 内的任何子区间上可积, 并可逐项积分, 即对任意 $x \in (-R, R)$ 有

$$\int_0^x S(x)\mathrm{d}x = \int_0^x \left(\sum_{n=0}^{\infty} a_n x^n\right) \mathrm{d}x = \sum_{n=0}^{\infty} \int_0^x a_n x^n \mathrm{d}x = \sum_{n=0}^{\infty} \frac{1}{n+1} a_n x^{n+1},$$

且逐项积分后得到的幂级数 $\sum\limits_{n=0}^{\infty} \frac{1}{n+1} a_n x^{n+1}$ 与原幂级数收敛半径相同.

利用这些性质可知幂级数的和函数在收敛区间内具有任意阶导数, 并且可以求出一些幂级数的和函数.

4-3 幂级数的和函数

例 4.4.3　求幂级数 $\sum\limits_{n=0}^{\infty} (1+n) x^n$ 在收敛域内的和函数.

解　首先, 容易求得该幂级数的收敛域为 $(-1, 1)$.

由于

$$x + x^2 + \cdots + x^n + \cdots = \frac{x}{1-x}, \quad |x| < 1,$$

且 $(n+1) x^n = \left(x^{n+1}\right)'$, 所以由逐项微分性质得, 当 $|x| < 1$ 时,

$$\sum_{n=0}^{\infty} (1+n) x^n = \sum_{n=0}^{\infty} \left(x^{n+1}\right)' = \left(\sum_{n=0}^{\infty} x^{n+1}\right)'$$

$$= \left(\frac{x}{1-x}\right)' = \frac{1}{(1-x)^2}.$$

所以

$$\sum_{n=0}^{\infty} (1+n) x^n = \frac{1}{(1-x)^2}, \quad |x| < 1.$$

例 4.4.4　求 $\sum\limits_{n=0}^{\infty} \frac{1}{2n+1} x^{2n+1}$ 在收敛域 $(-1, 1)$ 内的和函数, 并求常数项级数

$$\sum_{n=0}^{\infty} \frac{1}{2n+1} \left(\frac{1}{2}\right)^{2n+1}$$

的和.

解 设

$$S(x) = \sum_{n=0}^{\infty} \frac{1}{2n+1} x^{2n+1}, \quad |x| < 1.$$

由逐项微分公式有

$$S'(x) = \sum_{n=0}^{\infty} x^{2n} = \sum_{n=0}^{\infty} (x^2)^n$$
$$= 1 + x^2 + x^4 + \cdots + x^{2n} + \cdots$$
$$= \frac{1}{1-x^2}, \quad |x| < 1.$$

对上式两端从 0 到 x 积分, 得

$$S(x) - S(0) = \int_0^x \frac{1}{1-x^2} \mathrm{d}x = \frac{1}{2} \ln \frac{1+x}{1-x}, \quad |x| < 1.$$

又 $S(0) = 0$, 故 $S(x) = \frac{1}{2} \ln \frac{1+x}{1-x}, |x| < 1.$ 从而

$$\sum_{n=0}^{\infty} \frac{1}{2n+1} \left(\frac{1}{2}\right)^{2n+1} = S\left(\frac{1}{2}\right) = \frac{1}{2} \ln \frac{1 + \frac{1}{2}}{1 - \frac{1}{2}}$$
$$= \frac{1}{2} \ln 3.$$

习　题　4.4

1. 求下列级数的收敛区间:

(1) $\dfrac{x}{2} + \dfrac{1}{2}\left(\dfrac{x}{2}\right)^2 + \dfrac{1}{3}\left(\dfrac{x}{2}\right)^3 + \cdots + \dfrac{1}{n}\left(\dfrac{x}{2}\right)^n + \cdots$;

(2) $x - \dfrac{x^2}{5\sqrt{2}} + \dfrac{x^3}{5\sqrt{3}} - \dfrac{x^4}{5\sqrt{4}} + \cdots$;

(3) $x + \dfrac{x^3}{3 \times 3!} + \dfrac{x^5}{5 \times 5!} + \dfrac{x^7}{7 \times 7!} + \cdots$;

(4) $\displaystyle\sum_{n=1}^{\infty} (-1)^n \dfrac{x^{2n+1}}{2n+1}$;

(5) $\displaystyle\sum_{n=1}^{\infty} \dfrac{2n-1}{2^n} x^{2n-2}$;

(6) $\displaystyle\sum_{n=1}^{\infty} \frac{(x-5)^n}{\sqrt{n}}$;

(7) $\displaystyle\sum_{n=1}^{\infty} nx^n$;

(8) $\displaystyle\sum_{n=1}^{\infty} 10^n x^n$.

2. 利用逐项求导或逐项积分, 求下列级数在收敛区间内的和函数:

(1) $\displaystyle\sum_{n=1}^{\infty} nx^{n-1} \; (-1 < x < 1)$;

(2) $\displaystyle\sum_{n=1}^{\infty} \frac{x^{4n+1}}{4n+1} \; (-1 < x < 1)$;

(3) $\displaystyle\sum_{n=1}^{\infty} \frac{x^{n+1}}{n(n+1)} \; (-1 < x < 1)$;

(4) $\displaystyle\sum_{n=0}^{\infty} \frac{x^n}{n+1} \; (-1 < x < 1)$, 并求级数 $\displaystyle\sum_{n=0}^{\infty} \frac{1}{n+1} \left(\frac{1}{2}\right)^{n+1}$ 的和.

4.5　函数的幂级数展开

4.5.1　Taylor 级数

在上节中, 我们研究了求幂级数在收敛区间内的和函数的问题. 但在一些实际问题中, 往往需要研究它的反问题, 即将一个已知函数 $f(x)$ 在某一区间内用一个幂级数表示. 就是说, 能否找到这样一个幂级数, 它在某一区间内收敛, 且和函数恰好是给定的函数 $f(x)$? 如果能找到这样的幂级数, 就称函数 $f(x)$ 在该区间内能展开成幂级数, 称该幂级数为函数 $f(x)$ 的幂级数展开式.

那么这个函数 $f(x)$ 需要具备什么条件才能展开成幂级数? 这个幂级数的形式如何?

在上册我们已经讲过, 如果函数 $f(x)$ 在点 $x = x_0$ 的某个邻域 $U(x_0)$ 具有 $n+1$ 阶导数, 则有 n 阶 Taylor(泰勒) 公式:

$$f(x) = f(x_0) + f'(x_0)(x - x_0) + \cdots + \frac{f^{(n)}(x_0)}{n!}(x - x_0)^n + R_n(x)$$

$$= P_n(x) + R_n(x)$$

成立, 其中 $R_n(x)$ 为 Lagrange(拉格朗日) 型余项,

$$R_n(x) = \frac{f^{(n+1)}(\xi)}{(n+1)!}(x - x_0)^{n+1},$$

这里 ξ 是介于 x 与 x_0 之间的某一点. 这表明, $f(x)$ 可用 n 次多项式 $P_n(x) = \sum_{k=0}^{n} \frac{f^{(k)}(x_0)}{k!}(x-x_0)^k$ 来近似表达, 其误差为 $|R_n(x)|$. 如果 $|R_n(x)|$ 随着 n 的增大而减小, 那么我们就可以用增加多项式 $P_n(x)$ 的次数来提高用 $P_n(x)$ 逼近 $f(x)$ 的精度.

现假设 $f(x)$ 在 x_0 点的某个邻域 $U(x_0)$ 内具有任意阶导数 $f^{(k)}(x)(k = 1, 2, \cdots)$, 并记 $f^{(0)}(x) = f(x)$, 构造幂级数

$$\sum_{k=0}^{\infty} \frac{f^{(k)}(x_0)}{k!}(x-x_0)^k. \tag{4.5.1}$$

称式 (4.5.1) 为 $f(x)$ 在 x_0 点的 **Taylor 级数**. 如果式 (4.5.1) 在 $U(x_0)$ 内的和函数恰好为 $f(x)$, 则称 $f(x)$ 在 x_0 处可展成 Taylor 级数 (也称为关于 $(x - x_0)$ 的幂级数).

根据 4.4 节的讨论, 幂级数 (4.5.1) 的收敛域是一点或一个区间. 那么 $f(x)$ 的 Taylor 级数在其收敛域内是否一定收敛到 $f(x)$ 呢? 下面的定理回答了这个问题.

定理 4.5.1 设函数 $f(x)$ 在 $x = x_0$ 点的某个邻域 $U(x_0)$ 内有任意阶导数, 且 $f(x)$ 在 x_0 点的 Taylor 公式为

$$f(x) = \sum_{k=0}^{n} \frac{f^{(k)}(x_0)}{k!}(x-x_0)^k + R_n(x),$$

则 $f(x)$ 在 x_0 点的某个邻域 $U(x_0)$ 内可以展开 Taylor 级数的充分必要条件是对于任意 $x \in U(x_0)$, 有

$$\lim_{n \to \infty} R_n(x) = 0.$$

证明 必要性: 设 $f(x)$ 在 $U(x_0)$ 内可以展开成 Taylor 级数, 即

$$f(x) = \sum_{k=0}^{\infty} \frac{f^{(k)}(x_0)}{k!}(x-x_0)^k$$

或

$$f(x) = \lim_{n \to \infty} \sum_{k=0}^{n} \frac{f^{(k)}(x_0)}{k!}(x-x_0)^k.$$

令 $R_n(x) = f(x) - \sum_{k=0}^{n} \frac{f^{(k)}(x_0)}{k!}(x-x_0)^k$, 则显然有

$$\lim_{n \to \infty} R_n(x) = \lim_{n \to \infty} \left(f(x) - \sum_{k=0}^{n} \frac{f^{(k)}(x_0)}{k!}(x-x_0)^k \right) = f(x) - f(x) = 0,$$

其中 $x \in U(x_0)$.

充分性：设 $\lim\limits_{n \to \infty} R_n(x) = 0$，则由 Taylor 公式有

$$f(x) = \sum_{k=0}^{n} \frac{f^{(k)}(x_0)}{k!}(x - x_0)^k + R_n(x),$$

所以

$$f(x) = \lim_{n \to \infty} \sum_{k=0}^{n} \frac{f^{(k)}(x_0)}{k!}(x - x_0)^k = \sum_{k=0}^{\infty} \frac{f^{(k)}(x_0)}{k!}(x - x_0)^k,$$

故 $f(x)$ 在 x_0 点可以展成 Taylor 级数 $\sum\limits_{k=0}^{\infty} \frac{f^{(k)}(x_0)}{k!}(x - x_0)^k$. □

对于上述定理大家要注意：

(1) $f(x)$ 在 x_0 点的幂级数展成式是唯一的，如果设 $f(x)$ 又可以展成 $\sum\limits_{k=0}^{\infty} b_k(x - x_0)^k$，则必有 $b_k = \frac{f^{(k)}(x_0)}{k!}$ $(k = 0, 1, 2 \cdots)$. 证明从略.

这也说明函数 $f(x)$ 在 x_0 点如能展成幂级数，则该幂级数一定是 $f(x)$ 在 x_0 处的 Taylor 级数.

(2) 由 Taylor 公式可以知道，对于在 x_0 点的某个邻域 $U(x_0)$ 内有任意阶导数的函数 $f(x)$ 都可以从形式上构造出其 Taylor 级数 (4.5.1). 那么该级数是否收敛？若收敛，是否以 $f(x)$ 为和函数？定理 4.5.1 回答了这一问题，即当且仅当 $\lim\limits_{n \to \infty} R_n(x) = 0$ 时，(4.5.1) 是收敛的，且其和函数为 $f(x)$.

(3) 由定理 4.5.1 还可以看出，当 $f(x)$ 在 x_0 可以展成幂级数时，其有限项 $\sum\limits_{k=0}^{n} \frac{f^{(k)}(x_0)}{k!}(x - x_0)^k$ 在 x_0 点的邻域较好地接近于 $f(x)$，但是在其他点近似程度可能不好.

(4) 当 $x_0 = 0$ 时，$f(x)$ 的 Taylor 级数

$$\sum_{n=0}^{\infty} \frac{f^{(n)}(0)}{n!} x^n$$

称为 $f(x)$ 的 **Maclaurin(麦克劳林) 级数**(也称为 x 的幂级数). 这是我们常用的一种 Taylor 级数形式.

4.5.2　函数的幂级数展开步骤

由定理 4.5.1 可以得到函数 $f(x)$ 在 $x = x_0$ 处展开成幂级数的一般步骤：

第一步　求出 $f(x)$ 在 x_0 处的函数值及各阶导数 $f(x_0)$, $f'(x_0)$, $f''(x_0)$, $\cdots$, $f^{(n)}(x_0)$, $\cdots$.

第二步 得到幂级数 $\sum\limits_{k=0}^{\infty}\dfrac{f^{(k)}(x_0)}{k!}(x-x_0)^k$，并求出收敛半径 R.

第三步 对于任意 $x \in (-R, R)$，证明

$$\lim_{n\to\infty} R_n(x) = 0.$$

就可得到 $f(x)$ 在 x_0 处的幂级数展开式

$$f(x) = \sum_{k=0}^{\infty}\frac{f^{(k)}(x_0)}{k!}(x-x_0)^k, \quad x \in (-R, R).$$

只有证明了 $\lim\limits_{n\to\infty} R_n(x) = 0$ 后，第二步写出的幂级数才是 $f(x)$ 的幂级数展开式.

例 4.5.1 将下列函数展开成 x 的幂级数：

(1) $f(x) = \mathrm{e}^x$;   (2) $f(x) = \sin x$;

(3) $f(x) = (1+x)^m$，其中 m 是任一实数.

解 (1) 因为

$$f(x) = \mathrm{e}^x, \quad f^{(n)}(x) = \mathrm{e}^x, \quad n = 1, 2, \cdots,$$

所以，$f(0) = f^{(n)}(0) = 1, (n = 1, 2, \cdots)$，于是有级数

$$1 + x + \frac{x^2}{2!} + \cdots + \frac{x^n}{n!} + \cdots,$$

它的收敛半径 $R = +\infty$.

考查余项的绝对值，对于任意实数 x，存在 ξ，使 $0 < |\xi| < |x|$，

$$|R_n(x)| = \left|\frac{\mathrm{e}^\xi}{(n+1)!}x^{n+1}\right| < \frac{\mathrm{e}^{|x|}}{(n+1)!}|x|^{n+1}.$$

因为对于任意实数 x，$\mathrm{e}^{|x|}$ 是有限值，而 $\dfrac{|x|^{n+1}}{(n+1)!}$ 是收敛级数 $\sum\limits_{n=0}^{\infty}\dfrac{|x|^{n+1}}{(n+1)!}$ 的一般项. 根据级数收敛的必要条件有

$$\lim_{n\to\infty}\frac{|x|^{n+1}}{(n+1)!} = 0,$$

所以

$$\lim_{n\to\infty}\frac{\mathrm{e}^{|x|}}{(n+1)!}|x|^{n+1} = 0,$$

即

$$\lim_{n\to\infty} R_n(x) = 0.$$

因此有展开式

$$\mathrm{e}^x = 1 + x + \frac{x^2}{2!} + \frac{x^3}{3!} + \cdots + \frac{x^n}{n!} + \cdots, \quad -\infty < x < +\infty.$$

(2) 因为 $f(x) = \sin x$ 的 n 阶导数为

$$f^{(n)}(x) = \sin\left(x + n \cdot \frac{\pi}{2}\right), \quad n = 1, 2, \cdots,$$

所以

$$f^{(k)}(0) = \begin{cases} 0, & k = 2n, \\ (-1)^n, & k = 2n+1, \end{cases} \quad n = 0, 1, 2, \cdots.$$

于是得级数

$$x - \frac{x^3}{3!} + \frac{x^5}{5!} - \cdots + (-1)^n \frac{x^{2n+1}}{(2n+1)!} + \cdots,$$

它的收敛半径 $R = +\infty$.

考查余项的绝对值 $|R_n(x)|$, 对于任意实数 x, 存在 ξ, 使 $0 < |\xi| < |x|$,

$$|R_n(x)| = \left| \frac{\sin\left(\xi + \dfrac{n+1}{2}\pi\right)}{(n+1)!} x^{n+1} \right| \leqslant \frac{|x|^{n+1}}{(n+1)!} \to 0 \ (n \to \infty).$$

所以, 有

$$\lim_{n \to \infty} R_n(x) = 0.$$

因此有展开式

$$\sin x = x - \frac{x^3}{3!} + \frac{x^5}{5!} - \cdots + (-1)^n \frac{x^{2n+1}}{(2n+1)!} + \cdots, \quad -\infty < x < +\infty.$$

(3) $f(x) = (1+x)^m$ 的各阶导数为

$$f'(x) = m(1+x)^{m-1};$$

$$f''(x) = m(m-1)(1+x)^{m-2};$$

$$\vdots$$

$$f^{(n)}(x) = m(m-1)(m-2)\cdots(m-n+1)(1+x)^{m-n};$$

$$\vdots$$

所以

$$f(0) = 1, \quad f^{(k)}(0) = m(m-1)\cdots(m-k+1), \quad k = 1, 2, \cdots.$$

于是得级数

$$1 + mx + \frac{m(m-1)}{2!}x^2 + \cdots + \frac{m(m-1)\cdots(m-n+1)}{n!}x^n + \cdots.$$

由于

$$\lim_{n\to\infty}\left|\frac{a_{n+1}}{a_n}\right| = \left|\frac{m-n}{n+1}\right| = 1,$$

所以它的收敛半径 $R = 1$, 即对任意实数 m, 该级数在 $(-1, 1)$ 内收敛. 它的余项很繁琐, 这里略去讨论余项的过程. 因此, 有展开式

$$f(x) = (1+x)^m = 1 + mx + \frac{m(m-1)}{2!}x^2 + \cdots$$

$$+ \frac{m(m-1)\cdots(m-n+1)}{n!}x^n + \cdots \quad (-1 < x < 1). \tag{4.5.2}$$

式 (4.5.2) 也称为二项式级数. 特殊地, 当 m 为正整数时, 级数为 x 的 m 次多项式.

对应于 $m = \dfrac{1}{2}$ 与 $m = -\dfrac{1}{2}$ 时 $f(x)$ 的二项展开式分别为

$$\sqrt{1+x} = 1 + \frac{1}{2}x - \frac{1}{2\times4}x^2 + \frac{1\times3}{2\times4\times6}x^3 - \frac{1\times3\times5}{2\times4\times6\times8}x^4 + \cdots, -1 \leqslant x \leqslant 1;$$

$$\frac{1}{\sqrt{1+x}} = 1 - \frac{1}{2}x + \frac{1\times3}{2\times4}x^2 - \frac{1\times3\times5}{2\times4\times6}x^3 + \frac{1\times3\times5\times7}{2\times4\times6\times8}x^4 + \cdots, -1 < x \leqslant 1.$$

通过上面的例子可以看到这种方法计算量较大且余项也不易估计. 由于函数的幂级数展开式是唯一的, 有时可以利用一些已知的函数展开式和收敛域, 经过适当的代换及运算, 如四则运算, 逐项求导, 逐项积分等, 求出所给函数的幂级数展开式. 这种方法称为间接展开法. 间接展开法需要掌握一些常用的函数关于 x 的幂级数展开式及收敛半径. 例如:

(1) $\dfrac{1}{1-x} = \displaystyle\sum_{n=0}^{\infty} x^n = 1 + x + x^2 + \cdots + x^n + \cdots, \quad x \in (-1, 1);$

(2) $\mathrm{e}^x = \displaystyle\sum_{n=0}^{\infty} \frac{x^n}{n!} = 1 + x + \frac{x^2}{2!} + \cdots + \frac{x^n}{n!} + \cdots, \quad x \in (\infty, +\infty);$

(3) $\sin x = \displaystyle\sum_{n=0}^{\infty} (-1)^n \frac{x^{2n+1}}{(2n+1)!} = x - \frac{x^3}{3!} + \frac{x^5}{5!} - \cdots + (-1)^n \frac{x^{2n+1}}{(2n+1)!} + \cdots,$

$$x \in (-\infty, +\infty);$$

(4) $\cos x = \sum_{n=0}^{\infty} (-1)^n \dfrac{x^{2n}}{(2n)!} = 1 - \dfrac{x^2}{2!} + \dfrac{x^4}{4!} - \cdots + (-1)^n \dfrac{x^{2n}}{(2n)!} + \cdots,$

$$x \in (-\infty, +\infty);$$

(5) $\ln(1+x) = \sum_{n=0}^{\infty} (-1)^n \dfrac{x^{n+1}}{n+1} = x - \dfrac{x^2}{2} + \dfrac{x^3}{3} - \cdots + (-1)^n \dfrac{x^{n+1}}{n+1} + \cdots,$

$$x \in (-1, 1];$$

(6) $(1+x)^m = 1 + mx + \dfrac{m(m-1)}{2!} x^2 + \cdots + \dfrac{m(m-1)\cdots(m-n+1)}{n!} x^n + \cdots,$

$$x \in (-1, 1).$$

以上展开式中的前 3 个和第 6 个均已讲过, 而 $\cos x$, $\ln(1+x)$ 的展开式可用间接展开法求得.

例 4.5.2 将 $f(x) = \cos x$ 展开为 x 的幂级数.

解 因为 $\sin x$ 的导数是 $\cos x$, 而

$$\sin x = \sum_{n=0}^{\infty} (-1)^n \frac{x^{2n+1}}{(2n+1)!} = x - \frac{x^3}{3!} + \frac{x^5}{5!} - \cdots + (-1)^n \frac{x^{2n+1}}{(2n+1)!} + \cdots,$$

在收敛区间 $(-\infty, +\infty)$ 内逐项求导, 就得到 $\cos x$ 的幂级数的展开式:

$$\cos x = \sum_{n=0}^{\infty} (-1)^n \frac{x^{2n}}{(2n)!} = 1 - \frac{x^2}{2!} + \frac{x^4}{4!} - \cdots + (-1)^n \frac{x^{2n}}{(2n)!} + \cdots, \quad x \in (\infty, +\infty).$$

例 4.5.3 将 $f(x) = \ln(1+x)$ 展开为 x 的幂级数.

解 因为

$$\frac{1}{1+x} = \sum_{n=0}^{\infty} (-1)^n x^n = 1 - x + x^2 + \cdots + (-1)^n x^n + \cdots, \quad x \in (-1, 1),$$

从 0 到 x 逐项积分, 得

$$\ln(1+x) = \int_0^x \frac{\mathrm{d}t}{1+t} = x - \frac{x^2}{2} + \frac{x^3}{3} - \cdots + (-1)^n \frac{x^{n+1}}{n+1} + \cdots, \quad x \in (-1, 1].$$

上述展开式对 $x = 1$ 也成立, 由此可得

$$\ln 2 = 1 - \frac{1}{2} + \frac{1}{3} - \cdots + (-1)^{n-1} \frac{1}{n} + \cdots$$

例 4.5.4 将函数 $f(x) = x \arctan x$ 展开为 x 的幂级数.

解 因为

$$\arctan x = \int_0^x \frac{1}{1+x^2} \mathrm{d}x,$$

而 $\dfrac{1}{1+x^2}$ 的幂级数展开式为

$$\frac{1}{1+x^2} = 1 - x^2 + x^4 - x^6 + \cdots + (-1)^n x^{2n} + \cdots, \quad |x| < 1,$$

所以，从 0 到 x 逐项积分，并注意到积分后的展开式在 $x = \pm 1$ 处也成立，得

$$\arctan x = x - \frac{x^3}{3} + \frac{x^5}{5} - \frac{x^7}{7} + \cdots + (-1)^n \frac{x^{2n+1}}{2n+1} + \cdots, \quad -1 \leqslant x \leqslant 1.$$

上式两端同时乘以 x，便得

$$x \arctan x = x^2 - \frac{x^4}{3} + \frac{x^6}{5} - \cdots + (-1)^n \frac{x^{2n+2}}{2n+1} + \cdots, \quad -1 \leqslant x \leqslant 1.$$

例 4.5.5 将函数 $f(x) = \sin x$ 展开为 $\left(x - \dfrac{\pi}{4}\right)$ 的幂级数.

解 由于

$$\sin x = \sin\left[\frac{\pi}{4} + \left(x - \frac{\pi}{4}\right)\right]$$

$$= \sin\frac{\pi}{4}\cos\left(x - \frac{\pi}{4}\right) + \cos\frac{\pi}{4}\cos\left(x - \frac{\pi}{4}\right)$$

$$= \frac{\sqrt{2}}{2}\left[\cos\left(x - \frac{\pi}{4}\right) + \sin\left(x - \frac{\pi}{4}\right)\right],$$

由 $\sin x$ 与 $\cos x$ 的 x 的幂级数展开式得

$$\cos\left(x - \frac{\pi}{4}\right) = 1 - \frac{\left(x - \dfrac{\pi}{4}\right)^2}{2!} + \frac{\left(x - \dfrac{\pi}{4}\right)^4}{4!} - \cdots, \quad x \in (-\infty, +\infty),$$

$$\sin\left(x - \frac{\pi}{4}\right) = \left(x - \frac{\pi}{4}\right) - \frac{\left(x - \dfrac{\pi}{4}\right)^3}{3!} + \frac{\left(x - \dfrac{\pi}{4}\right)^5}{5!} - \cdots, \quad x \in (-\infty, +\infty).$$

因此所求函数 $f(x) = \sin x$ 的展开式为

$$\sin x = \frac{\sqrt{2}}{2}\left[1 + \left(x - \frac{\pi}{4}\right) - \frac{\left(x - \dfrac{\pi}{4}\right)^2}{2!} - \frac{\left(x - \dfrac{\pi}{4}\right)^3}{3!}\right.$$

$$\left. + \frac{\left(x - \dfrac{\pi}{4}\right)^4}{4!} + \frac{\left(x - \dfrac{\pi}{4}\right)^5}{5!} - \cdots\right], \quad x \in (-\infty, +\infty).$$

例 4.5.6 将函数 $f(x) = \dfrac{1}{x}$ 在 $x_0 = 3$ 处展开为 Taylor 级数.

解 将函数 $f(x)$ 在 $x_0 = 3$ 处展开为 Taylor 级数，也就是展开为 $(x-3)$ 的幂级数. 由于

$$f(x) = \frac{1}{x} = \frac{1}{3 + (x-3)} = \frac{1}{3} \times \frac{1}{1 + \dfrac{x-3}{3}},$$

将展开式

$$\frac{1}{1-x} = 1 + x + x^2 + \cdots + x^{n-1} + \cdots \quad (-1 < x < 1)$$

中的 x 换成 $-\dfrac{x-3}{3}$，得

$$\frac{1}{1 + \dfrac{x-3}{3}}$$

$$= 1 - \frac{(x-3)}{3} + \frac{(x-3)^2}{3^2} + \cdots + (-1)^{n-1}\frac{(x-3)^{n-1}}{3^{n-1}} + \cdots, \quad 0 < x < 6.$$

所以，$f(x) = \dfrac{1}{x}$ 在 $x_0 = 3$ 处展开成 Taylor 级数为

$$\frac{1}{x} = \frac{1}{3} - \frac{1}{3^2}(x-3) + \frac{1}{3^3}(x-3)^2$$

$$- \cdots + (-1)^{n-1}\frac{(x-3)^{n-1}}{3^n} + \cdots, \quad 0 < x < 6.$$

习　题　4.5

1. 将下列函数展开成 x 的幂级数，并求展开式成立的区间：

(1) $y = a^x$;　　　　　　　　　　(2) $y = x^2 e^{x^2}$;

(3) $y = \sin\dfrac{x}{2}$;　　　　　　　　(4) $y = \sin^2 x$;

(5) $y = \arcsin x \quad (|x| < 1)$;　　(6) $y = \displaystyle\int_0^x e^{-t^2} dt$;

(7) $y = \ln(1 - x - 2x^2)$;　　　　(8) $y = \dfrac{x}{\sqrt{1+x^2}}$.

2. 将下列函数展开成 $(x-1)$ 的幂级数，并求其收敛区间：

(1) $\dfrac{1}{x}$;　(2) $\ln x$;　(3) $\lg x$;　(4) $\sqrt{x^3}$.

3. 将函数 $f(x) = \dfrac{1}{x^2 + 3x + 2}$ 展成 $(x+4)$ 的幂级数.

4. 展开 $\dfrac{\mathrm{d}}{\mathrm{d}x}\left(\dfrac{\mathrm{e}^x-1}{x}\right)$ 为 x 的幂级数, 并证明

$$\sum_{n=1}^{\infty}\frac{n}{(n+1)!}=1.$$

4.6 Taylor 级数的应用

4.6.1 函数值的近似计算

利用函数幂级数的展开式可以在展开式的收敛域内计算函数的近似值, 通过适当选取多项式的项数, 可以达到预先指定的精度要求.

例 4.6.1 计算 $\sqrt[9]{522}$ 的近似值, 要求精确到 10^{-4}.

解 因为

$$\sqrt[9]{522}=2\left(1+\frac{10}{2^9}\right)^{\frac{1}{9}},$$

所以在二项式级数中取 $\alpha=\dfrac{1}{9},x=\dfrac{10}{2^9}$, 则得

$$\sqrt[9]{522}=2\left(1+\frac{10}{2^9}\right)^{\frac{1}{9}}=2\left[1+\frac{1}{9}\times\frac{10}{2^9}+\frac{\dfrac{1}{9}\left(\dfrac{1}{9}-1\right)}{2!}\times\frac{10^2}{2^{18}}+\cdots\right].$$

由于

$$\frac{\dfrac{1}{9}\times\dfrac{8}{9}}{2!}\times\frac{10^2}{2^{18}}\approx 0.000019<10^{-4},$$

而上述级数为收敛的交错级数 $\sum(-1)^{n-1}u_n$, 故有估计式 $|s-s_n|\leqslant u_{n+1}$. 由此可知, 取级数的前两项的和作为近似值即可达到要求, 所以

$$\sqrt[9]{522}\approx 2(1+0.00217)\approx 2.0043.$$

例 4.6.2 计算 $\ln 2$ 的近似值, 要求精确到 10^{-4}.

解 把展开式

$$\ln(1+x)=x-\frac{x^2}{2}+\frac{x^3}{3}-\frac{x^4}{4}+\cdots\quad(-1<x\leqslant 1)$$

中的 x 换成 $-x$, 得

$$\ln(1-x)=-x-\frac{x^2}{2}-\frac{x^3}{3}-\frac{x^4}{4}-\cdots\quad(-1\leqslant x<1),$$

两式相减, 得到不含偶次项的展开式:

$$\ln \frac{1+x}{1-x} = \ln(1+x) - \ln(1-x)$$
$$= 2\left(x + \frac{1}{3}x^3 + \frac{1}{5}x^5 + \cdots\right), \quad -1 < x < 1.$$

令 $\dfrac{1+x}{1-x} = 2$, 解出 $x = \dfrac{1}{3}$, 以 $x = \dfrac{1}{3}$ 代入上式, 得

$$\ln 2 = 2\left(\frac{1}{3} + \frac{1}{3} \times \frac{1}{3^3} + \frac{1}{5} \times \frac{1}{3^5} + \frac{1}{7} \times \frac{1}{3^7} + \cdots\right),$$

如果取前四项作为 $\ln 2$ 的近似值, 则误差为

$$|R_4| = 2\left(\frac{1}{9} \times \frac{1}{3^9} + \frac{1}{11} \times \frac{1}{3^{11}} + \frac{1}{13} \times \frac{1}{3^{13}} + \cdots\right),$$
$$< \frac{2}{3^{11}}\left[1 + \frac{1}{9} + \left(\frac{1}{9}\right)^2 + \cdots\right]$$
$$= \frac{2}{3^{11}} \times \frac{1}{1 - \dfrac{1}{9}} = \frac{1}{4 \times 3^9} < \frac{1}{70000}.$$

于是取

$$\ln 2 = 2\left(\frac{1}{3} + \frac{1}{3} \times \frac{1}{3^3} + \frac{1}{5} \times \frac{1}{3^5} + \frac{1}{7} \times \frac{1}{3^7}\right) \approx 0.6931.$$

4.6.2　求积分的近似值

由于有些初等函数的原函数不能用初等函数表示, 所以其定积分不能用 Newton-Leibniz(牛顿 - 莱布尼茨) 公式计算. 但如果其被积函数可在积分区间内写成幂级数, 我们便利用幂级数可以逐项积分的性质来计算出其积分的近似值.

例 4.6.3　计算积分

$$\int_0^1 \frac{\sin x}{x} \mathrm{d}x$$

的近似值, 精确到 10^{-4}.

解　因为 $\displaystyle\int \frac{\sin x}{x} \mathrm{d}x$ 不能用初等函数来表达, 现在利用幂级数来计算它, 把被积函数展开, 有

$$\frac{\sin x}{x} = 1 - \frac{x^2}{3!} + \frac{x^4}{5!} - \frac{x^6}{7!} + \cdots, \quad x \in (-\infty, +\infty).$$

逐项积分得

$$\int_0^x \frac{\sin x}{x} \mathrm{d}x = x - \frac{x^3}{3 \times 3!} + \frac{x^5}{5 \times 5!} - \frac{x^7}{7 \times 7!} + \cdots, \quad x \in (-\infty, +\infty).$$

令 $x = 1$, 得

$$\int_0^1 \frac{\sin x}{x} \mathrm{d}x = 1 - \frac{1}{3 \times 3!} + \frac{1}{5 \times 5!} - \frac{1}{7 \times 7!} + \cdots.$$

这是一个交错级数, 由于

$$\frac{1}{7 \times 7!} < \frac{1}{30000},$$

所以可用前三项作为积分的近似值:

$$\int_0^1 \frac{\sin x}{x} \mathrm{d}x \approx 1 - \frac{1}{3 \times 3!} + \frac{1}{5 \times 5!} \approx 0.9461.$$

习　题　4.6

1. 利用函数的幂级数的前两项, 求下列算式的近似值, 并估计误差:

(1) $\sqrt[5]{250}$;　　(2) $\sqrt[3]{1.015}$;　　(3) $\mathrm{e}^{-\frac{1}{4}}$.

2. 求 $\cos 10°$ 的近似值, 要求准确到第四位小数.

3. 利用被积函数的幂级数展开式, 计算下列积分值, 并准确到 0.001:

(1) $\displaystyle\int_0^2 \frac{\sin x}{x} \mathrm{d}x$;　　　(2) $\displaystyle\int_0^{\frac{1}{2}} \frac{\arctan x}{x} \mathrm{d}x$;

(3) $\displaystyle\int_0^{0.5} \frac{1}{1+x^4} \mathrm{d}x$;　　(4) $\displaystyle\int_{0.1}^{0.2} \frac{\mathrm{e}^{-x}}{x^3} \mathrm{d}x$.

4-4 第 4 章小结

总 习 题 4

A　题

1. 选择题

(1) 若级数 $\displaystyle\sum_{n=1}^{\infty} u_n$ 收敛, 且 $S_n = \displaystyle\sum_{i=1}^{n} u_i$, 则下列命题正确的是 (　　).

(A) $\displaystyle\lim_{n \to \infty} S_n = 0$　　　　　　(B) $\displaystyle\lim_{n \to \infty} S_n$ 存在

(C) $\displaystyle\lim_{n \to \infty} S_n$ 可能不存在　　(D) $\{S_n\}$ 为单调数列

(2) 当满足条件 (　　) 时, $\displaystyle\sum_{n=1}^{\infty}(-1)^n u_n\ (u_n > 0)$ 收敛.

(A) $u_{n+1} \leqslant u_n\ (n = 1, 2, \cdots)$ 　　　　(B) $\displaystyle\lim_{n\to\infty} u_n = 0$

(C) $u_{n+1} \leqslant u_n\ (n = 1, 2, \cdots)$, 且 $\displaystyle\lim_{n\to\infty} u_n = 0$ 　(D) $\displaystyle\sum_{n=1}^{\infty} \frac{u_n}{n^2}$ 收敛

(3) 下列级数中条件收敛的是 (　　).

(A) $\displaystyle\sum_{n=1}^{\infty}(-1)^n \frac{n^{\frac{3}{2}}}{n+1}$ 　　　　(B) $\displaystyle\sum_{n=1}^{\infty}(-1)^n \frac{1}{\sqrt{n}}$

(C) $\displaystyle\sum_{n=1}^{\infty}(-1)^n \frac{1}{n^2}$ 　　　　(D) $\displaystyle\sum_{n=1}^{\infty}(-1)^n \sqrt{n}$

(4) 若 $|a_n|$ 为单调递减数列, 且 $a_n > 0\ (n = 1, 2, \cdots)$. 级数 $\displaystyle\sum_{n=1}^{\infty}(-1)^{n-1} a_n$ 发散, 则下列命题正确的有 (　　).

(A) $\displaystyle\lim_{n\to\infty} a_n = 0$ 　　　　　　　　(B) $\displaystyle\lim_{n\to\infty} a_n = a \neq 0$

(C) $\displaystyle\lim_{n\to\infty} a_n$ 存在, 可能为零, 也可能不为零　(D) $\displaystyle\lim_{n\to\infty} a_n$ 可能不存在

(5) 级数 $\displaystyle\sum_{n=1}^{\infty}(-1)^n \left(1 - \cos\frac{\alpha}{n}\right)$ (常数 $\alpha > 0$)(　　).

(A) 发散　　(B) 条件收敛　　(C) 绝对收敛　　(D) 收敛性与 α 有关

(6) 设 $0 \leqslant a_n < \dfrac{1}{n}(n = 1, 2, \cdots)$, 则下列级数中肯定收敛的是 (　　).

(A) $\displaystyle\sum_{n=1}^{\infty} a_n$ 　(B) $\displaystyle\sum_{n=1}^{\infty}(-1)^n a_n$ 　(C) $\displaystyle\sum_{n=1}^{\infty} \sqrt{a_n}$ 　(D) $\displaystyle\sum_{n=1}^{\infty}(-1)^n a_n^2$

(7) 下列各选项正确的是 (　　).

(A) 若 $\displaystyle\sum_{n=1}^{\infty} u_n^2$ 和 $\displaystyle\sum_{n=1}^{\infty} v_n^2$ 都收敛, 则 $\displaystyle\sum_{n=1}^{\infty}(u_n + v_n)^2$ 收敛

(B) 若 $\displaystyle\sum_{n=1}^{\infty} |u_n v_n|$ 收敛, 则 $\displaystyle\sum_{n=1}^{\infty} u_n^2$ 和 $\displaystyle\sum_{n=1}^{\infty} v_n^2$ 都收敛

(C) 若正项级数 $\displaystyle\sum_{n=1}^{\infty} u_n$ 发散, 则 $u_n \geqslant \dfrac{1}{n}$

(D) 若级数 $\displaystyle\sum_{n=1}^{\infty} u_n$ 收敛, 且 $u_n \geqslant v_n\ (n = 1, 2, \cdots)$, 则级数 $\displaystyle\sum_{n=1}^{\infty} u_n$ 也收敛

(8) 若 $\displaystyle\sum_{n=1}^{\infty} a_n(x-1)^n$ 在 $x = -1$ 收敛, 则此级数在 $x = 2$ 处 (　　).

(A) 条件收敛   (B) 绝对收敛   (C) 发散   (D) 收敛性不能确定

2. 填空题

(1) 若级数 $\sum\limits_{n=1}^{\infty} u_n$ 的部分和数列 $\{S_n\}$ 为 $\left\{\dfrac{2n}{n+1}\right\}$, 则 $u_n = $ _____,

$\sum\limits_{n=1}^{\infty} u_n = $ _____.

(2) 若级数 $\sum\limits_{n=1}^{\infty} \dfrac{(-1)^n + a}{n}$ (a 为常数) 收敛, 则 a 的取值为 _____.

(3) 若级数 $\sum\limits_{n=1}^{\infty} u_n$ 绝对收敛, 则级数 $\sum\limits_{n=1}^{\infty} u_n$ 必定 _____; 若级数 $\sum\limits_{n=1}^{\infty} u_n$ 条件收敛, 则级数 $\sum\limits_{n=1}^{\infty} |u_n|$ 必定 _____.

(4) $\sum\limits_{n=1}^{\infty} n! x^n$ 的收敛半径为 _____.

(5) $\sum\limits_{n=1}^{\infty} \dfrac{x^n}{2^n}$ 的收敛域为 _____.

(6) $\sum\limits_{n=1}^{\infty} \dfrac{x^{2n+1}}{3^n}$ 的收敛域为 _____.

(7) 设幂级数 $\sum\limits_{n=0}^{\infty} a_n x^n$ 的收敛区间为 $(-3,3)$, 则幂级数 $\sum\limits_{n=0}^{\infty} n a_n (x-1)^{n-1}$ 的收敛区间为 _____.

(8) 幂级数 $\sum\limits_{n=1}^{\infty} \dfrac{(x-2)^{2n}}{n4^n}$ 的收敛域为 _____.

(9) 幂级数 $\sum\limits_{n=1}^{\infty} \dfrac{n}{2^n + (-3)^n} x^{2n-1}$ 的收敛半径 $R = $ _____.

(10) 若幂级数 $\sum\limits_{n=0}^{\infty} a^{n^2} x^n$ ($a > 0$) 的收敛域为 $(-\infty, +\infty)$, 则 a 应满足 _____.

3. 判定下列级数的敛散性:

(1) $\sum\limits_{n=1}^{\infty} \dfrac{n!}{n^n}$;

(2) $\sum\limits_{n=1}^{\infty} \dfrac{3n-1}{2^n}$;   (3) $\sum\limits_{n=1}^{\infty} \dfrac{n}{2n^2+1}$;

(4) $\sum\limits_{n=1}^{\infty} \dfrac{(n+1)!}{n^{n+1}}$;

(5) $\sum\limits_{n=2}^{\infty} \dfrac{1}{\ln^{10} n}$;   (6) $\sum\limits_{n=1}^{\infty} \dfrac{a^n}{n^s}$ ($a > 0, s > 0$);

(7) $\sum\limits_{n=1}^{\infty} \int_0^{\frac{1}{n}} \dfrac{x}{1+x} \mathrm{d}x$;   (8) $\sum\limits_{n=2}^{\infty} \dfrac{1}{\sqrt[n]{\ln n}}$.

4. 设级数 $\displaystyle\sum_{n=1}^{\infty} a_n$ 的前 n 项部分和为 $S_n = \dfrac{1}{n+1} + \dfrac{1}{n+2} + \cdots + \dfrac{1}{n+n}$, 求级数的一般项 a_n 及和 S.

5. 设正项级数 $\displaystyle\sum_{n=1}^{\infty} u_n$ 和 $\displaystyle\sum_{n=1}^{\infty} v_n$ 都收敛, 证明级数 $\displaystyle\sum_{n=1}^{\infty} u_n v_n$ 及级数 $\displaystyle\sum_{n=1}^{\infty} (u_n + v_n)^2$ 均收敛.

6. 讨论下列级数的绝对收敛性与条件收敛性:

(1) $\displaystyle\sum_{n=1}^{\infty} (-1)^{n-1} \dfrac{\sin n}{\pi^n}$;   (2) $\displaystyle\sum_{n=1}^{\infty} (-1)^n \ln\left(1 + \dfrac{1}{\sqrt{n}}\right)$.

7. 试求下列极限:

(1) $\displaystyle\lim_{n\to\infty} \dfrac{2^n n!}{n^n}$;   (2) $\displaystyle\lim_{n\to\infty} \dfrac{n^k}{a^n}\ (a>1)$;   (3) $\displaystyle\lim_{n\to\infty} \dfrac{n^n}{(n!)^2}$.

8. 设 $\displaystyle\lim_{n\to\infty} n a_n = a \neq 0$, 求证 $\displaystyle\sum_{n=1}^{\infty} a_n$ 发散.

9. 求下列幂级数的和函数:

(1) $\displaystyle\sum_{n=1}^{\infty} \dfrac{1}{n 2^n} x^{n-1}$;   (2) $\displaystyle\sum_{n=1}^{\infty} (-1)^{n-1} \dfrac{x^{2n+1}}{(2n)^2 - 1}$;

(3) $\displaystyle\sum_{n=1}^{\infty} \dfrac{n^2}{n!} x^n$;   (4) $\displaystyle\sum_{n=1}^{\infty} n(x-1)^n$.

10. 求下列数项级数的和:

(1) $\displaystyle\sum_{n=1}^{\infty} \dfrac{1}{n 2^n}$;   (2) $\displaystyle\sum_{n=0}^{\infty} (-1)^n \dfrac{1}{3n+1}$.

11. 将下列函数展开成 x 的幂级数:

(1) $f(x) = \dfrac{12 - 5x}{6 - 5x - x^2}$;   (2) $f(x) = \ln(1 + x + x^2)$;

(3) $f(x) = \arctan \dfrac{1+x}{1-x}$;   (4) $f(x) = \displaystyle\int_0^x \cos t^2 \mathrm{d}t$.

B 题

1. 设 $a_n \geqslant 0\ (n = 1, 2, \cdots)$, 试证: 若级数 $\displaystyle\sum_{n=1}^{\infty} a_n$ 收敛, 则级数 $\displaystyle\sum_{n=1}^{\infty} a_n^2$, $\displaystyle\sum_{n=1}^{\infty} \sqrt{a_n a_{n+1}}$, $\displaystyle\sum_{n=1}^{\infty} \dfrac{\sqrt{a_n}}{n}$ 都收敛.

2. 设 $\sum\limits_{n=1}^{\infty} a_n$ 收敛, 且 $\lim\limits_{n\to\infty} na_n = 0$, 求证 $\sum\limits_{n=1}^{\infty} n(a_n - a_{n+1})$ 收敛且 $\sum\limits_{n=1}^{\infty} n(a_n - a_{n+1}) = \sum\limits_{n=1}^{\infty} a_n$.

3. 已知函数 $f(x)$ 在 $x = 0$ 的某邻域内具有二阶连续可导, 且 $\lim\limits_{x\to 0} \dfrac{f(x)}{x} = 0$, 证明级数 $\sum\limits_{n=1}^{\infty} f\left(\dfrac{1}{n}\right)$ 绝对收敛.

4. 将 $f(x) = \ln \dfrac{x}{1+x}$ 展开为 $(x-1)$ 的幂级数.

5. 设 $f(x) = \sum\limits_{n=0}^{\infty} a_n x^n, \quad x \in (-R, R)$. 证明: 若 $f(x)$ 为奇函数, 则级数 $\sum\limits_{n=0}^{\infty} a_n x^n$ 中仅出现奇数次幂的项, 若 $f(x)$ 为偶数, 则级数 $\sum\limits_{n=0}^{\infty} a_n x^n$ 中仅出现偶数次幂的项.

6. 试求极限 $\lim\limits_{n\to\infty} \left(\dfrac{1}{a} + \dfrac{2}{a^2} + \cdots + \dfrac{n}{a^n}\right)$, 其中 $a > 1$.

7. 设正项级数 $\sum\limits_{n=1}^{\infty} a_n$ 发散, $S_n = a_1 + a_2 + \cdots + a_n$. 证明: $\sum\limits_{n=1}^{\infty} \dfrac{a_n}{S_n^2}$ 收敛.

第 4 章自测题

第 5 章　微分方程

在研究事物的发展规律时, 经常要研究变量之间的函数关系. 一般来讲, 直接得到函数关系的问题并不是很多. 而实际中大量问题都是从问题本身出发建立起关于未知函数及其某些导数的等式 —— 微分方程, 再从此等式中求出未知函数或者通过研究微分方程获得未知函数的信息. 本章的目的是建立微分方程, 并研究几种常见的常微分方程的求解方法.

5.1　微分方程的基本概念

5.1.1　几个具体例子

例 5.1.1　已知曲线过点 $(1,0)$, 且其上任一点处切线的斜率等于该点横坐标平方的 3 倍, 求曲线方程.

解　设曲线方程为 $y = f(x)$, 根据导数的几何意义知道, 曲线上任一点处的切线斜率就是函数 $y = f(x)$ 在该点处的导数 $\dfrac{\mathrm{d}y}{\mathrm{d}x}$, 因此有

$$\frac{\mathrm{d}y}{\mathrm{d}x} = 3x^2, \tag{5.1.1}$$

此外还应满足下列条件:

$$\text{当 } x = 1 \text{ 时}, \quad y = 0. \tag{5.1.2}$$

对式 (5.1.1) 两端积分, 得

$$y = \int 3x^2 \mathrm{d}x = x^3 + C, \tag{5.1.3}$$

其中 C 为任意常数. 将条件 (5.1.2) 代入式 (5.1.3), 得

$$C = -1.$$

即得所求曲线为

$$y = x^3 - 1. \tag{5.1.4}$$

例 5.1.2　某商品的需求量 Q 对价格 P 的弹性为 $P \ln 3$. 已知该商品的最大需求量为 1200(即当 $P = 0$ 时, $Q = 1200$), 求需求量 Q 与价格 P 的函数关系.

解　设价格为 P 时, 需求量 $Q = Q(P)$. 由题意有

$$\frac{P}{Q} \frac{\mathrm{d}Q}{\mathrm{d}P} = -P \ln 3, \tag{5.1.5}$$

即

$$\frac{\mathrm{d}Q}{Q} = -\ln 3 \mathrm{d}P. \tag{5.1.6}$$

且满足条件:

$$当 P = 0 \text{ 时}, \quad Q = 1200. \tag{5.1.7}$$

对式 (5.1.6) 两端积分, 得

$$Q = Ce^{-\ln 3 \cdot P}, \tag{5.1.8}$$

其中 C 是任意常数.

将条件 (5.1.7) 代入式 (5.1.8), 得

$$C = 1200.$$

将 $C = 1200$ 代入式 (5.1.8), 即得所求需求量 Q 与价格 P 的函数关系为

$$Q = 1200 \times 3^{-P}. \tag{5.1.9}$$

5.1.2 微分方程的概念

由前面的两个例子可以看出, 虽然它们所代表的具体问题各不相同, 但是, 在解决这些问题的过程中, 都遇到了包含有未知函数的导数的方程:

$$\frac{\mathrm{d}y}{\mathrm{d}x} = 3x^2, \quad \frac{P}{Q}\frac{\mathrm{d}Q}{\mathrm{d}P} = -P\ln 3.$$

这些方程都是微分方程.

一般地, 称表示未知函数、未知函数的导数 (或微分) 与自变量之间的关系的方程为 **微分方程**.

应该指出, 在微分方程中, 可以不明显出现自变量或未知函数, 但必须含有未知函数的导数或微分.

未知函数为一元函数的微分方程, 称为常微分方程, 如方程 (5.1.1) 和 (5.1.5) 都是常微分方程; 未知函数是多元函数, 从而出现多元函数的偏导数的微分方程, 称为偏微分方程. 例如, 方程

$$\frac{\partial^2 z}{\partial x^2} + \frac{\partial^2 z}{\partial y^2} = z$$

是偏微分方程. 本章只讨论常微分方程, 并将它简称为微分方程.

微分方程中出现的未知函数的各阶导数的最高阶数, 称为微分方程的阶. 例如, 方程 (5.1.1) 和 (5.1.5) 都是一阶微分方程.

方程

$$y'' + x^2 y' + xy = 0$$

和

$$y'' = -ay^2 \quad (a \text{ 为常数})$$

是二阶微分方程.

方程

$$y^{(n)} + a_1 y^{(n-1)} + \cdots + a_n y = \mathrm{e}^x$$

是 n 阶微分方程.

n 阶微分方程的一般形式为

$$F(x, y, y', \cdots, y^{(n)}) = 0.$$

如果某函数满足微分方程, 就是说, 如果用这个函数及其导数代入微分方程时, 能使微分方程成为恒等式, 这个函数就是 **微分方程的解**.

例如, 函数 (5.1.4) 是微分方程 (5.1.1) 的解; 函数 (5.1.9) 是微分方程 (5.1.5) 的解.

再如, $y = \sin x$ 和 $y = \cos x$ 都是微分方程

$$y'' + y = 0$$

的解.

如果微分方程的解中含有任意常数, 且相互独立的任意常数的个数等于微分方程的阶数, 这样的解称为 **微分方程的通解**. 这里所说的独立的任意常数是指它们不能合并而使任意常数的个数减少.

如例 5.1.1 中的式 (5.1.3) 是微分方程 (5.1.1) 的通解, 例 5.1.2 中的式 (5.1.8) 是微分方程 (5.1.5) 的通解. 再如 $y = C_1 \sin x + C_2 \cos x$ 是微分方程

$$y'' + y = 0$$

的通解.

许多实际问题, 在给出微分方程的同时, 还给出方程中的未知函数所必须满足的一些条件, 通过这些条件, 可以确定通解中的任意常数的值, 这样的条件称为 **定解条件**.

如果微分方程是一阶的, 常用的定解条件是:

$$\text{当} x = x_0 \text{ 时}, \quad y = y_0,$$

或写成

$$y|_{x=x_0} = y_0,$$

其中 x_0, y_0 是给定的数值；如果微分方程是二阶的，常用的定解条件是：

$$\text{当} x = x_0 \text{ 时}, \quad y = y_0, \quad y' = y_1,$$

或写成

$$y|_{x=x_0} = y_0, \quad y'|_{x=x_0} = y_1,$$

其中 x_0, y_0 和 y_1 都是给定的数值. 这样的定解条件称为 **初始条件**.

一般地，n 阶微分方程

$$F(x, y, y', \cdots, y^{(n)}) = 0$$

的初始条件为

$$y|_{x=x_0} = y_0, \ y'|_{x=x_0} = y_1, \ \cdots, \ y^{(n-1)}|_{x=x_0} = y_{(n-1)},$$

其中 $x_0, y_0, y_1, \cdots, y_{(n-1)}$ 都是给定的值.

由定解条件确定了通解中任意常数的值所得到的解称为 **特解**. 例如, 例 5.1.1 中式 (5.1.2) 是初始条件，式 (5.1.4) 是微分方程满足初始条件 (5.1.2) 的特解.

在例 5.1.2 中, 式 (5.1.9) 是微分方程 (5.1.5) 满足初始条件 (5.1.7) 的特解.

求微分方程满足初始条件的特解的问题称为 **微分方程初值问题**. 一阶微分方程的初值问题可表示为

$$\begin{cases} F(x, y, y') = 0, \\ y|_{x=x_0} = y_0. \end{cases}$$

二阶微分方程的初值问题可表示为

$$\begin{cases} F(x, y, y', y'') = 0, \\ y|_{x=x_0} = y_0, \ y'|_{x=x_0} = y_1. \end{cases}$$

从几何意义上来说，微分方程的一个特解对应着一条曲线, 称之为微分方程的一条 **积分曲线**. 而通解则对应着一族积分曲线.

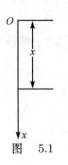

图　5.1

例 5.1.3 受到空气阻力的落体的位置问题. 质量为 m 的物体, 在时刻 $t = 0$ 时下落, 在空气中受到的阻力与物体下落速度成正比, 试确定下落距离与时间的关系.

解 以 $t = 0$ 时物体的位置为坐标原点, 建立如图 5.1 所示的坐标系. 设 $x = x(t)$ 为 t 时刻物体下落的距离, 则物体下落的速度为 $\dfrac{\mathrm{d}x}{\mathrm{d}t}$, 加速度为 $\dfrac{\mathrm{d}^2 x}{\mathrm{d}t^2}$.

根据牛顿第二定律, 可列出方程

$$m\frac{\mathrm{d}^2 x}{\mathrm{d}t^2} = -k\frac{\mathrm{d}x}{\mathrm{d}t} + mg, \tag{5.1.10}$$

其中 k 为正比例常数, 右端第一项的负号表示阻力与运动的方向相反. 这是一个二阶微分方程. 初始条件为

$$x(0) = 0, \quad x'(0) = 0. \tag{5.1.11}$$

这里仅讨论 $k = 0$(即无阻力情形) 的情况, $k \neq 0$ 时的结果在习题 5.6 中给出.

对于无阻力的情形, 即 $k = 0$, 这时方程 (5.1.10) 变成

$$\frac{\mathrm{d}^2 x}{\mathrm{d}t^2} = g. \tag{5.1.12}$$

将式 (5.1.12) 两端积分两次便得到微分方程 (5.1.12) 的通解

$$x = \frac{1}{2}gt^2 + C_1 t + C_2, \tag{5.1.13}$$

其中 C_1 及 C_2 为两个任意常数. 将初始条件 (5.1.11) 代入式 (5.1.13), 得

$$C_1 = 0, \quad C_2 = 0.$$

于是, 微分方程 (5.1.12) 满足初始条件 (5.1.11) 的特解为

$$x = \frac{1}{2}gt^2.$$

这就是自由落体运动物体下落距离和时间的关系.

例 5.1.4 验证: 函数

$$x = C_1 \cos kt + C_2 \sin kt$$

是微分方程

$$\frac{\mathrm{d}^2 x}{\mathrm{d}t^2} + k^2 x = 0 \quad (k \neq 0)$$

的解.

解 求出所给函数的导数:

$$x'(t) = -kC_1 \sin kt + kC_2 \cos kt,$$

$$x''(t) = -k^2 C_1 \cos kt - k^2 C_2 \sin kt = -k^2(C_1 \cos kt + C_2 \sin kt),$$

把 $x''(t)$ 及 $x(t)$ 的表达式代入微分方程, 得

$$-k^2(C_1 \cos kt + C_2 \sin kt) + k^2(C_1 \cos kt + C_2 \sin kt) = 0,$$

所以 $x = C_1 \cos kt + C_2 \sin kt$ 是微分方程的解.

习　题　5.1

1. 什么是微分方程的阶? 说出下列微分方程的阶数:

(1) $\dfrac{\mathrm{d}y}{\mathrm{d}x} + \sqrt{\dfrac{1-y^2}{1-x^2}} = 0;$　　(2) $y'' + 3y' + 2y = \sin x;$

(3) $\dfrac{\mathrm{d}^3 y}{\mathrm{d}x^3} - y = \mathrm{e}^x.$

2. 什么是微分方程的解? 判断下列函数是不是微分方程 $y'' - y' - 2y = 0$ 的解:

(1) $y = \mathrm{e}^{-x};$　　　　　　　(2) $y = \mathrm{e}^x;$

(3) $y = \mathrm{e}^{2x};$　　　　　　　(4) $y = x^2.$

3. 验证 $y = C_1 \mathrm{e}^{-x} + C_2 \mathrm{e}^{2x}$ 是微分方程 $y'' - y' - 2y = 0$ 的通解.

4. 验证函数 $x = A \sin(\omega t + \varphi)$ 是方程 $\dfrac{\mathrm{d}^2 x}{\mathrm{d}t^2} + \omega^2 x = 0$ 的解, 其中 A, φ 是常数.

5. 写出下列条件确定的曲线所满足的微分方程:

(1) 曲线上任一点 (x, y) 处切线斜率等于该点横坐标与纵坐标的乘积;

(2) 曲线上任一点 $P(x, y)$ 处的法线与 x 轴的交点为 Q, 且线段 PQ 被 y 轴平分.

6. 某商品的销售量 x 是价格 P 的函数, 如果要使该商品在价格变化的情况下保持销售收入不变, 则销售量 x 对于价格 P 的函数关系满足什么样的微分方程? 在这种情况下, 该商品的需求量相对价格 P 的弹性是多少?

5.2　一阶微分方程

在微分方程中基本的微分方程是一阶微分方程, 本节讨论几种常见的一阶微分方程的解法.

前面已经说过, 一阶微分方程的一般形式为

$$F(x, y, y') = 0,$$

常用的是 y' 已解出的一阶微分方程, 可表示为

$$y' = f(x, y), \tag{5.2.1}$$

其中 $y' = \dfrac{\mathrm{d}y}{\mathrm{d}x}$. 有时也将这样的方程表示成微分形式:

$$P(x, y)\mathrm{d}x + Q(x, y)\mathrm{d}y = 0.$$

这里, 既可将 y 看作自变量 x 的函数, 也可将 x 看作自变量 y 的函数.

微分方程的求解是按微分方程本身的特点分类型进行的. 下面就按类型分别讨论几种微分方程的解法.

5.2.1　可分离变量的微分方程

如果一阶微分方程 (5.2.1) 可以化成

$$f_1(x)\mathrm{d}x = f_2(y)\mathrm{d}y \tag{5.2.2}$$

的形式, 则称方程 (5.2.1) 为 **可分离变量的微分方程**. 方程 (5.2.2) 称为已分离变量的微分方程.

可以用求积分的方法求出这类方程的通解, 即对方程 (5.2.2) 两边同时取不定积分, 便有

$$\int f_2(y)\mathrm{d}y = \int f_1(x)\mathrm{d}x + C, \tag{5.2.3}$$

其中 C 为任意常数. 设 $F_2(y)$ 与 $F_1(x)$ 依次是 $f_2(y)$ 与 $f_1(x)$ 的原函数, 于是有

$$F_2(y) = F_1(x) + C.$$

利用隐函数求导法则不难验证, 上式所确定的隐函数满足微分方程 (5.2.2), 是它的通解. 这种求解微分方程的方法称为 **分离变量法**. 我们把这种通解称为方程 (5.2.2) 的 **隐式通解**.

　　例 5.2.1　求微分方程 $\dfrac{\mathrm{d}y}{\mathrm{d}x} = \dfrac{y}{x}$ 的通解.

解 当 $y \neq 0$ 时，分离变量得

$$\frac{\mathrm{d}y}{y} = \frac{\mathrm{d}x}{x},$$

两端积分得

$$\ln|y| = \ln|x| + C_1,$$

从而

$$|y| = \mathrm{e}^{C_1}|x| \quad (C_1 \text{ 为任意常数}),$$

也可以写成

$$y = Cx,$$

其中 $C = \pm\mathrm{e}^{C_1}$ 是非零任意常数，注意到 $y = 0$ 也是方程的解．若 C 为任意常数，则可得到所给方程的通解：

$$y = Cx.$$

以后为了运算方便起见，对于类似这样的问题，通常把 $\ln|y|$ 及 $\ln|x|$ 写成 $\ln y$ 及 $\ln x$，把任意常数 C_1 写成 $\ln C$，并在最后把 C 视为可正可负可为零的任意常数．如在上例中，可以从

$$\ln y = \ln x + \ln C$$

中直接得到通解：

$$y = Cx \quad (C \text{ 为任意常数}).$$

例 5.2.2 解微分方程 $a\left(x\dfrac{\mathrm{d}y}{\mathrm{d}x} + 2y\right) = yx\dfrac{\mathrm{d}y}{\mathrm{d}x}$ $(a \neq 0)$.

解 原方程可化为

$$2ay = x(y - a)\frac{\mathrm{d}y}{\mathrm{d}x},$$

即

$$\frac{\mathrm{d}y}{\mathrm{d}x} = \frac{y}{y - a} \cdot \frac{2a}{x}.$$

经分离变量，得

$$\frac{y - a}{y}\mathrm{d}y = \frac{2a}{x}\mathrm{d}x,$$

两端同时积分，得

$$y - a\ln y = 2a\ln x + C,$$

或

$$y - C = a \ln x^2 y,$$

即

$$\ln x^2 y = \frac{y}{a} - \frac{C}{a}.$$

例 5.2.3 *求解微分方程*

$$(x^2 + 1)(y^2 - 1)\mathrm{d}x + xy\mathrm{d}y = 0.$$

解 当因子 $x(y^2 - 1) \neq 0$ 时, 分离变量得

$$\frac{y}{y^2 - 1}\mathrm{d}y = -\frac{x^2 + 1}{x}\mathrm{d}x,$$

两端积分得

$$\frac{1}{2} \ln(y^2 - 1) = -\frac{1}{2}x^2 - \ln x + C_1,$$

整理得

$$x^2 \mathrm{e}^{x^2}(y^2 - 1) = \mathrm{e}^{2C_1},$$

即

$$y^2 = 1 + C\frac{\mathrm{e}^{-x^2}}{x^2}.$$

其中 $C = \pm \mathrm{e}^{2C_1} \neq 0$.

另外, 还可从因子 $x(y^2 - 1) = 0$ 得到特解 $x = 0$ 和 $y = \pm 1$. 如果上式中 C 取零值, 则特解 $y = \pm 1$ 可含在 $y^2 = 1 + C\dfrac{\mathrm{e}^{-x^2}}{x^2}$ 中. 因此方程的通解为

$$y^2 = 1 + C\frac{\mathrm{e}^{-x^2}}{x^2} \quad (C \text{ 为任意常数}).$$

方程还有特解 $x = 0$.

通过上面的几个例题可以看到, 对于可分离变量方程, 求其通解的步骤为
第一步   分离变量, 即把方程 (5.2.1) 化为方程 (5.2.2)

$$f_1(x)\mathrm{d}x = f_2(y)\mathrm{d}y,$$

这时方程的两边都只含有一个变量.
第二步   两边积分, 得

$$\int f_2(y)\mathrm{d}y = \int f_1(x)\mathrm{d}x + C,$$

这个方程所确定的隐函数即为方程 (5.2.1) 的通解. 通常也将它化简整理, 得到更简便的形式.

例 5.2.4　在某一人群中推广新技术是通过其中已掌握新技术的人进行的. 设该人群总数为 N, 在 $t = 0$ 时刻已掌握新技术的人数为 x_0, 在任意时刻 t 已掌握新技术的人数为 $x(t)$ (将 $x(t)$ 视为连续可微变量), 其变化率与已掌握新技术人数和未掌握新技术人数之积成正比, 比例常数 $k > 0$, 求 $x(t)$.

解　$x(t)$ 的变化率就是 x 对 t 的导数 $\dfrac{\mathrm{d}x}{\mathrm{d}t}$, 因此, 有

$$\frac{\mathrm{d}x}{\mathrm{d}t} = kx(N - x), \quad x(0) = x_0.$$

这是一个可分离变量的微分方程, 分离变量并积分, 得

$$x = \frac{NC\mathrm{e}^{kNt}}{1 + C\mathrm{e}^{kNt}}.$$

代入初始条件, 得

$$C = \frac{x_0}{N - x_0},$$

故

$$x = \frac{Nx_0\mathrm{e}^{kNt}}{N - x_0 + x_0\mathrm{e}^{kNt}}.$$

5.2.2　齐次方程

在方程 (5.2.1) 中, 如果 $f(x, y) = \varphi\left(\dfrac{y}{x}\right)$, 即

$$\frac{\mathrm{d}y}{\mathrm{d}x} = \varphi\left(\frac{y}{x}\right), \tag{5.2.4}$$

则称这个一阶微分方程为 **齐次方程**.

例如, 方程

$$(x + y)\mathrm{d}x + (y - x)\mathrm{d}y = 0$$

可以化为

$$\frac{\mathrm{d}y}{\mathrm{d}x} = \frac{1 + \dfrac{y}{x}}{1 - \dfrac{y}{x}},$$

就是齐次方程.

对于齐次方程 (5.2.4) 作变换

$$u = \frac{y}{x},$$

则 $y = ux$, 从而有 $\dfrac{\mathrm{d}y}{\mathrm{d}x} = u + x\dfrac{\mathrm{d}u}{\mathrm{d}x}$, 代入方程 (5.2.4) 有

$$u + x\frac{\mathrm{d}u}{\mathrm{d}x} = \varphi(u),$$

即

$$x\frac{\mathrm{d}u}{\mathrm{d}x} = \varphi(u) - u.$$

这是一个以 u 为未知函数的可分离变量的微分方程. 分离变量, 得

$$\frac{\mathrm{d}u}{\varphi(u) - u} = \frac{1}{x}\mathrm{d}x,$$

两端积分有

$$\int \frac{1}{\varphi(u) - u}\mathrm{d}u = \int \frac{1}{x}\mathrm{d}x + C,$$

从中求得

$$u = \Phi(x, C) \quad \text{或} \quad F(u, x, C) = 0.$$

再将 $u = \dfrac{y}{x}$ 代入上式就得到方程 (5.2.4) 的通解.

例 5.2.5 求微分方程 $xy' = y(1 + \ln y - \ln x)$ 的通解.

解 原方程可写成

$$\frac{\mathrm{d}y}{\mathrm{d}x} = \frac{y}{x}\left(1 + \ln\frac{y}{x}\right),$$

这是一个齐次方程. 令 $u = \dfrac{y}{x}$, 则方程化为

$$u + x\frac{\mathrm{d}u}{\mathrm{d}x} = u(1 + \ln u),$$

即

$$x\frac{\mathrm{d}u}{\mathrm{d}x} = u\ln u,$$

分离变量后得

$$\frac{\mathrm{d}u}{u\ln u} = \frac{\mathrm{d}x}{x},$$

两端积分得到

$$\ln\ln u = \ln x + \ln C.$$

于是

$$\ln u = Cx.$$

将 $u = \dfrac{y}{x}$ 代入上式, 得通解

$$\ln \frac{y}{x} = Cx,$$

即

$$\frac{y}{x} = \mathrm{e}^{Cx},$$

$$y = x\mathrm{e}^{Cx}.$$

例 5.2.6 试求一条曲线 $y = y(x)$, 使它在每一点的切线斜率为 $\dfrac{xy}{(x+y)^2}$, 且通过点 $\left(\dfrac{1}{2}, 1\right)$.

解 由题意有初值问题:

$$\begin{cases} \dfrac{\mathrm{d}y}{\mathrm{d}x} = \dfrac{xy}{(x+y)^2}, \\ y|_{x=\frac{1}{2}} = 1. \end{cases}$$

将原方程整理, 有

$$\frac{\mathrm{d}y}{\mathrm{d}x} = \frac{\dfrac{y}{x}}{\left(1 + \dfrac{y}{x}\right)^2},$$

这是一个齐次方程, 令 $u = \dfrac{y}{x}$, 上式化为

$$x\frac{\mathrm{d}u}{\mathrm{d}x} = -\frac{u^2(2+u)}{(1+u)^2}.$$

于是

$$\frac{(1+u)^2}{u^2(2+u)}\mathrm{d}u = -\frac{\mathrm{d}x}{x}.$$

等式两端同时积分, 有

$$\frac{3}{4}\ln u - \frac{1}{2u} + \frac{1}{4}\ln(u+2) = -\ln x + \ln C_1.$$

记 $4\ln C_1 = \ln C$, 可得

$$\frac{u^3(u+2)}{\mathrm{e}^{2/u}} = \frac{C}{x^4} \quad \text{或} \quad x^4 u^3(u+2) = C\mathrm{e}^{2/u}.$$

将 $u = \dfrac{y}{x}$ 代入上式得原方程的通解为

$$2xy^3 + y^4 = Ce^{\frac{2x}{y}}.$$

再由初始条件 $y|_{x=\frac{1}{2}} = 1$, 得到 $C = \dfrac{2}{e}$. 因此所求曲线为

$$2xy^3 + y^4 = \frac{2}{e}e^{\frac{2x}{y}}.$$

5.2.3 准齐次方程

在方程 (5.2.1) 中, 如果 $f(x,y)$ 可以写成 $g\left(\dfrac{ax+by+c}{a_1x+b_1y+c_1}\right)$ 的形式, 即

$$\frac{\mathrm{d}y}{\mathrm{d}x} = g\left(\frac{ax+by+c}{a_1x+b_1y+c_1}\right), \tag{5.2.5}$$

这样的微分方程称为 **准齐次方程**. 其中 a, b, c, a_1, b_1, c_1 均为常数.

显然当 $c = c_1 = 0$ 时, 方程 (5.2.5) 是齐次方程. 当 c, c_1 不全为零时, 可以经过适当的变换将式 (5.2.5) 化成齐次方程.

1. 当 $\begin{vmatrix} a & b \\ a_1 & b_1 \end{vmatrix} \neq 0$, 即 $\dfrac{a}{a_1} \neq \dfrac{b}{b_1}$ 时, 引入新的变量 X, Y, 使得

$$x = X + \alpha, \qquad y = Y + \beta,$$

其中 α, β 为待定常数, 代入方程 (5.2.5) 得

$$\frac{\mathrm{d}Y}{\mathrm{d}X} = f\left(\frac{aX+bY+a\alpha+b\beta+c}{a_1X+b_1Y+a_1\alpha+b_1\beta+c_1}\right). \tag{5.2.6}$$

可选取适当的 α, β, 使

$$\begin{cases} a\alpha + b\beta + c = 0, \\ a_1\alpha + b_1\beta + c_1 = 0. \end{cases}$$

因为 $\begin{vmatrix} a & b \\ a_1 & b_1 \end{vmatrix} \neq 0$, 由方程组的理论知, 这样的 α, β 存在且唯一. 于是由式 (5.2.6) 得

$$\frac{\mathrm{d}Y}{\mathrm{d}X} = f\left(\frac{aX+bY}{a_1X+b_1Y}\right), \tag{5.2.7}$$

此式为齐次方程.

易见, 若 $Y = \varphi(X)$ 为方程 (5.2.7) 的通解, 将

$$x = X + \alpha, \quad y = Y + \beta$$

代入, 函数 $y = \varphi(x - \alpha) + \beta$ 就是方程 (5.2.5) 的通解.

2. 当 $\begin{vmatrix} a & b \\ a_1 & b_1 \end{vmatrix} = 0$, 即 $\dfrac{a}{a_1} = \dfrac{b}{b_1} = \lambda$ 时, 这时方程 (5.2.5) 变成

$$\frac{\mathrm{d}y}{\mathrm{d}x} = f\left(\frac{ax + by + c}{\lambda(ax + by) + c_1}\right). \tag{5.2.8}$$

令 $z = ax + by$, 则

$$\frac{\mathrm{d}z}{\mathrm{d}x} = a + b\frac{\mathrm{d}y}{\mathrm{d}x}.$$

于是式 (5.2.8) 变为

$$\frac{\mathrm{d}z}{\mathrm{d}x} = a + bf\left(\frac{z + c}{\lambda z + c_1}\right). \tag{5.2.9}$$

此为可分离变量的微分方程. 易见, 若 $z = \varphi(x)$ 为方程 (5.2.9) 的通解, 将

$$z = ax + by$$

代入, 得

$$y = \frac{1}{b}[\varphi(x) - ax],$$

此为方程 (5.2.5) 的通解.

例 5.2.7 *求方程*

$$\frac{\mathrm{d}y}{\mathrm{d}x} = \frac{-x + y - 2}{x + y + 4}$$

的通解.

解 此方程为准齐次方程, 令 $x = X + \alpha, y = Y + \beta$, 代入方程得

$$\frac{\mathrm{d}Y}{\mathrm{d}X} = \frac{-X + Y - \alpha + \beta - 2}{X + Y + \alpha + \beta + 4}.$$

令

$$\begin{cases} -\alpha + \beta - 2 = 0, \\ \alpha + \beta + 4 = 0, \end{cases}$$

解得 $\alpha = -3, \beta = -1$. 于是在变换

$$x = X - 3, \quad y = Y - 1 \tag{5.2.10}$$

下, 原方程变成

$$\frac{\mathrm{d}Y}{\mathrm{d}X} = \frac{-X + Y}{X + Y},$$

这是一个齐次方程, 可求得其通解为

$$\sqrt{X^2 + Y^2} = C\exp\left\{-\arctan\frac{Y}{X}\right\}.$$

由此式和式 (5.2.10) 得到原方程的隐式通解为

$$\sqrt{(x+3)^2 + (y+1)^2} = C\exp\left\{ -\arctan\frac{y+1}{x+3} \right\}.$$

例 5.2.8 求方程

$$\frac{\mathrm{d}y}{\mathrm{d}x} = \frac{x+2y+1}{2x+4y-1}$$

的通解.

解 由于方程右端分子分母中 x 与 y 的系数比相等, 因此可令 $z = x + 2y$, 则

$$\frac{\mathrm{d}z}{\mathrm{d}x} = 1 + 2\frac{\mathrm{d}y}{\mathrm{d}x}.$$

于是原方程变为

$$\frac{\mathrm{d}z}{\mathrm{d}x} = 1 + \frac{2(z+1)}{2z-1},$$

即

$$\frac{\mathrm{d}z}{\mathrm{d}x} = \frac{4z+1}{2z-1}.$$

此为可分离变量方程, 其通解为

$$4z - 3\ln|4z+1| = 8x + C.$$

将 $z = x + 2y$ 代入上式, 得到原方程的通解为

$$8y - 4x - 3\ln|4x+8y+1| = C.$$

5.2.4 一阶线性微分方程

形如

$$\frac{\mathrm{d}y}{\mathrm{d}x} + P(x)y = Q(x) \qquad (5.2.11)$$

的微分方程称为 **一阶线性微分方程**. 其中 $P(x), Q(x)$ 是连续函数. 它的特点是在这个方程中对未知函数 y 及其导数 y' 来说都是一次的.

5-1 一阶线性微分方程

当 $Q(x)$ 恒为 0 时, 方程 (5.2.11) 为

$$\frac{\mathrm{d}y}{\mathrm{d}x} + P(x)y = 0. \qquad (5.2.12)$$

方程 (5.2.12) 称为 **一阶齐次线性微分方程**. 当 $Q(x)$ 不恒为 0 时, 式 (5.2.11) 称为 **一阶非齐次线性微分方程**.

一阶齐次线性微分方程 (5.2.12) 是可分离变量微分方程, 利用可分离变量微分方程的求解方法, 可得其通解为

$$y = Ce^{-\int P(x)\mathrm{d}x}. \tag{5.2.13}$$

这里的记号 $\int P(x)\mathrm{d}x$ 表示 $P(x)$ 的某个确定的原函数.

现在讨论非齐次线性微分方程 (5.2.11) 的解法. 考察式 (5.2.13), 它是一阶齐次线性微分方程 (5.2.12) 的通解, 它不可能是非齐次线性方程 (5.2.11) 的解. 但是由于方程 (5.2.11) 和 (5.2.12) 的左端是一样的, 因此方程 (5.2.11) 的解亦可能具有式 (5.2.13) 的形式, 这时 C 不能是任意常数了, 可能是一个函数 $C(x)$. 这就是说,

$$y = C(x)e^{-\int P(x)\mathrm{d}x} \tag{5.2.14}$$

可能是方程 (5.2.11) 的解. 到底是不是解呢? 关键在于能否找到一个函数 $C(x)$, 使得式 (5.2.14) 满足方程 (5.2.11).

为此, 将式 (5.2.14) 及由此得到的

$$y' = C'(x)e^{-\int P(x)\mathrm{d}x} + C(x)e^{-\int P(x)\mathrm{d}x}\left(-\int P(x)\mathrm{d}x\right)'$$
$$= C'(x)e^{-\int P(x)\mathrm{d}x} - C(x)e^{-\int P(x)\mathrm{d}x} \cdot P(x)$$

代入方程 (5.2.11), 便有

$$C'(x)e^{-\int P(x)\mathrm{d}x} = Q(x),$$

即

$$C'(x) = Q(x)e^{\int P(x)\mathrm{d}x},$$

两端积分, 得

$$C(x) = \int Q(x)e^{\int P(x)\mathrm{d}x}\mathrm{d}x + C \quad (C \text{ 为任意常数}),$$

再由式 (5.2.14), 便得到方程 (5.2.11) 的通解:

$$y = e^{-\int P(x)\mathrm{d}x}\left(\int Q(x)e^{\int P(x)\mathrm{d}x}\mathrm{d}x + C\right)$$
$$= e^{-\int P(x)\mathrm{d}x}\int Q(x)e^{\int P(x)\mathrm{d}x}\mathrm{d}x + Ce^{-\int P(x)\mathrm{d}x}. \tag{5.2.15}$$

我们将这种用齐次线性微分方程通解中的常数变为待定函数 $C(x)$ 的求非齐次线性微分方程通解的方法称为 **常数变易法**.

在式 (5.2.15) 中的不定积分 $\int Q(x)e^{\int P(x)\mathrm{d}x}\mathrm{d}x$ 与 $\int P(x)\mathrm{d}x$ 都看成是被积函数的一个原函数.

可以看出, 通解 (5.2.15) 中的第二项是其相应的齐次线性微分方程的通解, 第一项是方程 (5.2.11) 的特解 (在通解中, 取 $C = 0$ 便得此特解). 由此可见, 一阶非齐次线性微分方程的通解是由相应齐次线性微分方程的通解与非齐次线性微分方程的一个特解之和构成的.

例 5.2.9 *求解方程*

$$\frac{\mathrm{d}y}{\mathrm{d}x} = \frac{2}{x}y + \frac{1}{2}x.$$

解　这是一个一阶非齐次线性微分方程. 我们用常数变易法求解此方程. 它对应的齐次方程为

$$\frac{\mathrm{d}y}{\mathrm{d}x} = \frac{2}{x}y,$$

这是一个可分离变量的微分方程, 利用分离变量法可得它的通解为

$$y = Cx^2.$$

根据常数变易法, 令原方程的解为

$$y = C(x)x^2,$$

则

$$y' = C'(x)x^2 + 2xC(x),$$

代入原方程, 得

$$C'(x) = \frac{1}{2x},$$

于是

$$C(x) = \frac{1}{2}\ln|x| + C.$$

从而原方程的通解为

$$y = x^2\left(\frac{1}{2}\ln|x| + C\right) \quad (\text{其中 } C \text{ 为任意常数}).$$

在实际求解一阶线性微分方程的通解时, 可将式 (5.2.15) 当作公式, 直接应用.

例 5.2.10 *求解方程*

$$\frac{\mathrm{d}z}{\mathrm{d}x} = \frac{2}{x+1}z + (x+1)^{\frac{5}{2}}.$$

解　将微分方程变形为

$$\frac{\mathrm{d}z}{\mathrm{d}x} - \frac{2}{x+1}z = (x+1)^{\frac{5}{2}}.$$

这是一个一阶非齐次线性微分方程. 记

$$P(x) = \frac{-2}{x+1}, \quad Q(x) = (x+1)^{\frac{5}{2}}.$$

由式 (5.2.15) 得原方程的通解为

$$z(x) = Ce^{\int \frac{2}{x+1}\mathrm{d}x} + e^{\int \frac{2}{x+1}\mathrm{d}x}\int (x+1)^{\frac{5}{2}}e^{-\int \frac{2}{x+1}\mathrm{d}x}\mathrm{d}x$$

$$= C(x+1)^2 + (x+1)^2 \int (x+1)^{\frac{1}{2}}\mathrm{d}x$$

$$= C(x+1)^2 + \frac{2}{3}(x+1)^{\frac{7}{2}} \quad (\text{其中 } C \text{ 为任意常数}).$$

例 5.2.11 求方程 $\dfrac{\mathrm{d}y}{\mathrm{d}x} + 2xy = 2xe^{-x^2}$ 的通解.

解 用常数变易法, 先求解对应的齐次方程

$$\frac{\mathrm{d}y}{\mathrm{d}x} + 2xy = 0,$$

其通解为

$$y = Ce^{-x^2}.$$

设 $y = C(x)e^{-x^2}$ 为原方程的解, 代入原方程, 可得 $C'(x) = 2x$, 于是 $C(x) = x^2 + C$. 则原方程的通解为

$$y = (x^2 + C)e^{-x^2}.$$

有些一阶微分方程, 不是前面介绍的几种典型形式, 但可以根据方程的特点, 作适当的变量代换, 将它们化成前面介绍的几种微分方程的形式, 再进行求解.

例 5.2.12 求解方程 $(x+y)^2\dfrac{\mathrm{d}y}{\mathrm{d}x} = a^2 \ (a \neq 0)$.

解 令 $x + y = u$, 则

$$\frac{\mathrm{d}y}{\mathrm{d}x} = \frac{\mathrm{d}u}{\mathrm{d}x} - 1,$$

代入原方程得

$$u^2\left(\frac{\mathrm{d}u}{\mathrm{d}x} - 1\right) = a^2,$$

即

$$\frac{\mathrm{d}u}{\mathrm{d}x} = \frac{a^2 + u^2}{u^2},$$

此为可分离变量方程, 其通解为

$$u - a\arctan\frac{u}{a} = x + C.$$

将 $u = x + y$ 代入上式, 得原方程的通解为

$$y - a \arctan \frac{x + y}{a} = C.$$

例 5.2.13 求微分方程

$$\frac{\mathrm{d}y}{\mathrm{d}x} + \frac{y}{x} = ay^2 \ln x$$

的通解.

解 方程两边同乘以 $\dfrac{1}{y^2}$, 得

$$\frac{1}{y^2} \frac{\mathrm{d}y}{\mathrm{d}x} + \frac{1}{x} \frac{1}{y} = a \ln x,$$

即

$$-\frac{\mathrm{d}}{\mathrm{d}x}\left(\frac{1}{y}\right) + \frac{1}{x} \frac{1}{y} = a \ln x.$$

若令 $z = \dfrac{1}{y}$, 则上式化为

$$\frac{\mathrm{d}z}{\mathrm{d}x} - \frac{1}{x} z = -a \ln x.$$

这是一个一阶线性微分方程, 由式 (5.2.15) 得它的通解为

$$z = x \left[C - \frac{a}{2}(\ln x)^2 \right].$$

再将 $\dfrac{1}{y} = z$ 代回, 得原方程的通解为

$$xy \left[C - \frac{a}{2}(\ln x)^2 \right] = 1.$$

例 5.2.13 中的微分方程通常称为 **Bernoulli(伯努利) 方程**, 它的一般形式是

$$y' + P(x)y = Q(x)y^n \quad (n \neq 0, 1 \text{ 为常数}).$$

它和一阶非齐次线性微分方程的区别在于右端多个因子 y^n, 通常可以像例 5.2.13 那样作变量代换 $z = y^{1-n}$ 将它化成一阶线性微分方程, 然后再求解.

习 题 5.2

1. 求下列微分方程的通解:

(1) $y' \tan x = y$;

(2) $xy' - y \ln y = 0$;

(3) $x\sqrt{1-y^2}\mathrm{d}x + y\sqrt{1-x^2}\mathrm{d}y = 0$;

(4) $\tan x \sin^2 y \mathrm{d}x + \cos^2 x \cot y \mathrm{d}y = 0$;

(5) $xyy' = 1 - x^2$;

(6) $y' - xy' = a(y^2 + y')$ $(a \neq 0)$;

(7) $x\mathrm{d}y + \mathrm{d}x = \mathrm{e}^y \mathrm{d}x$;

(8) $\cos x \sin y \mathrm{d}x + \sin x \cos y \mathrm{d}y = 0$;

(9) $(y+3)\mathrm{d}x + \cot x \mathrm{d}y = 0$;

(10) $\dfrac{\mathrm{d}y}{\mathrm{d}x} = a^{x+y}$;

(11) $y' + \dfrac{1}{y}\mathrm{e}^{y^2+3x} = 0$;

(12) $y\mathrm{d}x + (x^2 - 4x)\mathrm{d}y = 0$;

(13) $y' + \sin\dfrac{x+y}{2} = \sin\dfrac{x-y}{2}$;

(14) $y' = \sqrt{\dfrac{1-y^2}{1-x^2}}$.

2. 求下列微分方程满足所给初始条件的特解:

(1) $y' = \mathrm{e}^{2x-y}$, $y|_{x=0} = 0$;

(2) $y' \sin x = y \ln y$, $y|_{x=\frac{\pi}{2}} = \mathrm{e}$;

(3) $(1 + \mathrm{e}^x)yy' = \mathrm{e}^x$, $y(1) = 1$.

3. 求解下列微分方程:

(1) $\dfrac{\mathrm{d}y}{\mathrm{d}x} = \dfrac{y}{x} + \sec\dfrac{y}{x}$;

(2) $(x - y)y\mathrm{d}x - x^2\mathrm{d}y = 0$;

(3) $y' = \mathrm{e}^{y/x} + \dfrac{y}{x}$, $y(1) = 0$;

(4) $x\dfrac{\mathrm{d}y}{\mathrm{d}x} + y = 2\sqrt{xy}$ $(x > 0)$;

(5) $y' = \dfrac{y}{x} + \dfrac{x}{y}$, $y(1) = 2$;

(6) $\left(2x\tan\dfrac{y}{x} + y\right)\mathrm{d}x = x\mathrm{d}y$;

(7) $(y^2 - 3x^2)\mathrm{d}y + 3xy\mathrm{d}x = 0$, $y(0) = 1$.

4. 一曲线通过 $(2,3)$, 它在两坐标轴间的任意切线段均被切点平分, 求此曲线方程.

5. 解下列微分方程:

(1) $xy' - y - \sqrt{y^2 - x^2} = 0 \ (x > 0)$;

(2) $y' = \dfrac{2xy}{x^2 - y^2}$.

6. 求下列微分方程的通解:

(1) $\dfrac{\mathrm{d}y}{\mathrm{d}x} + y = \mathrm{e}^{-x}$;

(2) $y' = y \tan x + \cos x$;

(3) $(x + 1)y' - ny = \mathrm{e}^x (x + 1)^{n+1}$;

(4) $(x^2 + 1)y' + 2xy = 4x^2$;

(5) $y' + 2xy = x\mathrm{e}^{-x^2}$;

(6) $xy' = x \sin x - y$;

(7) $(x + a)y' - 3y = (x + a)^5$;

(8) $(x \cos x)y' + y(x \sin x + \cos x) = 1$.

7. 求下列微分方程满足所给初始条件的特解:

(1) $\dfrac{\mathrm{d}y}{\mathrm{d}x} - y \tan x = \sec x, \quad y(0) = 0$;

(2) $y' + \dfrac{y}{x} = \dfrac{\sin x}{x}, \quad y|_{x=\pi} = 1$;

(3) $\dfrac{\mathrm{d}y}{\mathrm{d}x} + \dfrac{2 - 3x^2}{x^3} y = 1, \quad y(1) = 0$;

(4) $(1 - x^2)y' + xy = 1, \quad y(0) = 1$.

8. 解下列微分方程:

(1) $\dfrac{\mathrm{d}y}{\mathrm{d}x} = \dfrac{1}{x + \sin y}$;

(2) $\dfrac{\mathrm{d}y}{\mathrm{d}x} + \dfrac{y}{x} = -xy^2$;

(3) $\dfrac{\mathrm{d}y}{\mathrm{d}x} = (x + y)^2$.

9. 解下列微分方程:

(1) $\dfrac{\mathrm{d}y}{\mathrm{d}x} \tan x - y = a$;

(2) $\dfrac{\mathrm{d}y}{\mathrm{d}x} = \dfrac{x + y}{x}$;

(3) $y' = \dfrac{1 + y}{x}$;

(4) $y' - 3xy - xy^2 = 0, \quad y(0) = 4$;

(5) $y' + y\cos x = \sin x\cos x$, $\quad y(0) = 1$;

(6) $x^2\dfrac{\mathrm{d}y}{\mathrm{d}x} = y - xy$, $\quad y\left(\dfrac{1}{2}\right) = 1$;

(7) $x^3 y' = y(y^2 + x^2)$;

(8) $yy' + y^2 = \cos x$.

10. 求一曲线方程, 该曲线通过原点并且它在点 (x, y) 处的切线的斜率等于 $2x + y$.

5.3 可降阶的高阶微分方程

二阶及二阶以上的微分方程称为 **高阶微分方程**. 本节介绍三种特殊类型的高阶微分方程的求解问题, 它们是: $y^{(n)} = f(x)$ 型; $y'' = f(x, y')$ 型; $y'' = f(y, y')$ 型. 由于它们都是通过变量代换而逐步降阶化为较低阶的微分方程, 因此称它们为 **可降阶的高阶微分方程**.

5.3.1 $y^{(n)} = f(x)$ 型的微分方程

微分方程

$$y^{(n)} = f(x) \tag{5.3.1}$$

的特点是右端只有自变量 x. 我们可以通过逐次降阶求得它们的通解. 事实上, 只要将 $y^{(n-1)}$ 看成新的未知函数, 那么方程 (5.3.1) 就是一个关于 $y^{(n-1)}$ 的一阶微分方程. 两边积分, 得到一个 $n-1$ 阶微分方程

$$y^{(n-1)} = \int f(x)\mathrm{d}x + C_1.$$

同理可得 $y^{(n-2)} = \displaystyle\int \left(\int f(x)\mathrm{d}x + C_1\right) + C_2$. 依次进行 n 次积分, 便可得方程 (5.3.1) 的通解.

例 5.3.1   求微分方程

$$y''' = x\mathrm{e}^x$$

的通解.

解   对所给方程两端依次积分三次, 可得

$$y'' = \int x\mathrm{e}^x\mathrm{d}x + C = (x-1)\mathrm{e}^x + C,$$

$$y' = \int (x-1)\mathrm{e}^x\mathrm{d}x + Cx + C_2$$

$$= (x-2)\mathrm{e}^x + Cx + C_2,$$

$$y = \int (x - 2)\mathrm{e}^x \mathrm{d}x + \frac{C}{2} x^2 + C_2 x + C_3$$

$$= (x - 3)\mathrm{e}^x + C_1 x^2 + C_2 x + C_3,$$

其中 $C_1 = \dfrac{C}{2}$. 上式即为原方程的通解.

例 5.3.2　*求微分方程 $y'' = \sec^2 x$ 满足初始条件 $y\left(\dfrac{\pi}{4}\right) = \dfrac{\ln 2}{2}, y'\left(\dfrac{\pi}{4}\right) = 1$ 的解.*

解　对方程积分, 得到

$$y' = \tan x + C_1.$$

由于 $y'\left(\dfrac{\pi}{4}\right) = 1$, 故 $C_1 = 0$, 于是

$$y' = \tan x.$$

再积分一次, 得到

$$y = -\ln|\cos x| + C_2.$$

由于 $y\left(\dfrac{\pi}{4}\right) = \dfrac{\ln 2}{2}$, 故 $C_2 = 0$. 于是所求的解为

$$y = -\ln|\cos x|.$$

5.3.2　$y'' = f(x, y')$ 型的微分方程

微分方程

$$y'' = f(x, y') \tag{5.3.2}$$

的特点是方程右端不显含未知函数 y. 引入变量

$$y' = \frac{\mathrm{d}y}{\mathrm{d}x} = p,$$

则

$$y'' = \frac{\mathrm{d}p}{\mathrm{d}x} = p'.$$

于是方程 (5.3.2) 变为

$$\frac{\mathrm{d}p}{\mathrm{d}x} = f(x, p),$$

这是一个关于变量 x 与 p 的一阶微分方程. 如果其通解为

$$p = F(x, C_1),$$

则

$$\frac{\mathrm{d}y}{\mathrm{d}x} = F(x, C_1),$$

又得到一个一阶微分方程. 此方程积分后, 便可得到方程 (5.3.2) 的通解为

$$y = \int F(x, C_1) dx + C_2.$$

例 5.3.3 *求微分方程*

$$xy'' + y' - x^2 = 0$$

的通解.

解 由于方程中不显含 y, 是 $y'' = f(x, y')$ 型, 所以设 $y' = p$, 则 $y'' = p'$, 从而原方程化为

$$xp' + p - x^2 = 0,$$

即

$$p' + \frac{1}{x} p = x,$$

这是一个未知函数为 p 的一阶线性微分方程. 由通解公式 (5.2.15), 得

$$p = e^{-\int \frac{1}{x} dx} \left[\int x e^{\int \frac{1}{x} dx} dx + C_1 \right]$$

$$= \frac{1}{3} x^2 + \frac{C_1}{x},$$

于是

$$y' = \frac{1}{3} x^2 + \frac{C_1}{x}.$$

两端积分可得原方程的通解为

$$y = \frac{1}{9} x^3 + C_1 \ln |x| + C_2.$$

例 5.3.4 *求解初值问题* $\begin{cases} (1 + x^2) y'' = 2xy', \\ y|_{x=0} = 1, y'|_{x=0} = 3. \end{cases}$

解 由于方程中不显含 y, 是 $y'' = f(x, y')$ 型, 所以设 $y' = p$, 则 $y'' = p'$, 从而原方程化为

$$\frac{dp}{p} = \frac{2x}{1 + x^2} dx,$$

这是一个可分离变量的微分方程, 其通解为

$$\ln p = \ln(1 + x^2) + C_1.$$

由初始条件 $p|_{x=0} = y'|_{x=0} = 3$, 得 $C_1 = \ln 3$. 于是上式变为

$$p = 3(1 + x^2),$$

即

$$y' = 3(1 + x^2),$$

从而

$$y = x^3 + 3x + C_2.$$

由初始条件 $y|_{x=0} = 1$ 得 $C_2 = 1$. 故所得解为

$$y = x^3 + 3x + 1.$$

5.3.3 $y'' = f(y, y')$ 型的微分方程

微分方程

$$y'' = f(y, y') \tag{5.3.3}$$

的特点是方程右端不显含自变量 x, 仍作变换

$$y' = p.$$

由方程的特点需将 y'' 化成 p 对 y 的导数, 因此, 由复合函数求导法则有

$$y'' = \frac{\mathrm{d}p}{\mathrm{d}x} = \frac{\mathrm{d}p}{\mathrm{d}y} \cdot \frac{\mathrm{d}y}{\mathrm{d}x} = p\frac{\mathrm{d}p}{\mathrm{d}y}.$$

于是方程 (5.3.3) 变为

$$p\frac{\mathrm{d}p}{\mathrm{d}y} = f(y, p).$$

这是一个关于变量 y 与 p 的一阶微分方程, 如果其通解为

$$p = F(y, C_1),$$

即

$$\frac{\mathrm{d}y}{\mathrm{d}x} = F(y, C_1),$$

又得到一个一阶微分方程, 这是一个可分离变量的微分方程, 利用可分离变量方程的求解方法, 便可得其通解, 即方程 (5.3.3) 的通解.

例 5.3.5 求微分方程 $yy'' - (y')^2 = 0$ 的通解.

解 由于方程中不显含 x, 属于 $y'' = f(y, y')$ 的类型. 所以设 $y' = p$, 则 $y'' = p\dfrac{\mathrm{d}p}{\mathrm{d}y}$. 把此式代入原方程中, 得

$$yp\frac{\mathrm{d}p}{\mathrm{d}y} - p^2 = 0. \tag{5.3.4}$$

若 $p \neq 0$, 由式 (5.3.4) 得

$$\frac{\mathrm{d}p}{p} = \frac{\mathrm{d}y}{y},$$

其通解为

$$p = C_1 y,$$

即

$$y' = C_1 y.$$

再分离变量, 并积分, 即得原方程的解为

$$y = C_2 \mathrm{e}^{C_1 x}. \tag{5.3.5}$$

若 $p = 0$, 即 $y' = 0$, 于是 $y = C$ 为所给方程的解. 显然 $y = 0$ 包含在式 (5.3.5) 中, 所以原方程的通解为

$$y = C_2 \mathrm{e}^{C_1 x}.$$

习　题　5.3

1. 求下列各微分方程的通解或满足初始条件的特解:

(1) $y'' = \dfrac{1}{1 + x^2}$;　　　　　　　　(2) $y'' = y' + x$;

(3) $y'' = 1 + y'^2$;　　　　　　　　　(4) $x^2 y^{(4)} + 1 = 0$;

(5) $y^3 y'' + 1 = 0$, $y(1) = 1$, $y'(1) = 0$;　　(6) $xy'' = y' - xy'^2$.

2. 试求满足方程 $y'' = x$ 的经过点 $M(0,1)$ 且在此点与直线 $y = \dfrac{x}{2} + 1$ 相切的积分曲线.

3. 求解初值问题:

(1) $\begin{cases} y'' = 3\sqrt{y}, \\ y|_{x=0} = 1, y'|_{x=0} = 2; \end{cases}$　　　(2) $\begin{cases} y'' = \mathrm{e}^{2y}, \\ y|_{x=0} = 0, \ y'|_{x=0} = 0. \end{cases}$

5.4　高阶线性微分方程及其通解结构

如果微分方程是关于未知函数及其各阶导数的一次方程, 则该方程称为 **线性微分方程**. 这是实际问题中常用的一类微分方程. n 阶线性微分方程的一般形式是

$$y^{(n)} + P_1(x) y^{(n-1)} + \cdots + P_{n-1}(x) y' + P_n(x) y = f(x).$$

如果 $f(x)$ 恒为 0, 方程为

$$y^{(n)} + P_1(x)y^{(n-1)} + \cdots + P_{n-1}(x)y' + P_n(x)y = 0,$$

称为它 **n 阶齐次线性微分方程**. 否则, 称它为 **n 阶非齐次线性微分方程**.

关于线性微分方程通解的结构理论, 我们主要对二阶线性微分方程

$$y'' + p(x)y' + q(x)y = f(x) \tag{5.4.1}$$

进行讨论, 这些结论都可以推广到 n 阶线性微分方程中去, 本节就不详细论述了.

5.4.1　二阶齐次线性微分方程的通解结构

二阶齐次线性微分方程的一般形式是

$$y'' + p(x)y' + q(x)y = 0. \tag{5.4.2}$$

关于它的解有下面的结论:

定理 5.4.1　设 y_1 与 y_2 为方程 (5.4.2) 的解, 则它的任意线性组合

$$y = C_1 y_1 + C_2 y_2 \tag{5.4.3}$$

也为方程 (5.4.2) 的解, 其中 C_1, C_2 是任意常数.

证明留给读者.

齐次线性方程的这个性质表明它的解符合叠加原理.

我们注意到, 式 (5.4.3) 中虽然含有两个任意常数, 但并不能肯定它就是方程 (5.4.2) 的通解. 因为当 y_1, y_2 是方程 (5.4.2) 的解且满足关系

$$y_1 = ky_2$$

时, 其中 k 为常数, 式 (5.4.3) 变为

$$y = (C_1 + kC_2)\, y_2. \tag{5.4.4}$$

上式实际上只含有一个任意常数 $C = C_1 + kC_2$, 故此时式 (5.4.3) 就不是方程 (5.4.2) 的通解. 怎样才能得到方程 (5.4.2) 的通解呢? 为了解决这个问题, 我们引入如下概念.

定义 5.4.1　设 $y_1(x), y_2(x), \cdots, y_n(x)$ 为定义在区间 I 上的 n 个函数, 如果存在 n 个不全为零的数 $k_1, k_2, \cdots, k_n$, 使

$$k_1 y_1(x) + k_2 y_2(x) + \cdots + k_n y_n(x)$$

在区间 I 上恒为 0, 则称 $y_1(x), y_2(x), \cdots, y_n(x)$ 在区间 I 上 **线性相关**; 否则称 **线性无关**.

从定义 5.4.1 中可以看出, 对于两个函数的情形, 它们线性相关与否, 只需看它们的比是否为常数. 如果比为常数, 那么它们就线性相关; 否则就线性无关.

例如, $y_1 = x$ 与 $y_2 = \mathrm{e}^x$ 是线性无关的 $\left(\text{因为} \dfrac{x}{\mathrm{e}^x} \neq \text{常数}\right)$; $y_1 = x$ 与 $y_2 = 3x$ 是线性相关的 $\left(\text{因为} \dfrac{x}{3x} = \dfrac{1}{3}\right)$.

根据定理 5.4.1 和定义 5.4.1, 我们有下面关于二阶齐次线性微分方程 (5.4.2) 的通解结构定理.

定理 5.4.2 (齐次线性方程的通解结构定理) 如果 y_1 与 y_2 为方程 (5.4.2) 的两个线性无关的解, 则

$$y = C_1 y_1 + C_2 y_2 \tag{5.4.5}$$

为方程 (5.4.2) 的通解, 其中 C_1, C_2 为任意常数.

值得说明的是一般的微分方程的通解不一定包含它的全部解, 而线性微分方程无论是齐次的, 还是非齐次的, 它的通解都包含了它的全部解.

定理 5.4.2 指出了二阶线性微分方程通解的结构. 为了求它的通解, 只需要求出它的两个线性无关的特解, 就可以由式 (5.4.5) 构造出其通解, 进而得到它的全部解.

例 5.4.1 求微分方程

$$y'' + y = 0$$

的通解.

解 这是二阶齐次线性微分方程, 经观察知, $y_1 = \sin x$ 与 $y_2 = \cos x$ 是所给方程的两个线性无关的解. 所以该方程的通解为

$$y = C_1 \sin x + C_2 \cos x \quad (C_1, C_2 \text{ 为任意常数}).$$

例 5.4.2 已知 $y_1 = \mathrm{e}^x$ 及 $y = x - 1$ 是微分方程

$$(x - 2)y'' - (x - 1)y' + y = 0$$

的解, 求该微分方程满足初始条件

$$y|_{x=0} = 2, \quad y'|_{x=0} = 0$$

的特解.

解 因为 $\dfrac{y_2}{y_1} = \dfrac{x-1}{\mathrm{e}^x} \neq$ 常数, 所以 $y_1 = \mathrm{e}^x$ 和 $y_2 = x - 1$ 是两个线性无关的函数, 由定理 (5.4.2) 得所给方程的通解为

$$y = C_1 \mathrm{e}^x + C_2(x - 1) \quad (C_1, C_2 \text{ 为任意常数}).$$

由此得

$$y' = C_1 \mathrm{e}^x + C_2.$$

根据初始条件有

$$\begin{cases} 2 = C_1 - C_2, \\ 0 = C_1 + C_2, \end{cases}$$

解得

$$\begin{cases} C_1 = 1, \\ C_2 = -1. \end{cases}$$

于是所求特解为

$$y = \mathrm{e}^x - (x - 1) = \mathrm{e}^x - x + 1.$$

5.4.2　二阶非齐次线性微分方程的通解结构

在讨论一阶非齐次线性微分方程的通解时, 我们已知道, 一阶非齐次线性微分方程的通解由两部分构成: 一部分是它相应的齐次方程的通解; 另一部分是它的一个特解. 实际上, 不仅一阶线性微分方程的通解有这样的结构, 二阶乃至更高阶的非齐次线性微分方程的通解也有同样的结构.

定理 5.4.3(非齐次线性方程的通解结构定理)　设 y^* 是二阶线性非齐次微分方程 (5.4.1) 的一个特解, Y 是相应的齐次方程 (5.4.2) 的通解. 则

$$y = Y + y^* \tag{5.4.6}$$

为非齐次线性微分方程 (5.4.1) 的通解.

证明　将式 (5.4.6) 代入方程 (5.4.1) 的左端, 根据 Y 是相应的齐次方程的通解, 有

$$\begin{aligned} &(Y + y^*)'' + p(x)(Y + y^*)' + q(x)(Y + y^*) \\ =\ &Y'' + p(x)Y' + q(x)Y + (y^*)'' + p(x)(y^*)' + q(x)y^* \\ =\ &(y^*)'' + p(x)(y^*)' + q(x)y^* \\ =\ &f(x). \end{aligned}$$

所以 $y = Y + y^*$ 为方程 (5.4.1) 的解, 另一方面, 我们注意到 Y 的结构中包含了两个独立的任意常数, 所以式 (5.4.6) 为非齐次方程 (5.4.1) 的通解.　　□

下面的结论对求解某些非齐次线性微分方程是有用的.

定理 5.4.4 (非齐次线性微分方程的解的叠加原理)　设有二阶非齐次线性微分方程

$$y'' + p(x)y' + q(x)y = \sum_{k=1}^{n} f_k(x), \tag{5.4.7}$$

如果 y_k^* 为非齐次线性微分方程

$$y'' + p(x)y' + q(x)y = f_k(x) \quad (k = 1, 2, \cdots, n)$$

的一个特解，则 $y^* = \sum_{k=1}^{n} y_k^*$ 为方程 (5.4.7) 的一个特解.

证明 由假设知

$$(y_k^*)'' + p(x)(y_k^*)' + q(x)y_k^* = f_k(x) \quad (k = 1, 2, \cdots, n),$$

将 $y^* = \sum_{k=1}^{n} y_k^*$ 代入方程 (5.4.7) 左端，有

$$\left(\sum_{k=1}^{n} y_k^*\right)'' + p(x)\left(\sum_{k=1}^{n} y_k^*\right)' + q(x)\sum_{k=1}^{n} y_k^*$$

$$= \sum_{k=1}^{n} \left((y_k^*)'' + p(x)(y_k^*)' + q(x)y_k^*\right)$$

$$= \sum_{k=1}^{n} f_k(x).$$

故 $y^* = \sum_{k=1}^{n} y_k^*$ 为方程 (5.4.7) 的一个特解. $\quad\square$

习　题　5.4

1. 下列函数组哪些线性相关? 哪些线性无关?

(1) $1, x$;　　　　　　　　　　(2) $\mathrm{e}^{ax}, \mathrm{e}^{bx}$ $(a \neq b)$;

(3) $\sin 2x, \cos x \sin x$;　　　　(4) $\mathrm{e}^{ax} \cos bx, \mathrm{e}^{ax} \sin bx$ $(b \neq 0)$;

(5) $\arctan x, \operatorname{arccot} x - \dfrac{\pi}{2}$;　　(6) $\arcsin x, \dfrac{\pi}{2} - \arccos x$;

(7) $1, \mathrm{e}^{Kx}$ $(K \neq 0)$.

2. 验证 $y_1 = \mathrm{e}^{r_1 x}, y_2 = \mathrm{e}^{r_2 x}$ $(r_1 \neq r_2)$ 都是方程 $y'' - (r_1 + r_2)y' + r_1 r_2 y = 0$ 的解，并写出方程的通解.

3. 验证函数 $y_1 = \mathrm{e}^x, y_2 = x\mathrm{e}^x$ 都是方程 $y'' - 2y' + y = 0$ 的解，并写出方程的通解.

4. 验证函数 $y^* = \dfrac{a}{4}\mathrm{e}^{3x}$ $(a \neq 0$ 为常数$)$ 是方程 $y'' - 2y' + y = a\mathrm{e}^{3x}$ 的一个特解，并利用上题写出它的通解.

5. 验证函数 $y_1 = \varphi(x) = x$ 是方程 $x^2 y'' + xy' - y = 0$ 的一个特解, 试令 $y = y_1 \cdot u(x) = xu$, 求此方程的通解.

6. 验证函数 $e^{(\alpha+i\beta)x}$ 与 $e^{(\alpha-i\beta)x}$ ($\beta \neq 0, \alpha, \beta$ 是实数) 是方程 $y'' - 2\alpha y' + (\alpha^2 + \beta^2)y = 0$ 的解, 并用实函数形式表示此方程的解.

7. 设函数 $y_1^* = 1, y_2^* = x^2 + 1, y_3^* = e^x$ 是非齐次线性方程 $y'' + p(x)y' + q(x)y = f(x)$ 的三个解, 求该方程的通解.

5.5 二阶常系数齐次线性微分方程

由 5.4 节可知, 二阶齐次线性微分方程的通解是由其两个线性无关的解的线性组合构成的. 在方程的系数是一般连续函数的情形下, 求微分方程的两个线性无关的解是困难的, 而在系数全是常数的情况下有简便的解法. 我们通常应用的线性微分方程以常系数的为多. 所以此节主要讨论常系数线性微分方程的解法.

形如

$$y'' + py' + qy = 0 \quad (p, q \text{ 为常数}) \tag{5.5.1}$$

的方程称为 **二阶常系数齐次线性微分方程**. 它是方程 (5.4.2) 的特例.

由齐次线性方程的通解结构定理 (定理 5.4.2) 可知, 只要求出方程 (5.5.1) 的两个线性无关解, 就可以得到其通解.

5-2 二阶常系数齐次线性微分方程

我们知道, 指数函数 $y = e^{rx}$ (r 是常数) 与它的各阶导数只有常系数的差别. 由方程 (5.5.1) 的特点可以设想, 如果选取适当的常数 $r, y = e^{rx}$ 可能是方程 (5.5.1) 的解.

设方程 (5.5.1) 的解具有形式

$$y = e^{rx},$$

那么, 将它代入方程 (5.5.1) 得到

$$(r^2 + pr + q)e^{rx} = 0.$$

因为 $e^{rx} \neq 0$, 所以有

$$r^2 + pr + q = 0. \tag{5.5.2}$$

由此可见, 如果 r 满足代数方程 (5.5.2), 则 $y = e^{rx}$ 就是方程 (5.5.1) 的一个解. 方程 (5.5.2) 称为微分方程 (5.5.1) 的 **特征方程**. 其根称为方程 (5.5.1) 的 **特征根**.

由初等代数学知道, 方程 (5.5.2) 有两个根, 设为 r_1, r_2, 则 r_1 与 r_2 具有下面三种情况:

(1) 当 $p^2 - 4q > 0$ 时, $r_1 \neq r_2$;

(2) 当 $p^2 - 4q = 0$ 时, $r_1 = r_2$;

(3) 当 $p^2 - 4q < 0$ 时, $r_{1,2} = \alpha \pm \mathrm{i}\beta$ 为一对共轭复根.

针对上述三种情况我们分别讨论微分方程 (5.5.1) 通解的形式.

5.5.1 特征方程具有两个不相等的实根

此时 $y_1 = \mathrm{e}^{r_1 x}, y_2 = \mathrm{e}^{r_2 x}$ $(r_1 \neq r_2)$ 是方程 (5.5.1) 的两个线性无关的解, 由定理 5.4.2 知方程 (5.5.2) 的通解为

$$y = C_1 y_1 + C_2 y_2 = C_1 \mathrm{e}^{r_1 x} + C_2 \mathrm{e}^{r_2 x}. \tag{5.5.3}$$

例 5.5.1 求方程

$$y'' + 2y' - 15y = 0$$

的通解.

解 这是一个二阶常系数齐次线性方程, 其特征方程为

$$r^2 + 2r - 15 = 0.$$

特征根是 $r_1 = 3, r_2 = -5$. 所以原方程的通解为

$$y = C_1 \mathrm{e}^{3x} + C_2 \mathrm{e}^{-5x}.$$

例 5.5.2 求方程

$$y'' - 5y' = 0$$

的通解.

解 这是一个二阶常系数齐次线性微分方程. 其特征方程为

$$r^2 - 5r = 0,$$

特征根是 $r_1 = 0, r_2 = 5$, 所以原方程的通解为

$$y = C_1 + C_2 \mathrm{e}^{5x}.$$

5.5.2 特征方程具有两个相等的实根

由于 $r_1 = r_2$, 实际上我们只得到了方程 (5.5.2) 的一个特解 $y_1 = \mathrm{e}^{r_1 x}$. 为了得到方程的另一个与 y_1 线性无关的特解 y_2, 我们用前面所介绍的常数变易法来计算, 为此令

$$y_2 = C(x) y_1 = C(x) \mathrm{e}^{r_1 x},$$

那么由方程 (5.5.1) 有

$$y_2'' + py_2' + qy_2 = 0.$$

将 $y_2 = C(x)\mathrm{e}^{r_1 x}$ 代入上式, 整理, 有

$$C''(x) + (2r_1 + p)C'(x) + (r_1^2 + pr_1 + q)C(x) = 0.$$

因为 r_1 为特征方程 (5.5.2) 的二重根, 有

$$r_1^2 + pr_1 + q = 0, \qquad 2r_1 + p = 0.$$

故 $C''(x) = 0$. 得

$$C(x) = C_1 + C_2 x,$$

其中 C_1, C_2 是任意常数.

因为我们只要求 $C(x)$ 不是常数, 所以不妨取 $C_1 = 0$, $C_2 = 1$, 得方程 (5.5.2) 的另一特解

$$y_2 = x\mathrm{e}^{r_1 x}.$$

这样我们就得到了方程 (5.5.1) 的两个解 $y_1 = \mathrm{e}^{r_1 x}$ 与 $y_2 = x\mathrm{e}^{r_1 x}$, 显然 y_2 与 y_1 线性无关. 从而方程 (5.5.1) 的通解为

$$y = (C_1 + C_2 x)\mathrm{e}^{r_1 x}. \tag{5.5.4}$$

例 5.5.3 *求微分方程*

$$y'' + 2y' + y = 0$$

的通解.

解 该方程所对应的特征方程为

$$r^2 + 2r + 1 = 0,$$

特征根为二重根 $r = -1$. 于是由式 (5.5.4) 得该方程的通解为

$$y = C_1\mathrm{e}^{-x} + C_2 x\mathrm{e}^{-x}.$$

例 5.5.4 *求解初值问题:*

$$\begin{cases} y'' - 6y' + 9y = 0, \\ y|_{x=0} = 2, \ y'|_{x=0} = 7. \end{cases}$$

解 该方程为二阶常系数齐次线性微分方程, 它的特征方程为

$$r^2 - 6r + 9 = 0,$$

特征根为二重根 $r = 3$. 于是由式 (5.5.4) 得该方程的通解为

$$y = C_1 e^{3x} + C_2 x e^{3x}.$$

其导数为

$$y' = 3C_1 e^{3x} + C_2 e^{3x} + 3C_2 x e^{3x},$$

将初始条件代入上两式，得到

$$\begin{cases} C_1 = 2, \\ 3C_1 + C_2 = 7, \end{cases}$$

即

$$C_1 = 2, \quad C_2 = 1.$$

从而所求的特解为

$$y = 2e^{3x} + x e^{3x}.$$

5.5.3 特征方程具有一对共轭的复根

这时，$y_1 = e^{(\alpha + i\beta)x}$ 与 $y_2 = e^{(\alpha - i\beta)x}$ 是方程 (5.5.1) 的两个线性无关解，但它们是复数形式，不便于应用. 为了得到实数解，利用 Euler(欧拉) 公式：

$$e^{ix} = \cos x + i \sin x$$

可以把 y_1, y_2 化为

$$y_1 = e^{(\alpha + i\beta)x} = e^{\alpha x} e^{i\beta x} = e^{\alpha x}(\cos \beta x + i \sin \beta x),$$

$$y_2 = e^{(\alpha - i\beta)x} = e^{\alpha x} e^{-i\beta x} = e^{\alpha x}(\cos \beta x - i \sin \beta x).$$

由定理 5.4.1 知，

$$\overline{y}_1 = \frac{y_1 + y_2}{2} = e^{\alpha x} \cos \beta x,$$

$$\overline{y}_2 = \frac{y_1 - y_2}{2i} = e^{\alpha x} \sin \beta x$$

依然是方程 (5.5.1) 的解，且为实值解. $\overline{y}_1, \overline{y}_2$ 线性无关，由定理 5.4.2 得到方程 (5.5.1) 的通解为

$$y = C_1 \overline{y}_1 + C_2 \overline{y}_2 = e^{\alpha x}(C_1 \cos \beta x + C_2 \sin \beta x).$$

例 5.5.5 *求微分方程*

$$y'' + 2y' + 3y = 0$$

的通解.

解　所给方程的特征方程为

$$r^2 + 2r + 3 = 0,$$

其特征根为

$$r_{1,2} = \frac{-2 \pm \sqrt{2^2 - 4 \times 3}}{2} = -1 \pm \sqrt{2}\mathrm{i}.$$

这是一对共轭复根,　$\alpha = -1, \beta = \sqrt{2}$. 因此,　所求方程的通解为

$$y = \mathrm{e}^{-x}(C_1 \cos \sqrt{2}x + C_2 \sin \sqrt{2}x).$$

综上所述,二阶常系数齐次线性微分方程的通解,可由其特征方程的特征根直接求出. 总结列表如下:

特征根 r_1, r_2	方程 (5.5.1) 的通解形式
$r_1 \neq r_2$	$y = C_1 \mathrm{e}^{r_1 x} + C_2 \mathrm{e}^{r_2 x}$
$r_1 = r_2$	$y = (C_1 + C_2 x)\mathrm{e}^{r_1 x}$
$r_{1,2} = \alpha \pm i\beta$	$y = \mathrm{e}^{\alpha x}(C_1 \cos \beta x + C_2 \sin \beta x)$

本节所论述的结果也可以推广到 n 阶常系数齐次线性微分方程.

习　题　5.5

1. 求下列微分方程的通解:

(1) $y'' - 3y' - 4y = 0$;　　　　(2) $y'' + 5y' = 0$;

(3) $y'' + y = 0$;　　　　(4) $y'' + 10y' + 25y = 0$;

(5) $4\dfrac{\mathrm{d}^2 x}{\mathrm{d}t^2} - 8\dfrac{\mathrm{d}x}{\mathrm{d}t} + 5x = 0$;　　(6) $y'' - 2y' + 10y = 0$;

(7) $y^{(4)} - y = 0$;　　　　(8) $y''' - 2y'' + y' = 0$;

(9) $\dfrac{\mathrm{d}^3 x}{\mathrm{d}t^3} - 3\dfrac{\mathrm{d}^2 x}{\mathrm{d}t^2} + 3\dfrac{\mathrm{d}x}{\mathrm{d}t} - x = 0$.

2. 求下列微分方程满足初始条件的特解:

(1) $y'' - 4y' + 3y = 0,\ y(0) = 6,\ y'(0) = 10$;

(2) $4y'' + 4y' + y = 0,\ y(0) = 2,\ y'(0) = 0$;

(3) $y'' + 25y = 0,\ y(0) = 2,\ y'(0) = 5$;

(4) $y'' - 4y' + 13y = 0,\ y(0) = 0,\ y'(0) = 3$.

5.6 二阶常系数非齐次线性微分方程

形如

$$y'' + py' + qy = f(x) \quad (p, q \text{ 为常数}) \tag{5.6.1}$$

的微分方程称为 **二阶常系数非齐次线性微分方程**. 其中 $f(x)$ 不恒为零.

由定理 5.4.3 知, 方程 (5.6.1) 的通解是其特解 y^* 与相应的二阶齐次线性微分方程

$$y'' + py' + qy = 0 \tag{5.6.2}$$

的通解 Y 的和, 即

$$y = Y + y^*.$$

而方程 (5.6.2) 的通解求法在 5.5 节已经解决. 因此这里只需讨论如何求解方程 (5.6.1) 的一个特解.

本节只介绍当方程 (5.6.1) 的右端 $f(x)$ 为两种常见形式时求特解 y^* 的解法.

5.6.1 $f(x) = P_n(x)\mathrm{e}^{\lambda x}$ 型

其中 $P_n(x)$ 是 n 次多项式, λ 是常数. 设

$$P_n(x) = a_0 x^n + a_1 x^{n-1} + \cdots + a_{n-1} x + a_n,$$

由于多项式与指数函数的乘积的一阶导数、二阶导数仍是多项式与指数函数的乘积, 联想到非齐次方程 (5.6.1) 的左端的系数均为常数的特点, 方程 (5.6.1) 的特解也应该是多项式与指数函数的乘积形式. 因此, 假设 (5.6.1) 的特解为

$$y^* = Q(x)\mathrm{e}^{\lambda x},$$

其中 $Q(x)$ 为待定多项式. 代入方程 (5.6.1), 有

$$[Q''(x) + (2\lambda + p)Q'(x) + (\lambda^2 + p\lambda + q)Q(x)]\mathrm{e}^{\lambda x} = P_n(x)\mathrm{e}^{\lambda x}.$$

由于 $\mathrm{e}^{\lambda x} \neq 0$, 约去 $\mathrm{e}^{\lambda x}$, 有

$$Q''(x) + (2\lambda + p)Q'(x) + (\lambda^2 + p\lambda + q)Q(x) = P_n(x). \tag{5.6.3}$$

从上式可以看到, 为了得到 $Q(x)$ 的形式, 可分成下面几种情形:

(1) λ 不是特征方程

$$r^2 + pr + q = 0 \tag{5.6.4}$$

的根. 必有 $r^2 + pr + q \neq 0$, 由于等式 (5.6.3) 右端是 n 次多项式, 所以方程 (5.6.3) 的左端也必为 n 次多项式, 因此 $Q(x)$ 的次数为 n. 所以应设

$$Q(x) = Q_n(x) = b_0 x^n + b_1 x^{n-1} + \cdots + b_{n-1} x + b_n \quad (b_0 \neq 0),$$

将

$$y^* = Q_n(x)\mathrm{e}^{\lambda x}$$

代入方程 (5.6.3), 通过比较两端 x 的同次项的系数, 可以得到关于 $b_0, b_1, \cdots, b_n$ 的 $n+1$ 个方程的联立方程组. 这个方程组的解就确定了 $Q_n(x)$, 进而得到方程 (5.6.1) 的一个特解:

$$y^* = Q_n(x)\mathrm{e}^{\lambda x}.$$

(2) λ 是特征方程 (5.6.4) 的单根, 那么 $\lambda^2 + p\lambda + q = 0$, 但 $2\lambda + p \neq 0$. 此时方程 (5.6.3) 右端只出现 $Q''(x), Q'(x)$. 若使式 (5.6.3) 成立, $Q'(x)$ 必为 n 次多项式, 从而 $Q(x)$ 应为 $n+1$ 次多项式, 此时可设

$$Q(x) = xQ_n(x) = x(b_0x^n + b_1x^{n-1} + \cdots + b_{n-1}x + b_n) \quad (b_0 \neq 0).$$

与 (1) 类似, 可得方程 (5.6.1) 的一个特解:

$$y^* = xQ_n(x)\mathrm{e}^{\lambda x}.$$

(3) λ 是特征方程 (5.6.4) 的重根, 那么 $\lambda^2 + p\lambda + q = 0$, 且 $2\lambda + p = 0$, 此时方程 (5.6.3) 右端只出现 $Q''(x)$. 因此 $Q''(x)$ 必为 n 次多项式, 于是 $Q(x)$ 应为 $n+2$ 次多项式, 此时可设

$$Q(x) = x^2Q_n(x) = x^2(b_0x^n + b_1x^{n-1} + \cdots + b_{n-1}x + b_n) \quad (b_0 \neq 0).$$

类似地, 可得方程 (5.6.1) 的一个特解:

$$y^* = x^2Q_n(x)\mathrm{e}^{\lambda x}.$$

如果 $\lambda = 0$, 方程 (5.6.1) 的右端 $f(x) = P_n(x)$ 仅是 x 的 n 次多项式. 上述结论仍然成立.

归纳上述可得: 如果非齐次线性方程 (5.6.1) 中的 $f(x) = \mathrm{e}^{\lambda x}P_n(x)$, 则可设其特解

$$y^* = x^kQ_n(x)\mathrm{e}^{\lambda x},$$

其中 $Q_n(x)$ 是与 $P_n(x)$ 同次的多项式, k 的取值按如下情况分别确定:

(1) 若 λ 不是特征方程的根, 则 k 取 0;

(2) 若 λ 是特征方程的单根, 则 k 取 1;

(3) 若 λ 是特征方程的重根, 则 k 取 2.

至于 $Q_n(x)$ 的系数 b_i $(i = 0, 1, 2, \cdots, n)$, 可通过代入方程 (5.6.1) 比较等式两端的多项式同类项的系数来确定. 下面通过几个例子来具体说明.

例 5.6.1　求微分方程

$$y'' + y = x^2 + 1$$

的一个特解.

解 这里 $f(x) = x^2 + 1$, 属于 $f(x) = \mathrm{e}^{\lambda x} P_n(x)$ 类型, $n = 2, \lambda = 0$, 且 $\lambda = 0$ 不是特征方程 $r^2 + 1 = 0$ 的根, 所以设特解有如下形式:

$$y^* = b_0 x^2 + b_1 x + b_2.$$

代入原方程, 得

$$2b_0 + b_0 x^2 + b_1 x + b_2 = x^2 + 1.$$

比较系数, 得

$$b_0 = 1, \quad b_1 = 0, \quad 2b_0 + b_2 = 1,$$

即

$$b_0 = 1, \quad b_1 = 0, \quad b_2 = -1.$$

从而所求特解为

$$y^* = x^2 - 1.$$

例 5.6.2 求微分方程 $y'' - 3y' + 2y = x\mathrm{e}^{2x}$ 的通解.

解 先求相应的齐次方程的通解. 注意到相应的齐次方程的特征方程为 $r^2 - 3r + 2 = 0$, 特征根为 $r_1 = 1$ 和 $r_2 = 2$. 所以相应的齐次方程的通解为

$$Y = C_1 \mathrm{e}^x + C_2 \mathrm{e}^{2x}.$$

其中 C_1, C_2 为任意常数.

其次, 求原方程的一个特解 y^*. 由于 $f(x) = x\mathrm{e}^{2x}$ 属于 $f(x) = \mathrm{e}^{\lambda x} P_n(x)$ 型, $\lambda = 2, n = 1$, 其中 $\lambda = 2$ 是单特征根, 故可设

$$y^* = x(b_0 x + b_1)\mathrm{e}^{2x}.$$

代入原方程得

$$2b_0 x + (2b_0 + b_1) = x,$$

于是

$$2b_0 = 1, \quad 2b_0 + b_1 = 0,$$

即

$$b_0 = \frac{1}{2}, \quad b_1 = -1.$$

故

$$y^* = \left(\frac{1}{2} x^2 - x \right) \mathrm{e}^{2x}.$$

从而原方程的通解为

$$y = C_1 \mathrm{e}^x + C_2 \mathrm{e}^{2x} + \left(\frac{1}{2} x^2 - x \right) \mathrm{e}^{2x}.$$

例 5.6.3 *求方程*

$$y'' - 2y' + y = \mathrm{e}^x$$

满足初始条件 $y|_{x=0} = 1, y'|_{x=0} = 0$ 的特解.

解 相应齐次方程的特征方程为

$$r^2 - 2r + 1 = 0,$$

它有两个相等的实根 $r_1 = r_2 = 1$. 因此，相应齐次方程通解为

$$Y = \mathrm{e}^x (C_1 + C_2 x).$$

再求非齐次方程的一个特解 y^*. 因为右端函数 $f(x) = \mathrm{e}^x$ 与 $f(x) = P_n(x)\mathrm{e}^{\lambda x}$ 比较知，$P_n(x) = 1$ 是零次多项式，$n = 0, \lambda = 1$ 是特征方程的二重根，因此，可设

$$y^* = bx^2 \mathrm{e}^x,$$

代入原方程，整理得

$$2b\mathrm{e}^x = \mathrm{e}^x,$$

所以 $b = \dfrac{1}{2}$，于是原方程的一个特解为

$$y^* = \frac{1}{2} x^2 \mathrm{e}^x.$$

原方程的通解为

$$y = Y + y^* = (C_1 + C_2 x)\mathrm{e}^x + \frac{1}{2} x^2 \mathrm{e}^x.$$

现在再求满足已知初始条件的特解. 将初始条件 $y|_{x=0} = 1, y'|_{x=0} = 0$ 代入通解

$$y = \mathrm{e}^x (C_1 + C_2 x) + \frac{1}{2} x^2 \mathrm{e}^x$$

及它的导数

$$y' = \left(C_1 + C_1 x + \frac{1}{2} x^2 \right) \mathrm{e}^x + (C_2 + x)\mathrm{e}^x$$

$$= \left(C_1 + C_2 + x + C_2 x + \frac{1}{2} x^2 \right) \mathrm{e}^x$$

中，即可求得

$$C_1 = 1, \quad C_2 = -1,$$

所以，所求满足初始条件的特解为

$$y = \left(1 - x + \frac{1}{2}x^2\right)\mathrm{e}^x.$$

5.6.2 $f(x) = \mathrm{e}^{\lambda x}(P_l(x)\cos\omega x + P_n(x)\sin\omega x)$ 型

其中 λ, ω 为常数，$\omega \neq 0$, $P_l(x)$ 和 $P_n(x)$ 分别是 x 的 l 次和 n 次多项式.

和前一种类型的想法类似，我们注意到 $f(x)$ 是由指数函数、多项式与正弦函数或余弦函数的乘积构成，而这样函数的一阶导数、二阶导数仍然是这种类型的函数，再联想到方程 (5.6.1) 的左端的线性、常系数的特点，此时微分方程 (5.6.1) 的一个特解也应该是指数函数、多项式、正弦函数或余弦函数的乘积形式. 可设

$$y^* = x^k \mathrm{e}^{\lambda x}[Q_1(x)\cos\omega x + Q_2(x)\sin\omega x] \tag{5.6.5}$$

为方程 (5.6.1) 的一个特解，其中 $Q_1(x)$, $Q_2(x)$ 为同次多项式，它们的次数 $m = \max\{l, n\}$，而 k 的取值可按下面方法确定：

(1) 如果 $\lambda \pm \mathrm{i}\omega$ 不是齐次方程 (5.6.2) 的特征方程的根，则 $k = 0$；

(2) 如果 $\lambda \pm \mathrm{i}\omega$ 是齐次方程 (5.6.2) 的特征方程的根，则 $k = 1$.

至于 $Q_1(x)$, $Q_2(x)$ 这两个多项式的系数，还是通过将特解 (5.6.5) 代入方程 (5.6.1)，再比较等式两端同类项的系数来确定，于是就得到方程 (5.6.1) 的一个特解. 下面举例说明.

例 5.6.4 设微分方程 $y'' + 2y' + 3y = f(x)$ 中 $f(x)$ 有以下三种形式，分别写出该微分方程相应的特解 y^* 形式 (不必确定待定的常数)：

(1) $f(x) = 2\sin x$；　(2) $f(x) = \mathrm{e}^{-x}\cos\sqrt{2}x$；　(3) $f(x) = (x^2 + x)\cos 2x$.

解　所给微分方程对应的齐次微分方程的特征方程为

$$r^2 + 2r + 3 = 0,$$

解得 $r_1 = -1 + \sqrt{2}\mathrm{i}, r_2 = -1 - \sqrt{2}\mathrm{i}$.

(1) $f(x) = 2\sin x = \mathrm{e}^{0x}(0\cos x + 2\sin x)$. 因为 $\lambda + \mathrm{i}\omega = \mathrm{i}$ 不是特征方程的根，所以非齐次线性微分方程特解形式为

$$y^* = a\cos x + b\sin x.$$

(2) $f(x) = \mathrm{e}^{-x}\cos\sqrt{2}x = \mathrm{e}^{-x}(\cos\sqrt{2}x + 0\sin\sqrt{2}x)$. 因为 $\lambda \pm \mathrm{i}\omega = -1 \pm \sqrt{2}\mathrm{i}$ 是特征方程的根，所以此时非齐次线性微分方程特解形式为

$$y^* = x\mathrm{e}^{-x}(a\cos\sqrt{2}x + b\sin\sqrt{2}x).$$

(3) $f(x) = (x^2 + x)\cos 2x$. 因为 $\lambda + \mathrm{i}\omega = 2\mathrm{i}$ 不是特征方程的根，此时非齐次线性微分方程的特解形式为

$$y^* = (a_0 x^2 + a_1 x + a_2)\cos 2x + (b_0 x^2 + b_1 x + b_2)\sin 2x.$$

例 5.6.5　求微分方程

$$y'' + y = 4x\sin x$$

的一个特解.

解　所给微分方程是二阶常系数非齐次线性微分方程，且 $f(x)$ 属于 $\mathrm{e}^{\lambda x}\,(P_l(x)\cos\omega x + P_n(x)\sin\omega x)$ 类型，这里 $\lambda = 0,\ \omega = 1,\ P_l(x) = 0,\ P_n(x) = 4x$, $m = 1$. 由于 $\lambda + \mathrm{i}\omega = \mathrm{i}$ 是特征方程 $r^2 + 1 = 0$ 的根，取 $k = 1$，所以设特解为

$$y^* = x[(a_0 x + a_1)\cos x + (b_0 x + b_1)\sin x],$$

求导数，得

$$y^{*\prime} = [b_0 x^2 + (2a_0 + b_1)x + a_1]\cos x + [-a_0 x^2 + (2b_0 - a_1)x + b_1]\sin x,$$
$$y^{*\prime\prime} = [-a_0 x^2 + (4b_0 - a_1)x + 2a_0 + 2b_1]\cos x$$
$$\qquad - [b_0 x^2 + (4a_0 + b_1)x + 2a_1 - 2b_0]\sin x,$$

将 y^*, $y^{*\prime}$ 和 $y^{*\prime\prime}$ 代入原微分方程，得

$$[-a_0 x^2 + (4b_0 - a_1)x + 2a_0 + 2b_1]\cos x - [b_0 x^2 + (4a_0 + b_1)x + 2a_1 - 2b_0]\sin x$$
$$+ (a_0 x^2 + a_1 x)\cos x + (b_0 x^2 + b_1 x)\sin x = 4x\sin x.$$

比较两端同类项系数，得

$$\begin{cases} 4b_0 = 0, \\ 2a_0 + 2b_1 = 0, \\ -4a_0 = 4, \\ 2a_1 - 2b_0 = 0, \end{cases}$$

解得

$$a_0 = -1, \quad a_1 = 0, \quad b_0 = 0, \quad b_1 = 1.$$

于是所求微分方程的特解为

$$y^* = x\sin x - x^2\cos x.$$

例 5.6.6　求微分方程

$$y'' + 3y' + 2y = \mathrm{e}^{-x}\cos x$$

的通解.

解 所给微分方程对应的齐次微分方程

$$y'' + 3y' + 2y = 0$$

的特征方程为

$$r^2 + 3r + 2 = 0,$$

其根为 $r_1 = -1$, $r_2 = -2$, 所以对应的齐次微分方程的通解为

$$Y = C_1 e^{-x} + C_2 e^{-2x}.$$

由于所给微分方程的右端 $f(x) = e^{-x} \cos x$, 这里的 $m = 0$, $\lambda + \mathrm{i}\omega = -1 + \mathrm{i}$ 不是特征方程的根, 因此, 取 $k = 0$, 可设非齐次方程的特解为

$$y^* = e^{-x}(a \cos x + b \sin x),$$

则

$$y^{*\prime} = e^{-x}[(b - a) \cos x - (b + a) \sin x],$$
$$y^{*\prime\prime} = e^{-x}(2a \sin x - 2b \cos x),$$

将 y^*, $y^{*\prime}$ 及 $y^{*\prime\prime}$ 代入原微分方程并约去 e^{-x}, 得

$$(b - a) \cos x - (b + a) \sin x = \cos x,$$

比较两端同类项系数, 得

$$\begin{cases} b - a = 1, \\ b + a = 0, \end{cases}$$

解得 $a = -\dfrac{1}{2}$, $b = \dfrac{1}{2}$, 因而特解为

$$y^* = \frac{1}{2} e^{-x}(\sin x - \cos x).$$

故所求非齐次微分方程的通解为

$$y = C_1 e^{-x} + C_2 e^{-2x} + \frac{1}{2} e^{-x}(\sin x - \cos x).$$

例 5.6.7 求微分方程

$$y'' + y = 4x \sin x + x^2 + 1$$

的通解.

解   所给微分方程对应的齐次线性方程

$$y'' + y = 0$$

的特征方程为

$$r^2 + 1 = 0,$$

其根为 $r_{1,2} = \pm i$, 所以对应的齐次线性方程的通解为

$$Y = C_1 \cos x + C_2 \sin x.$$

由于所给方程的右端是 $f_1(x) = x^2 + 1$ 与 $f_2(x) = 4x \sin x$ 之和, 根据定理 5.4.4, 原方程的特解 y^* 等于微分方程

$$y'' + y = x^2 + 1 \quad \text{和} \quad y'' + y = 4x \sin x$$

的特解 y_1^* 与 y_2^* 之和, 即 $y^* = y_1^* + y_2^*$. 而由例 5.6.1 知, $y_1^* = x^2 - 1$; 由例 5.6.5 知, $y_2^* = x \sin x - x^2 \cos x$, 于是

$$y^* = x^2 - 1 + x \sin x - x^2 \cos x,$$

故原方程的通解为

$$y = C_1 \cos x + C_2 \sin x + x \sin x - x^2 \cos x + x^2 - 1.$$

习 题 5.6

1. 设微分方程 $y'' + 5y' + 4y = f(x)$ 中 $f(x)$ 为如下形式, 写出该方程相应的特解形式 (不必确定待定系数) :

(1) $f(x) = x^2$;   (2) $f(x) = (x+1)e^{-x}$;

(3) $f(x) = xe^{-x} \cos 4x$;   (4) $f(x) = e^{-4x} + \sin x$.

2. 求下列微分方程的通解:

(1) $2y'' + y' - y = 4e^x$;

(2) $y'' + K^2 y = e^{ax}$ (K, a 为实数, $K \neq 0, a \neq 0$);

(3) $2y'' + 5y' = 5x^2 - 2x - 1$;

(4) $y'' + 3y' + 2y = 3xe^{-x}$;

(5) $y'' - 6y' + 9y = (x+1)e^{2x}$;

(6) $y'' + 4y = x\cos x$;

(7) $y'' - 2y' + 5y = e^x \sin x$;

(8) $y'' - 2y' + 5y = e^x \sin 2x$;

(9) $y'' + y = e^x + \cos x$;

(10) $y'' - y = \sin^2 x$.

3. 求下列各微分方程的特解, 要求满足给定的初始条件:

(1) $y'' + y + \sin 2x = 0$, $y(\pi) = 1$, $y'(\pi) = 1$;

(2) $y'' - 3y' + 2y = 5$, $y(0) = 1$, $y'(0) = 2$;

(3) $y'' - y = 4xe^x$, $y(0) = 0$, $y'(0) = 1$.

4. 一质量为 m 的质点由静止开始下降, 所受到阻力与下降速度成正比 (比例系数为 k), 求下降的距离 x 与时刻 t 的函数关系.

5.7　Euler 方程

方程
$$x^n y^{(n)} + a_1 x^{n-1} y^{(n-1)} + \cdots + a_{n-1} x y' + a_n y = f(x)$$

称为 n 阶 **Euler 方程**, 其中 $a_k(k = 1, 2, \cdots, n)$ 为常数.

一般来说, 求解变系数线性微分方程是很困难的, 而 Euler 方程是可以通过变量代换化为常系数线性微分方程求解的.

下面以二阶 Euler 方程为例介绍其求解方法.

给定 Euler 方程
$$x^2 \frac{\mathrm{d}^2 y}{\mathrm{d}x^2} + bx\frac{\mathrm{d}y}{\mathrm{d}x} + cy = f(x), \tag{5.7.1}$$

令 $x = e^t$, 即 $t = \ln x$(如果 $x < 0$, 则可设 $x = -e^t$), 则

$$\frac{\mathrm{d}y}{\mathrm{d}x} = \frac{\mathrm{d}y}{\mathrm{d}t}\frac{\mathrm{d}t}{\mathrm{d}x} = \frac{1}{x}\frac{\mathrm{d}y}{\mathrm{d}t},$$
$$\frac{\mathrm{d}^2 y}{\mathrm{d}x^2} = \frac{\mathrm{d}}{\mathrm{d}x}\left(\frac{\mathrm{d}y}{\mathrm{d}x}\right) = \frac{\mathrm{d}}{\mathrm{d}t}\left(\frac{\mathrm{d}y}{\mathrm{d}x}\right)\frac{1}{\frac{\mathrm{d}x}{\mathrm{d}t}} = \frac{1}{x^2}\left(\frac{\mathrm{d}^2 y}{\mathrm{d}t^2} - \frac{\mathrm{d}y}{\mathrm{d}t}\right).$$

代入式 (5.7.1), 得
$$\frac{\mathrm{d}^2 y}{\mathrm{d}t^2} + (b-1)\frac{\mathrm{d}y}{\mathrm{d}t} + cy = f(e^t).$$

这是一个二阶常系数非齐次线性微分方程. 这个方程的通解经变换 $t = \ln x$, 即可得到二阶 Euler 方程 (5.7.1) 的通解.

例 5.7.1　*求方程 $x^2 \dfrac{\mathrm{d}^2 y}{\mathrm{d}x^2} - x\dfrac{\mathrm{d}y}{\mathrm{d}x} + y = 2\ln x$ 的通解.*

解　这是一个二阶 Euler 方程, 作变换 $x = \mathrm{e}^t$, 原方程变为

$$\frac{\mathrm{d}^2 y}{\mathrm{d}t^2} - 2\frac{\mathrm{d}y}{\mathrm{d}t} + y = 2t.$$

它的特征方程是 $\lambda^2 - 2\lambda + 1 = 0$, 特征根为 $\lambda_1 = \lambda_2 = 1$, 其通解为

$$y = \mathrm{e}^t(C_1 + C_2 t) + 2t + 4.$$

从而原方程的通解为

$$y = x(C_1 + C_2 \ln x) + 2\ln x + 4.$$

例 5.7.2　求方程 $x^2 y'' - xy' + y - 4x + 3x^2 = 0$ 的通解.

解　设 $x = \mathrm{e}^t$, 则原方程变为

$$\frac{\mathrm{d}^2 y}{\mathrm{d}t^2} - 2\frac{\mathrm{d}y}{\mathrm{d}t} + y = 4\mathrm{e}^t - 3\mathrm{e}^{2t}. \tag{5.7.2}$$

其相应的齐次方程的通解为

$$y = C_1 \mathrm{e}^t + C_2 t \mathrm{e}^t.$$

因为 $r = 1$ 是方程 (5.7.2) 的特征方程的二重根, 可设方程 (5.7.2) 的特解具有形式

$$y^* = At^2 \mathrm{e}^t + B\mathrm{e}^{2t}.$$

那么由方程 (5.7.2) 得

$$A = 2, \quad B = -3,$$

即

$$y^* = 2t^2 \mathrm{e}^t - 3\mathrm{e}^{2t},$$

故方程 (5.7.2) 的通解为

$$y = C_1 \mathrm{e}^t + C_2 t \mathrm{e}^t + 2t^2 \mathrm{e}^t - 3\mathrm{e}^{2t}.$$

于是原方程的通解为

$$y = C_1 x + C_2 x \ln x + 2x \ln^2 x - 3x^2.$$

习　题　5.7

1. 求下列方程的通解:

(1) $x^2 \dfrac{\mathrm{d}^2 y}{\mathrm{d}x^2} + x \dfrac{\mathrm{d}y}{\mathrm{d}x} - y = 0$;

(2) $\dfrac{\mathrm{d}^2 y}{\mathrm{d}x^2} - \dfrac{1}{x} \dfrac{\mathrm{d}y}{\mathrm{d}x} + \dfrac{1}{x^2} y = \dfrac{2}{x}$;

(3) $x^2 \dfrac{\mathrm{d}^2 y}{\mathrm{d}x^2} - 2x \dfrac{\mathrm{d}y}{\mathrm{d}x} + 2y = \ln^2 x - 2\ln x$;

(4) $x^2 \dfrac{\mathrm{d}^2 y}{\mathrm{d}x^2} - 2x \dfrac{\mathrm{d}y}{\mathrm{d}x} + 2y = 2x^3$.

5.8　常系数线性微分方程组的解法举例

在实际问题中, 还经常遇到具有同一个自变量的几个未知函数同时满足的几个微分方程, 这些联立的微分方程称为 **微分方程组**. 其中微分方程组中的每个方程都是一阶常系数线性微分方程的称为 **一阶常系数线性微分方程组**. 有两个未知函数的一阶常系数线性微分方程组的一般形式为

$$\begin{cases} \dfrac{\mathrm{d}x}{\mathrm{d}t} = a_1 x + b_1 y + f_1(t), \\[2mm] \dfrac{\mathrm{d}y}{\mathrm{d}t} = a_2 x + b_2 y + f_2(t), \end{cases}$$

其中 a_1, a_2, b_1, b_2 都是常数, $f_1(t), f_2(t)$ 是关于 t 的可导函数.

一般来说, 求解这样的方程组, 利用微分法和消去法, 可以将它化成一个仅含有一个未知函数的二阶常系数线性微分方程. 解这个方程就可以求出一个未知函数, 而另外一个未知函数通常可以不通过积分直接求得.

下面通过具体例子来说明.

例 5.8.1　求微分方程组

$$\begin{cases} \dfrac{\mathrm{d}y}{\mathrm{d}x} = z, & (5.8.1) \\[2mm] \dfrac{\mathrm{d}z}{\mathrm{d}x} = -y & (5.8.2) \end{cases}$$

满足 $y|_{x=0} = 0, z|_{x=0} = 1$ 的特解.

解　对式 (5.8.1) 两边求导, 有

$$\frac{\mathrm{d}^2 y}{\mathrm{d}x^2} - \frac{\mathrm{d}z}{\mathrm{d}x} = 0.$$

将式 (5.8.2) 代入上式, 得到关于 y 的二阶常系数线性微分方程:

$$\frac{\mathrm{d}^2 y}{\mathrm{d}x^2} + y = 0,$$

其通解为

$$y = C_1 \cos x + C_2 \sin x. \tag{5.8.3}$$

将式 (5.8.3) 代入式 (5.8.1), 得

$$z = \frac{\mathrm{d}y}{\mathrm{d}x} = -C_1 \sin x + C_2 \cos x, \tag{5.8.4}$$

式 (5.8.3) 与 (5.8.4) 即为原方程组 (5.8.1) 和 (5.8.2) 的通解表达式. 将

$$y|_{x=0} = 0, \quad z|_{x=0} = 1$$

代入式 (5.8.3)、 (5.8.4) 可得

$$C_1 = 0, \quad C_2 = 1.$$

于是所求特解为

$$y = \sin x, \quad z = \cos x.$$

例 5.8.2 *求方程组*

$$\begin{cases} \dfrac{\mathrm{d}x}{\mathrm{d}t} + 5x + y = \mathrm{e}^t, & (5.8.5) \\ \dfrac{\mathrm{d}y}{\mathrm{d}t} - x - 3y = \mathrm{e}^{2t} & (5.8.6) \end{cases}$$

的通解.

解 将式 (5.8.5) 变形为

$$y = -\frac{\mathrm{d}x}{\mathrm{d}t} - 5x + \mathrm{e}^t, \tag{5.8.7}$$

两边关于 t 求导, 得

$$\frac{\mathrm{d}y}{\mathrm{d}t} = -\frac{\mathrm{d}^2 x}{\mathrm{d}t^2} - 5\frac{\mathrm{d}x}{\mathrm{d}t} + \mathrm{e}^t. \tag{5.8.8}$$

将式 (5.8.7)、 (5.8.8) 代入式 (5.8.6), 得到关于 x 的二阶常系数非齐次线性微分方程:

$$\frac{\mathrm{d}^2 x}{\mathrm{d}t^2} + 2\frac{\mathrm{d}x}{\mathrm{d}t} - 14x = -2\mathrm{e}^t - \mathrm{e}^{2t},$$

其通解为

$$x = C_1 \mathrm{e}^{(-1+\sqrt{15})t} + C_2 \mathrm{e}^{(-1-\sqrt{15})t} + \frac{2}{11}\mathrm{e}^t + \frac{1}{6}\mathrm{e}^{2t}.$$

再由式 (5.8.7) 得

$$y = (-4 - \sqrt{15})C_1 e^{(-1+\sqrt{15})t} - (4 - \sqrt{15})C_2 e^{(-1-\sqrt{15})t} - \frac{e^t}{11} - \frac{7}{6}e^{2t}.$$

所以方程组的通解为

$$x = C_1 e^{(-1+\sqrt{15})t} + C_2 e^{(-1-\sqrt{15})t} + \frac{2}{11}e^t + \frac{1}{6}e^{2t},$$

$$y = (-4 - \sqrt{15})C_1 e^{(-1+\sqrt{15})t} - (4 - \sqrt{15})C_2 e^{(-1-\sqrt{15})t} - \frac{e^t}{11} - \frac{7}{6}e^{2t}.$$

习　题　5.8

1. 解下列微分方程组:

(1) $\begin{cases} \dfrac{\mathrm{d}x}{\mathrm{d}t} - 2x - y = 9, \\ \dfrac{\mathrm{d}y}{\mathrm{d}t} - 5x + 2y = 0, \end{cases}$　　初始条件为: $x(0) = 0,\ y(0) = 0$;

(2) $\begin{cases} \dfrac{\mathrm{d}y}{\mathrm{d}t} = y + z, \\ \dfrac{\mathrm{d}z}{\mathrm{d}t} = y + z + t; \end{cases}$

(3) $\begin{cases} \dfrac{\mathrm{d}x}{\mathrm{d}t} + \dfrac{\mathrm{d}y}{\mathrm{d}t} = -x + y + 3, \\ \dfrac{\mathrm{d}x}{\mathrm{d}t} - \dfrac{\mathrm{d}y}{\mathrm{d}t} = x + y - 3. \end{cases}$

5.9　微分方程在经济学中的应用举例

经济学中的许多经济变量之间的关系及其内在规律都以微分方程 (组) 的形式来表现. 这就需要建立某一经济函数及其导数所满足的关系式, 再根据一些已知条件来确定该函数的表达式. 从数学上讲, 就是建立微分方程 (组) 并求解微分方程 (组). 下面几个简单的例子体现了微分方程在经济学中的应用.

例 5.9.1　某商品的需求量 Q 对价格 P 的弹性为 $3P^2$. 如果该商品的最大需求量为 10000 件 (即 $P = 0$ 时 $Q = 10000$), 试求:

(1) 需求量 Q 与价格 P 的函数关系;

(2) 当价格为 1 时, 市场对该商品的需求量.

解　(1) 由弹性的定义得

$$\frac{P}{Q} \cdot \frac{\mathrm{d}Q}{\mathrm{d}P} = -3P^2,$$

即

$$\frac{\mathrm{d}Q}{\mathrm{d}P} = -3PQ.$$

这是一个可分离变量的微分方程, 其通解为

$$Q = Ce^{-\frac{3}{2}P^2}.$$

由于 $Q|_{P=0} = 10000$, 故 $C = 10000$.

于是需求函数为

$$Q = 10000e^{-\frac{3}{2}P^2}.$$

(2) 当 $P = 1$ 时, $Q = 10000e^{-\frac{3}{2}} \approx 2231$, 即当价格为 1 时, 市场对该商品的需求量为 2231 件.

例 5.9.2 设某商品的需求函数与供给函数分别为

$$Q_1 = a - bP, \quad Q_2 = -c + \mathrm{d}P \quad (a, b, c, d \text{ 为正常数}).$$

再假设商品价格 P 为时间 t 的函数, 已知初始价格为 $P(0) = P_0$, 且在任意时刻 t, 价格 $P(t)$ 的变化率总与这一时刻的超额需求 $Q_1 - Q_2$ 成正比 (比例常数为 $k > 0$).

(1) 求供需相等时的价格 P_e(即为均衡价格);

(2) 求价格 $P(t)$ 的表达式;

(3) 分析价格 $P(t)$ 随时间的变化情况.

解　(1) 由 $Q_1 = Q_2$ 得 $P_e = \dfrac{a+c}{b+d}$.

(2) 由导数的意义及已知, 有

$$\frac{\mathrm{d}P}{\mathrm{d}t} = k(Q_1 - Q_2),$$

即

$$\frac{\mathrm{d}P}{\mathrm{d}t} + k(b+d)P = k(a+c). \tag{5.9.1}$$

这是一阶线性非齐次微分方程, 其通解为

$$P(t) = Ce^{-k(b+d)t} + \frac{a+c}{b+d}.$$

由 $P(0) = P_0$ 得

$$C = P_0 - \frac{a+c}{b+d} = P_0 - P_e.$$

故价格 $P(t)$ 的表达式为

$$P(t) = (P_0 - P_e)e^{-k(b+d)t} + P_e.$$

(3) 由于 $P_0 - P_e$ 与 $k(b+d) > 0$ 均为常数, 所以在时间 $t \to +\infty$ 时,

$$(P_0 - P_e)e^{-k(b+d)t} \to 0,$$

因此

$$P(t) \to P_e \quad (t \to +\infty).$$

由此可见, 随着时间的推移, 价格趋向于均衡价格. 实际上, 在经济学意义上来看, $P(t)$ 表达式的两项各具鲜明的经济意义, P_e 为均衡价格, 而 $(P_0 - P_e)e^{-k(b+d)}$ 就是价格的均衡偏差.

例 5.9.3　设某产品的销售量 $x(t)$ 是时间 t 的函数. 如果该商品的销售量对时间的增长率 $\dfrac{\mathrm{d}x}{\mathrm{d}t}$ 与销售量及接近于饱和水平的程度 $N - x(t)$ 之积成正比 ($k > 0$, 为比例常数, N 为饱和水平), 且 $x(0) = \dfrac{1}{4}N$. 求:

(1) 销售量 $x(t)$ 的表达式;

(2) $x(t)$ 增长最快的时刻 T.

解　(1) 由题意知

$$\frac{\mathrm{d}x}{\mathrm{d}t} = kx(N - x),$$

这是一个可分离变量的微分方程, 其通解为

$$x(t) = \frac{N}{1 + \dfrac{1}{C}e^{-Nkt}}.$$

由 $x(0) = \dfrac{1}{4}N$, 得 $C = \dfrac{1}{3}$, 故

$$x(t) = \frac{N}{1 + 3e^{-Nkt}}.$$

(2) 由上式可得

$$\frac{\mathrm{d}x}{\mathrm{d}t} = \frac{3N^2 k e^{-Nkt}}{(1 + 3e^{-Nkt})^2},$$

$$\frac{\mathrm{d}^2 x}{\mathrm{d}t^2} = \frac{-3N^3 k^2 e^{-Nkt}(1 - 3e^{-Nkt})}{(1 + 3e^{-Nkt})^3}.$$

令 $\dfrac{\mathrm{d}^2 x}{\mathrm{d}t^2} = 0$ 得 $T = \dfrac{\ln 3}{kN}$. 显然有

(1) 当 $t < T$ 时, $\dfrac{\mathrm{d}^2 x}{\mathrm{d}t^2} > 0$;

(2) 当 $t > T$ 时, $\dfrac{\mathrm{d}^2 x}{\mathrm{d}t^2} < 0$.

故当 $t = \dfrac{\ln 3}{kN}$ 时, $x(t)$ 的导数取得最大值, $x(t)$ 的增长速度最快.

在生物学、经济学等领域, 微分方程

$$\frac{\mathrm{d}x}{\mathrm{d}t} = kx(N - x)$$

有着十分重要的应用, 人们称为 **Logistic(逻辑斯蒂) 方程**. 它表示量 $x(t)$ 的增长率 $\dfrac{\mathrm{d}x}{\mathrm{d}t}$ 与量 $x(t)$ 及 $N - x(t)$ 之积成正比, 其中 N 为饱和水平, k 为比例系数.

例 5.9.4 某商场的销售成本 y 和存储费用 x 均是时间 t 的函数. 如果销售成本对时间的变化率 $\dfrac{\mathrm{d}y}{\mathrm{d}t}$ 是存储费用 x 的倒数与常数 5 之和, 而存储费用对时间的变化率是存储费用的 $-\dfrac{1}{3}$, 且有 $y(0) = 0, x(0) = 10$. 求销售成本 y 和存储费用 x 关于时间 t 的函数关系式.

解 由题意知

$$\begin{cases} \dfrac{\mathrm{d}y}{\mathrm{d}t} = \dfrac{1}{x} + 5, & (5.9.2) \\[3mm] \dfrac{\mathrm{d}x}{\mathrm{d}t} = -\dfrac{1}{3}x. & (5.9.3) \end{cases}$$

由式 (5.9.3) 得

$$x = C\mathrm{e}^{-\frac{1}{3}t}.$$

因为 $x(0) = 10$, 故存储费用关于时间 t 的函数为

$$x(t) = 10\mathrm{e}^{-\frac{t}{3}}.$$

将它代入式 (5.9.2), 有

$$\frac{\mathrm{d}y}{\mathrm{d}t} = \frac{1}{10}\mathrm{e}^{\frac{t}{3}} + 5,$$

于是

$$y = \frac{3}{10}\mathrm{e}^{\frac{t}{3}} + 5t + C_1,$$

由 $y(0) = 0$, 得 $C_1 = -\dfrac{3}{10}$. 从而销售成本关于时间 t 的函数为

$$y = \frac{3}{10}\mathrm{e}^{\frac{t}{3}} + 5t - \frac{3}{10}.$$

例 5.9.5 在客观经济研究中发现, 某一地区的国民收入 y、国民储蓄 S 和投资 I 均为时间 t 的函数, 且在任一时刻 t, 储蓄额 $S(t)$ 为国民收入 $y(t)$ 的 $\dfrac{1}{10}$, 投资额 $I(t)$ 是国民收入增长率 $\dfrac{\mathrm{d}y}{\mathrm{d}t}$ 的 $\dfrac{1}{3}$, 如果 $y(0) = 5$ 亿元, 且在时刻 t 的储蓄额全部用于投资, 求国民收入函数 $y(t)$.

解 由题意知

$$\begin{cases} S = \dfrac{1}{10}y, \\ I = \dfrac{1}{3}\dfrac{\mathrm{d}y}{\mathrm{d}t}. \end{cases}$$

由假设知, 在任意时刻 t 有 $S = I$, 所以

$$\frac{\mathrm{d}y}{\mathrm{d}t} = \frac{3}{10}y,$$

从而

$$y = Ce^{\frac{3}{10}t}.$$

由 $y(0) = 5$ 得 $C = 5$, 故国民收入函数为

$$y = 5e^{\frac{3}{10}t}.$$

储蓄函数和投资函数为

$$S = I = \frac{1}{2}e^{\frac{3}{10}t}.$$

5-3 微分方程总结

习　题　5.9

1. 某类商品的产量 $y(t)$ 在时间 $(t, t+\mathrm{d}t)$ 间隔内的增量与该商品在 t 时刻的产量 $y(t)$、潜在市场容量 $N - y(t)$ 和时间段 $\mathrm{d}t$ 成正比 (N 为常数, 比例系数为 k), 初始产量为 $y(0) = y_0$, 求 $y(t)$.

2. 某公司 t 年净资产有 $W(t)$(万元), 并且资产本身每年以 5% 的连续复利式速度持续增长, 同时该公司每年以 30 万元的数额支付职工工资.

(1) 给出描述净资产 $W(t)$ 满足的微分方程;

(2) 求解微分方程, 并设初始净资产为 $W(0) = W_0$;

(3) 讨论 $W_0 = 500$ 万元、600 万元、700 万元三种情况下 $W(t)$ 的变化特点.

3. 某商品的净利润 L 随广告费用 x 的变化而变化, 假设它们之间的关系式可用如下方程表示:

$$\frac{\mathrm{d}L}{\mathrm{d}x} = k - a(L + x),$$

其中 a, k 均为常数, 当 $x = 0$ 时, $L = L_0$, 求 L 与 x 的函数关系式.

4. 某池塘最多能养鱼 1000 条. 鱼数 y 是时间 t 的函数, 且变化速度与鱼数 y 和 $1000 - y$ 之积成正比. 现已知在该池塘内养鱼 100 条, 3 个月后有 250 条, 求放养鱼数与时间 t 的函数关系 $y(t)$, 并求放养 6 个月后有多少条鱼.

5. 设某商品需求量为 D, 供给量为 S. 各自对价格 P 的弹性分别为 3 和 2. 且当 $P = 1$ 时该商品的需求量和供给量分别为 D_0 和 S_0.

(1) 在供需平衡条件下, 求平衡价格 $\overline{P}$;

(2) 已知价格对时间 t 的函数 $P(t)$ 的变化率与超额需求量 $D(P) - S(P)$ 成正比, 与价格 P 成反比, 求 $P(t)$, 其中 $P(0) = P_0$;

(3) 当 $t \to +\infty$ 时, $P(t)$ 将如何变化?

总习题 5

A 题

1. 选择题

(1) 微分方程 $y'^2 + y'y''^3 + xy^4 = 0$ 的阶数是 (   ).

(A) 1   (B) 2   (C) 3   (D) 4

(2) 微分方程 $y''' - x^2y'' - x^5 = 1$ 的通解中应含独立的任意常数的个数为 (   ).

(A) 1   (B) 2   (C) 3   (D) 4

(3) 满足方程 $f(x) + 2\int_0^x f(x)\mathrm{d}x = x^2$ 的函数 $f(x) =$ (   ).

(A) $-\dfrac{1}{2}\mathrm{e}^{-2x} + x + \dfrac{1}{2}$ (B) $\dfrac{1}{2}\mathrm{e}^{-2x} + x - \dfrac{1}{2}$

(C) $Ce^{-2x} + x - \dfrac{1}{2}$ (D) $Ce^{-2x} + x + \dfrac{1}{2}$

(4) 微分方程 $xy' + y = \dfrac{1}{1+x^2}$ 的通解是 (   ).

(A) $y = \arctan x + C$ (B) $y = \dfrac{1}{x}(\arctan x + C)$

(C) $y = \dfrac{1}{x}\arctan x + C$ (D) $y = \dfrac{C}{x} + \arctan x$

(5) 设 C_1, C_2 为任意常数, $y_1(x), y_2(x), y_3(x)$ 是 $y'' + P(x)y' + Q(x)y = f(x)$ 的 3 个线性无关的解, 则该方程的通解为 (   ).

(A) $C_1y_1(x) + C_2y_2(x) + y_3(x)$

(B) $C_1y_1(x) + (C_2 - C_1)y_2(x) + (1 - C_2)y_3(x)$

(C) $(C_1 + C_2)y_1(x) + (1 - C_1)y_2(x) + C_2y_3(x)$

(D) $(1 + C_1)y_1(x) - C_1y_2(x) + C_2y_3(x)$

(6) 用待定系数法求解微分方程 $y'' + 3y' + 2y = x^2$ 的一个特解时, 应设特解形式为 $y^* =$ (   ).

(A) ax^2 (B) $ax^2 + bx + c$

(C) $x(ax^2 + bx + c)$ (D) $x^2(ax^2 + bx + c)$

(7) 用待定系数法求微分方程 $y'' + 3y' + 2y = \sin x$ 的一个特解时, 应设特解形式为 $y^* = ($　　$)$.

(A) $b \sin x$ 　　　　　　　　(B) $a \cos x$

(C) $a \cos x + b \sin x$ 　　　　(D) $x(a \cos x + b \sin x)$

(8) 用待定系数法求微分方程 $y'' - y' = \mathrm{e}^x + 3$ 的一个特解时, 应设特解的形式为 $y^* = ($　　$)$.

(A) $a\mathrm{e}^x + b$ 　　　　　　(B) $ax\mathrm{e}^x + b$

(C) $ax\mathrm{e}^x + bx$ 　　　　　(D) $x^2(a + b\mathrm{e}^x)$

(9) 设 $y = f(x)$ 是 $y'' - 2y' + 4y = 0$ 的一个解, 若 $f(x_0) > 0$, 且 $f'(x_0) = 0$, 则 $f(x)$ 在点 x_0 处 (　　).

(A) 取得极大值 　　　　　　(B) 取得极小值

(C) 某个邻域内单调增加 　　(D) 某个邻域内单调减少

(10) 若可积函数 $f(x)$ 满足关系式 $f(x) = \displaystyle\int_0^{3x} f\left(\frac{t}{3}\right)\mathrm{d}t + 3x - 3$, 则 $f(x) = ($　　$)$.

(A) $-3\mathrm{e}^{-3x+1}$ 　　(B) $-2\mathrm{e}^{3x} - 1$ 　　(C) $-\mathrm{e}^{3x} - 2$ 　　(D) $-3\mathrm{e}^{-3x} + 1$

(11) 设 $y = y(x)$ 是满足方程 $(x^2 - 1)\mathrm{d}y + (2xy - \cos x)\mathrm{d}x = 0$ 和初始条件 $y(0) = 1$ 的解, 则 $\displaystyle\int_{-\frac{1}{2}}^{\frac{1}{2}} y(x)\mathrm{d}x = ($　　$)$.

(A) $-\ln 3$ 　　(B) $\ln 3$ 　　(C) $\dfrac{1}{2}\ln 3$ 　　(D) $-\dfrac{1}{2}\ln 3$

(12) 设 $y = y(x)$ 在点 $(0,1)$ 处与抛物线 $y = x^2 - x + 1$ 相切, 并满足方程 $y'' - 3y' + 2y = 2\mathrm{e}^x$, 则 $y(x) = ($　　$)$.

(A) $\mathrm{e}^{2x} - x\mathrm{e}^x$ 　　(B) $2\mathrm{e}^{2x} - \mathrm{e}^x + x\mathrm{e}^x$ 　　(C) $(1 - 2x)\mathrm{e}^x$ 　　(D) $(1 - x)\mathrm{e}^x$

2. 填空题

(1) 通解为 $y = C\mathrm{e}^x + x$ 的微分方程是 _____.

(2) 微分方程 $xyy' = 1 - x^2$ 的通解是 _____.

(3) 微分方程 $y' + y \tan x = \cos x$ 的通解为 _____.

(4) 通解为 $C_1\mathrm{e}^x + C_2 x$ 的微分方程是 _____.

(5) 微分方程 $xy' + y = 3$ 满足初始条件 $y|_{x=1} = 0$ 的特解是 _____.

(6) 用待定系数法求微分方程 $y'' + 2y' = 2x^2 - 1$ 的一个特解时, 应设特解的形式为 $y^* = $_____.

(7) 用待定系数法求微分方程 $y'' + y' - 2y = \mathrm{e}^x(3\cos x - 4\sin x)$ 的一个特解时, 应设特解的形式为 $y^* = $_____.

(8) 已知 $y_1 = e^{x^2}$ 及 $y_2 = xe^{x^2}$ 都是微分方程 $y'' - 4xy' + (4x^2 - 2)y = 0$ 的解, 则此方程的通解为 _____.

(9) 已知 $y_1^* = \dfrac{1}{4}x\sin 2x$ 是微分方程 $y'' + 4y = \cos 2x$ 的特解, $y_2^* = \dfrac{x}{4}$ 是微分方程 $y'' + 4y = x$ 的特解, 则方程 $y'' + 4y = \cos 2x + x$ 的一个特解是 $y^* = $_____.

(10) 方程 $y' - y = \cos x - \sin x$ 满足条件: 当 $x \to +\infty$ 时, y 有界的解是 _____ .

3. 求下列微分方程的通解:

(1) $y' + \dfrac{e^{y^3 + x}}{y^2} = 0$;　　　(2) $xy' - 4y = x^2\sqrt{y}$;

(3) $y' = \dfrac{y}{y - x}$;　　　(4) $\dfrac{\mathrm{d}y}{\mathrm{d}x} = \dfrac{y - \sqrt{x^2 + y^2}}{x}$;

(5) $y'' + y' = x^2$;　　　(6) $y'' - 9y' + 20y = e^{3x} + x + 2$.

4. 求下列微分方程满足所给初始条件的特解:

(1) $xy\mathrm{d}y = (x^2 + y^2)\mathrm{d}x$, $y|_{x=e} = 2e$;

(2) $y'' - 2y' - e^{2x} = 0$, $y|_{x=0} = 1, y'|_{x=0} = 1$;

(3) $y'' + 2y' + y = \cos x$, $y|_{x=0} = 0, y'|_{x=0} = \dfrac{3}{2}$.

5. 求 $xy'' + y' = 0$ 满足 $y(1) = \alpha y'(1)$, 其中 α 为常数, 且当 $x \to 0$ 时, $y(x)$ 有界的解.

6. 求曲线族, 使得在 x 轴上的点 $(a, 0), (x, 0)$ 与曲线上的点 $A(a, f(a))$, $B(x, f(x))$ 间的曲边梯形的面积与弧长成正比.

7. 已知 $y = e^x$ 是微分方程 $xy' + P(x)y = x$ 的一个解, 求此微分方程满足条件 $y|_{x=\ln 2} = 0$ 的特解.

8. 某银行账户以连续复利方式记息, 年利率为 5%, 希望连续 20 年以每年 12000 元人民币的速度用这一账户支付职工工资, 若 t 以年为单位, 写出余额 $B = f(t)$ 所满足的微分方程, 且问当初始存入的数额 $B_0 = f(0)$ 为多少时, 才能使 20 年后账户中的余额减至 0 元.

9. 已知某地区在一个已知的时期内国民收入的增长率为 $\dfrac{1}{10}$, 国民债务的增长率为国民收入的 $\dfrac{1}{20}$, 若 $t = 0$ 时, 国民收入为 5 亿元, 国民债务为 0.1 亿元, 试分别求出国民收入、国民债务与时间 t 的函数关系.

10. 已知某商品的需求价格弹性为 $\dfrac{EQ}{EP} = -P(\ln P + 1)$, 且当 $P = 1$ 时, 需求量 $Q = 1$.

(1) 求商品对价格的需求函数;

(2) 当 $P \to +\infty$ 时, 需求是否趋于稳定.

B 题

1. 设函数 $y = f(x)$ 在 $(-\infty, +\infty)$ 内可导, 且对任意实数 a, b 均满足 $f(a+b) = e^a f(b) + e^b f(a)$. 又已知 $f'(0) = e$, 求 $f(x)$.

2. 已知连续函数 $f(x)$ 满足 $\int_0^1 f(tx)\mathrm{d}t = 2f(x) + 1 \ (x > 0)$, 求 $f(x)$.

3. 设 $f(x) = \sin x - \int_0^x (x-t)f(t)\mathrm{d}t$, 其中 $f(x)$ 为连续函数, 求 $f(x)$.

4. 设 $f(x)$ 在数轴上处处有定义, 且恒不为零, $f'(0)$ 存在, 并且对任何 x, y, 有 $f(x+y) = f(x) \cdot f(y)$, 试根据导数定义求 $f'(x)$ 与 $f(x)$ 之间的关系, 并由此求出 $f(x)$.

5. 求微分方程 $y''' + 6y'' + (9 + a^2)y' = 1$ 的通解 $(a > 0)$.

6. 已知某商品的需求量 Q 与供给量 S 都是价格 P 的函数: $Q = Q(P) = \dfrac{a}{P^2}$, $S = S(P) = bP$, 其中 $a > 0, b > 0$ 为常数, 价格 P 是时间 t 的函数, 且满足 $\dfrac{\mathrm{d}P}{\mathrm{d}t} = k[Q(P) - S(P)] \ (k$ 为正常数), 假设当 $t = 0$ 时, 价格为 1, 试求:

(1) 需求量等于供给量的均衡价格 P_e;

(2) 价格函数 $P(t)$;

(3) $\lim\limits_{t \to +\infty} P(t)$.

7. 如图 5.2 所示, 设有连接 $A(0,1)$, $B(1,0)$ 两点的一条上凸曲线, 它位于直线段 AB 的上方, $P(x,y)$ 为该曲线弧上的任意一点, 已知曲线弧 $\overparen{AP}$ 与弦 AP 之间的面积函数值 (图中阴影部分) 等于点 $P(x,y)$ 的横坐标的立方, 求该曲线的方程.

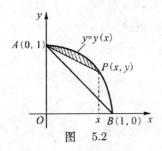

图 5.2

第 5 章自测题

第 6 章　差分方程

在科学技术和经济分析的许多实际问题中, 所给的数据多数是按等间隔时间来统计的, 因此, 各相关变量的取值都是离散变化的. 如何寻求它们之间的关系和变化规律, 差分方程理论提供了研究这类离散模型的有力工具. 本章首先介绍差分方程的一些基本概念, 进而研究几种常见的差分方程的求解方法及其在经济领域中的应用.

6.1　差分的概念

6.1.1　差分的基本概念

在一元函数微分学中, 我们用导数 $\dfrac{\mathrm{d}y}{\mathrm{d}x}$ 来刻画函数 $y = y(x)$ 的变化率, 但是在许多应用问题中, 函数是否可导, 甚至是否连续都不清楚, 而只知道函数的自变量取某些点时的函数值, 这时自变量与因变量均是离散变化的. 因此, 我们用函数的差商 $\dfrac{\Delta y}{\Delta x}$ 来替代导数刻画函数 $y = f(x)$ 的变化率. 在很多实际问题中, 自变量 x 的最小变化单位是 1, 即 $\Delta x = 1$, 那么 $\Delta y = y(x+1) - y(x)$ 就可以近似地代表变量 y 的变化率.

定义 6.1.1　设函数 $y = f(x)$, 当自变量 x 依次取遍非负整数时, 相应的函数值可以排成一个数列

$$f(0), f(1), f(2), \cdots, f(x), f(x+1), \cdots.$$

将它简记为

$$y_0, y_1, y_2, \cdots, y_x, y_{x+1}, \cdots,$$

即 $y_x = f(x)\ (x = 0, 1, 2, \cdots)$.

当自变量从 x 变到 $x+1$ 时, 相应的函数改变量 $y_{x+1} - y_x$ 称为函数 y 在 x 点的步长为 1 的差分, 简称为 **差分**, 记为 Δy_x, 即

$$\Delta y_x = y_{x+1} - y_x \quad (x = 0, 1, 2, \cdots).$$

Δy_x 也称为 y 在 x 点的 **一阶差分**.

例 6.1.1　已知 $y_x = C\ (C$ 为常数), 求 Δy_x.

解　$\Delta y_x = y_{x+1} - y_x = C - C = 0.$
所以常数的差分为零.

例 6.1.2 设 $y_x = a^x\ (a > 0, a \neq 1)$, 求 Δy_x.

解 $\Delta y_x = y_{x+1} - y_x = a^{x+1} - a^x = a^x(a-1)$.

所以指数函数的差分等于某一常数与指数函数的乘积.

例 6.1.3 设 $y_x = \sin ax$, 求 Δy_x.

解 $\Delta y_x = y_{x+1} - y_x = \sin a(x+1) - \sin ax = 2\cos a\left(x + \dfrac{1}{2}\right)\sin\dfrac{1}{2}a$.

例 6.1.4 设 $y_x = x^2$, 求 Δy_x.

解 $\Delta y_x = y_{x+1} - y_x = (x+1)^2 - x^2 = 2x + 1$.

差分具有和微分类似的四则运算法则:

(1) $\Delta(Cy_x) = C\Delta y_x$ (C 为常数).

(2) $\Delta(y_x + z_x) = \Delta y_x + \Delta z_x$.

(3) $\Delta(y_x \cdot z_x) = y_{x+1}\Delta z_x + z_x\Delta y_x = y_x\Delta z_x + z_{x+1}\Delta y_x$.

(4) $\Delta\left(\dfrac{y_x}{z_x}\right) = \dfrac{z_x\Delta y_x - y_x\Delta z_x}{z_x z_{x+1}} = \dfrac{z_{x+1}\Delta y_x - y_{x+1}\Delta z_x}{z_x z_{x+1}}$.

这里仅以 (4) 为例给出证明, 其他结果可根据差分的定义类似得到.

$$\Delta\left(\frac{y_x}{z_x}\right) = \frac{y_{x+1}}{z_{x+1}} - \frac{y_x}{z_x} = \frac{1}{z_x z_{x+1}}(y_{x+1}z_x - y_x z_{x+1})$$

$$= \frac{1}{z_x z_{x+1}}[(y_{x+1}z_x - y_x z_x) - (y_x z_{x+1} - y_x z_x)]$$

$$= \frac{1}{z_x z_{x+1}}[z_x(y_{x+1} - y_x) - y_x(z_{x+1} - z_x)]$$

$$= \frac{1}{z_x z_{x+1}}(z_x\Delta y_x - y_x\Delta z_x).$$

类似可证

$$\Delta\left(\frac{y_x}{z_x}\right) = \frac{1}{z_x z_{x+1}}(z_{x+1}\Delta y_x - y_{x+1}\Delta z_x).$$

6.1.2 高阶差分

与高阶导数类似, 也有高阶差分的概念.

当自变量从 x 变到 $x+1$ 时, 函数 $y = y_x$ 的一阶差分的差分

$$\Delta(\Delta y_x) = \Delta(y_{x+1} - y_x) = \Delta y_{x+1} - \Delta y_x$$

$$= (y_{x+2} - y_{x+1}) - (y_{x+1} - y_x)$$

$$= y_{x+2} - 2y_{x+1} + y_x$$

称为函数的 **二阶差分**, 记为 $\Delta^2 y_x$, 即

$$\Delta^2 y_x = y_{x+2} - 2y_{x+1} + y_x.$$

类似地, 二阶差分的差分称为 **三阶差分**, 记为 $\Delta^3 y_x$, 即

$$\begin{aligned}
\Delta^3 y_x = \Delta(\Delta^2 y_x) &= \Delta(y_{x+2} - 2y_{x+1} + y_x) \\
&= \Delta y_{x+2} - 2\Delta y_{x+1} + \Delta y_x \\
&= y_{x+3} - 3y_{x+2} + 3y_{x+1} - y_x.
\end{aligned}$$

以此类推, $y = y_x$ 的 n 阶差分记为 $\Delta^n y_x$, 定义为

$$\Delta^n y_x = \Delta(\Delta^{n-1} y_x) \quad (n = 2, 3, \cdots).$$

二阶以及二阶以上的差分称为 **高阶差分**.

例 6.1.5   设 $y_x = \mathrm{e}^{2x}$, 求 $\Delta^2 y_x$.

解 $\Delta y_x = y_{x+1} - y_x = \mathrm{e}^{2(x+1)} - \mathrm{e}^{2x} = \mathrm{e}^{2x}(\mathrm{e}^2 - 1),$

$$\begin{aligned}
\Delta^2 y_x = \Delta(\Delta y_x) &= \Delta[\mathrm{e}^{2x}(\mathrm{e}^2 - 1)] \\
&= (\mathrm{e}^2 - 1)\Delta \mathrm{e}^{2x} \\
&= (\mathrm{e}^2 - 1)(\mathrm{e}^{2(x+1)} - \mathrm{e}^{2x}) \\
&= (\mathrm{e}^2 - 1)^2 \mathrm{e}^{2x}.
\end{aligned}$$

例 6.1.6   设 $y_x = 3x^2 - 4x + 2$, 求 $\Delta^2 y_x, \Delta^3 y_x$.

解 $\Delta y_x = \Delta(3x^2 - 4x + 2)$

$$\begin{aligned}
&= \Delta(3x^2) - \Delta(4x) + \Delta(2) \\
&= 3(2x + 1) - 4 = 6x - 1,
\end{aligned}$$

$$\begin{aligned}
\Delta^2 y_x = \Delta(\Delta y_x) &= \Delta(6x - 1) \\
&= 6\Delta(x) - \Delta(1) \\
&= 6,
\end{aligned}$$

$$\Delta^3 y_x = \Delta(\Delta^2 y_x) = \Delta(6) = 0.$$

类似我们可以得到, 对于 n 次多项式, 它的一阶差分是 $n-1$ 阶多项式, 它的 n 阶差分为常数, 而 n 阶以上的差分为零.

6.2   差分方程的概念

6.2.1   差分方程

含有未知函数差分的方程, 称为 **差分方程**, 其一般形式为

$$F(x, y_x, \Delta y_x, \Delta^2 y_x, \cdots, \Delta^n y_x) = 0.$$

由差分定义可知函数的差分也可表示函数在不同时期的值之间的关系, 所以差分方程的一般形式有时也可记为

$$F(x, y_x, y_{x+1}, y_{x+2}, \cdots, y_{x+n}) = 0,$$

或

$$H(x, y_x, y_{x-1}, y_{x-2}, \cdots, y_{x-n}) = 0.$$

例如, 方程

$$\Delta^2 y_x - 2y_x = 3^x,$$

$$y_{x+2} - 2y_{x+1} - y_x = 3^x,$$

$$y_x - 2y_{x-1} - y_{x-2} = 3^{x-2}$$

表示的是同一差分方程, 只是表现形式不同而已.

在差分方程中, 未知函数的最大下标与最小下标之差 (或含有差分的最高阶数) 称为 **差分方程的阶**.

如上面例子中的差分方程是二阶差分方程, 再如 $y_{x+6} - 2y_{x+2} + y_{x+1} = x^2$ 为 5 阶差分方程. 尽管差分方程

$$\Delta^3 y_x + y_x + \mathrm{e}^x = 0$$

含有三阶差分 $\Delta^3 y_x$, 但它可以化为

$$y_{x+3} - 3y_{x+2} + 3y_{x+1} + \mathrm{e}^x = 0,$$

因此, 它是二阶差分方程.

如果一个函数代入差分方程, 使方程成为恒等式, 则称此函数为 **差分方程的解**. 如果在差分方程的解中, 含有与该方程的阶数相同的个数且相互独立的任意常数, 则称这个解为该 **差分方程的通解**. 通解中的任意常数被某些条件确定后的解称为该 **差分方程的特解**, 确定任意常数的条件称为 **初始条件**.

例 6.2.1 给定差分方程 $y_{x+1} - y_x = 2$. 容易验证, 函数 $y_x = 2x + C$ (C 为任意常数) 是该差分方程的解, 由于它含有一个任意常数, 故为该差分方程的通解. 而函数 $y_x = 15 + 2x$ 就是该方程满足初始条件 $y_0 = 15$ 的特解.

6.2.2 常系数线性差分方程通解的结构

线性差分方程是在理论和实际中应用最广泛的一类差分方程. 本章仅讨论常系数线性差分方程的解的有关问题.

我们首先讨论关于常系数线性差分方程的通解的结构性定理.

n 阶常系数线性差分方程的一般形式为

$$y_{x+n} + a_1 y_{x+n-1} + \cdots + a_{n-1} y_{x+1} + a_n y_x = f(x), \tag{6.2.1}$$

其中 $a_i(i=1,2,\cdots,n)$ 为常数, 且 $a_n \neq 0, f(x)$ 为已知函数.

当 $f(x)$ 恒为 0 时, 方程 (6.2.1) 称为 **n 阶常系数齐次线性差分方程**. 当 $f(x)$ 不恒为 0 时, 方程 (6.2.1) 称为 **n 阶常系数非齐次线性差分方程**.

如果方程 (6.2.1) 是一个 n 阶常系数线性非齐次差分方程, 则称

$$y_{x+n} + a_1 y_{x+n-1} + \cdots + a_{n-1} y_{x+1} + a_n y_x = 0 \quad (a_n \neq 0) \tag{6.2.2}$$

为方程 (6.2.1) 所对应的 **n 阶常系数齐次线性差分方程**. 与 n 阶常系数线性微分方程解的结构定理类似, 我们有如下结论.

定理 6.2.1   如果函数 $y_i(x)(i=1,2,\cdots,n)$ 都是差分方程 (6.2.2) 的解, 则对任意常数 $C_i(i=1,2,\cdots,n)$, 函数

$$y(x) = C_1 y_1(x) + \cdots + C_n y_n(x)$$

也是方程 (6.2.2) 的解.

定理 6.2.2(齐次线性差分方程的通解结构定理)   如果 $y_i(i=1,2,\cdots,n)$ 为方程 (6.2.2) 的 n 个线性无关解, 则对任意常数 $C_i(i=1,2,\cdots,n)$, 函数

$$y(x) = C_1 y_1(x) + \cdots + C_n y_n(x)$$

为方程 (6.2.2) 的通解.

定理 6.2.3 (非齐次线性差分方程的通解结构定理)   如果 y_x^* 为差分方程 (6.2.1) 的一个特解, Y_x 为相应齐次差分方程的通解, 则函数

$$y(x) = y_x^* + Y_x$$

为差分方程 (6.2.1) 的通解.

定理 6.2.4(叠加原理)   设函数 $y_i^*(i=1,2,\cdots,k)$ 分别为方程

$$y_{x+n} + a_1 y_{x+n-1} + \cdots + a_{n-1} y_{x+1} + a_n y_x = f_i(x) \quad (i=1,2,\cdots,k)$$

的特解, 则函数 $y(x) = y_1^* + y_2^* + \cdots + y_k^*$ 必为差分方程

$$y_{x+n} + a_1 y_{x+n-1} + \cdots + a_{n-1} y_{x+1} + a_n y_x = f_1(x) + \cdots + f_k(x)$$

的一个特解.

以上几个定理的证明过程, 与二阶线性微分方程相应结论的证明类似, 这里就不再一一论述了.

习　题　6.2

1. 求下列函数的二阶差分:

(1) $y = 2x^3 - x^2$;　　　(2) $y = e^{3x}$;　　　(3) $y = (x+1)^2 + 2^x$.

2. 证明:

(1) $\Delta(y_x \pm z_x) = \Delta y_x \pm \Delta z_x$;

(2) $\Delta(y_x \cdot z_x) = y_{x+1}\Delta z + z_x \Delta y_x = y_x \Delta z_x + z_{x+1}\Delta y_x$.

3. 下列等式为二阶差分方程的是 (　　).

(A) $\Delta^2 y_x = 2^x + y_x$　　　　　(B) $xy_{x-1} + 2y_x = 3y_{x+1}$

(C) $-3\Delta^3 y_x + 3y_{x+2} = 2$　　(D) $y_{x+3} + 3x^2 = 0$

4. 下列等式中为差分方程的是 (　　).

(A) $2\Delta y_x = y_x + x$　　　　　(B) $\Delta^2 y_x = y_{x+2} - 2y_{x+1} + y_x$

(C) $-3\Delta^3 y_x = 3y_x + a^x$　　(D) $y_x - y_{x+2} = y_{x+1}$

5. 下列函数中 (　　) 是方程 $(1 + y_x)y_{x+1} = y_x$ 的通解.

(A) $\dfrac{C}{1 + Cx}$　　(B) $\dfrac{1 + Cx}{C}$　　(C) $\dfrac{1}{1 + x}$　　(D) $\dfrac{Cx}{1 + Cx}$

6. 确定下列差分方程的阶:

(1) $y_{x+3} - x^2 y_{x+1} + 3y_x = 2$;

(2) $y_{x-2} - y_{x-4} = y_{x+2}$.

6.3　一阶常系数线性差分方程

本节主要研究一阶常系数线性差分方程的一般求解方法, 这类方程的一般形式为

$$y_{x+1} - ay_x = f(x), \tag{6.3.1}$$

其中 $a \neq 0$ 为常数, $f(x)$ 为已知函数. 当 $f(x)$ 恒为 0 时, 方程 (6.3.1) 称为 **一阶常系数齐次线性差分方程**; 当 $f(x)$ 不恒为 0 时, 方程 (6.3.1) 称为 **一阶常系数非齐次线性差分方程**.

由差分方程的通解结构定理可知, 非齐次差分方程 (6.3.1) 的通解是由它相应的齐次方程的通解加上一个非齐次方程的特解构成的, 因此我们首先来研究一阶常系数齐次线性差分方程

$$y_{x+1} - ay_x = 0 \quad (a \neq 0) \tag{6.3.2}$$

的解法.

6.3.1　一阶常系数齐次线性差分方程的求解方法

对于方程 (6.3.2), 通常有如下两种解法.

1. 迭代法

由方程 (6.3.2) 依次可得

$$y_1 = ay_0,$$
$$y_2 = ay_1 = a^2 y_0,$$
$$y_3 = ay_2 = a^3 y_0,$$
$$\vdots$$
$$y_x = ay_{x-1} = a^x y_0.$$

6-1 一阶常系数
齐次线性差分方程

记 $y_0 = C$ 为任意常数, 则其通解为

$$y_x = Ca^x.$$

2. 特征根法

方程 (6.3.2) 等价于

$$\Delta y_x + (1-a)y_x = 0.$$

可以看出, 它的解应该是某个指数函数.

设其特解具有形式 $y_x = \lambda^x (\lambda \neq 0$ 待定$)$. 代入上式得

$$\lambda^{x+1} - a\lambda^x = 0,$$

即有

$$\lambda - a = 0. \tag{6.3.3}$$

称式 (6.3.3) 为差分方程 (6.3.2) 的特征方程, $\lambda = a$ 为特征方程的根 (简称为 **特征根**). 于是 $y_x = a^x$ 是方程 (6.3.2) 的一个解. 由定理 6.2.2 知,

$$y_x = Ca^x \quad (C \text{ 为任意常数})$$

是方程 (6.3.2) 的通解.

例 6.3.1　求 $5y_{x+1} - y_x = 0$ 的通解.

解　特征方程为

$$5\lambda - 1 = 0,$$

特征根为 $\lambda = \dfrac{1}{5}$. 故原方程的通解为

$$y_x = C\left(\frac{1}{5}\right)^x \quad (C \text{ 为任意常数}).$$

例 6.3.2   求 $2y_x - y_{x-1} = 0$ 满足初始条件 $y_0 = 2$ 的特解.

解   原方程可改写为

$$2y_{x+1} - y_x = 0,$$

其特征方程为

$$2\lambda - 1 = 0,$$

特征根为

$$\lambda = \frac{1}{2}.$$

故原方程的通解为

$$y_x = C\left(\frac{1}{2}\right)^x \quad (C \text{ 为任意常数}),$$

由 $y_0 = 2$, 有 $C = 2$. 因此所求特解为

$$y_x = 2\left(\frac{1}{2}\right)^x = \left(\frac{1}{2}\right)^{x-1}.$$

6.3.2   一阶常系数线性非齐次差分方程的求解方法

由定理 6.2.3 知, 方程 (6.3.1) 的通解为方程 (6.3.2) 的通解 Y_x 与方程 (6.3.1) 的一个特解 y_x^* 的和. 由于相应的齐次方程 (6.3.2) 的通解的求法已解决, 所以我们只需研究方程 (6.3.1) 的特解的求法. 类似于二阶常系数非齐次线性微分方程, 当右端函数 $f(x)$ 是某些特殊函数时可以用待定系数法求出方程 (6.3.1) 的一个特解. 分类讨论如下:

6-2 一阶常系数
非齐次线性差分方程

1. $f(x) = P_n(x)$ 型

其中 $P_n(x)$ 为 n 次多项式, 此时方程 (6.3.1) 可写为

$$y_{x+1} - ay_x = P_n(x) \quad (a \neq 0). \tag{6.3.4}$$

利用差分 $\Delta y_x = y_{x+1} - y_x$, 上式可写为

$$\Delta y_x + (1 - a)y_x = P_n(x) \quad (a \neq 0).$$

如果 y_x^* 为它的解, 那么

$$\Delta y_x^* + (1-a)y_x^* = P_n(x) \quad (a \neq 0). \tag{6.3.5}$$

由于 $P_n(x)$ 为 n 次多项式, $1-a$ 为常数, 所以 y_x^* 也必为多项式, 而 Δy_x^* 是比 y_x^* 低一次的多项式, 所以

(1) 当 1 不是相应齐次方程的特征根, 即 $1-a \neq 0$ 时, y_x^* 也是一个 n 次多项式, 于是可设

$$y_x^* = Q_n(x) = b_0 x^n + b_1 x^{n-1} + \cdots + b_{n-1}x + b_n \quad (b_0 \neq 0),$$

将它代入式 (6.3.5), 整理后比较两端同次幂的系数, 便可求出各系数 b_i $(i = 0, 1, 2, \cdots, n)$, 进而得到方程 (6.3.4) 的一个特解 $y_x^* = Q_n(x)$.

(2) 如果 1 是相应齐次方程的特征根, 即 $1-a = 0$, 那么 Δy_x^* 应为 n 次多项式, 而 y_x^* 应为 $n+1$ 次多项式. 于是可设

$$y_x^* = xQ_n(x) = b_0 x^{n+1} + b_1 x^n + \cdots + b_{n-1}x^2 + b_n x \quad (b_0 \neq 0),$$

将它代入式 (6.3.5), 整理后比较两端同次幂的系数, 便可求出各系数 b_i $(i = 0, 1, 2, \cdots, n)$, 进而得方程 (6.3.4) 的一个特解 $y_x^* = xQ_n(x)$.

例 6.3.3 求差分方程 $y_{x+1} - 3y_x = -2$ 的通解.

解 原方程相应的齐次方程的通解为

$$Y_x = C3^x \quad (C为任意常数).$$

由于 1 不是特征方程的根, 故原方程有形如

$$y_x^* = b$$

的特解. 代入原方程有

$$\Delta y_x^* - 2y_x^* = -2,$$

即

$$\Delta b - 2b = -2,$$

$$b = 1.$$

所以原方程的通解为

$$y_x = Y_x + y_x^* = C3^x + 1 \quad (C为任意常数).$$

例 6.3.4 求差分方程 $y_{x+1} - 2y_x = 3x^2$ 满足初始条件 $y_0 = 1$ 的特解.

解 原方程相应的齐次方程的通解为

$$Y_x = C2^x \quad (C\text{为任意常数}).$$

由于 1 不是特征方程的根，所以原方程的特解具有形如

$$y_x^* = b_0 x^2 + b_1 x + b_2$$

的特解. 代入原方程，可得

$$\begin{cases} -b_0 = 3, \\ 2b_0 - b_1 = 0, \\ b_0 + b_1 - b_2 = 0, \end{cases}$$

即 $b_0 = -3$, $b_1 = -6$, $b_2 = -9$. 所以原方程的一个特解为

$$y_x^* = -3x^2 - 6x - 9.$$

故原方程的通解为

$$y_x = Y_x + y_x^* = C2^x - 3x^2 - 6x - 9.$$

又由 $y_0 = 1$, 得 $C = 10$, 故所求特解为

$$y_x = 10 \times 2^x - 3x^2 - 6x - 9.$$

例 6.3.5 求差分方程 $y_{x+1} - y_x = x^3 - 3x^2 + 2x$ 满足 $y_0 = 1$ 的特解.

解 原方程相对应的齐次方程的通解为

$$Y_x = C \quad (C\text{为任意常数}).$$

由于 1 是特征方程的根，所以原方程的特解形式可设为

$$y_x^* = x(b_0 x^3 + b_1 x^2 + b_2 x + b_3).$$

代入原方程，有

$$\begin{cases} 4b_0 = 1, \\ 6b_0 + 3b_1 = -3, \\ 4b_0 + 3b_1 + 2b_2 = 2, \\ b_0 + b_1 + b_2 + b_3 = 0, \end{cases}$$

即 $b_0 = \dfrac{1}{4}$, $b_1 = -\dfrac{3}{2}$, $b_2 = \dfrac{11}{4}$, $b_3 = -\dfrac{3}{2}$. 于是

$$y_x^* = x\left(\frac{1}{4}x^3 - \frac{3}{2}x^2 + \frac{11}{4}x - \frac{3}{2}\right)$$

$$= \frac{1}{4}x(x-1)(x-2)(x-3).$$

故原方程通解为

$$y_x = Y_x + y_x^* = C + \frac{1}{4}x(x-1)(x-2)(x-3).$$

又由 $y_0 = 1$, 得 $C = 1$, 所以所求特解为

$$y_x = \frac{x}{4}(x-1)(x-2)(x-3) + 1.$$

2. $f(x) = u^x P_n(x)$ 型

这里 u 为常数, 且 $u \neq 0, u \neq 1$. $P_n(x)$ 为 x 的 n 次多项式. 在这类差分方程中, 我们将通过变换将它转化为类型 1 中的方程形式然后再求解.

引入变换

$$y_x = u^x z_x,$$

将它代入原方程, 有

$$u^{x+1}z_{x+1} - az_x u^x = u^x P_n(x),$$

消去 u^{x+1}, 得

$$z_{x+1} - \frac{a}{u}z_x = \frac{1}{u}P_n(x).$$

此为类型 1 的方程, 我们求出它的一个特解 z_x^*, 就可得到原方程的一个特解

$$y_x^* = u^x z_x^*.$$

例 6.3.6 *求差分方程 $y_{x+1} - 2y_x = x2^x$ 的通解*.

解 原方程相应齐次方程的特征方程为

$$\lambda - 2 = 0,$$

特征根为 $\lambda = 2$, 所以原方程相应齐次方程的通解为

$$Y_x = C2^x.$$

令 $y_x = 2^x z_x$, 则有

$$2z_{x+1} - 2z_x = x.$$

可求得它的一个特解 $z_x^* = \dfrac{x}{2}(x-1)$, 故原方程的一个特解为

$$y_x^* = 2^x \cdot \frac{x}{2}(x-1).$$

原方程通解为

$$y_x = Y_x + y_x^* = C2^x + 2^x \cdot \frac{x}{2}(x-1).$$

例 6.3.7 求差分方程 $y_{x+1} - ay_x = u^x$ $(a \neq 0, u \neq 0, u \neq 1)$ 的通解.

解 原方程相应齐次方程的通解为

$$Y_x = Ca^x.$$

令 $y_x = u^x z_x$, 则

$$uz_{x+1} - az_x = 1,$$

根据类型 1 的方法, 不难得到:

当 $u \neq a$ 时, $z_x^* = \dfrac{1}{u-a}$, 即 $y_x^* = \dfrac{1}{u-a}u^x$;

当 $u = a$ 时, $z_x^* = \dfrac{1}{u}x$, 即 $y_x^* = \dfrac{x}{u}u^x$.

于是

$$y_x^* = \begin{cases} \dfrac{1}{u-a}u^x, & u \neq a, \\[3mm] \dfrac{x}{u}u^x, & u = a. \end{cases}$$

所以原方程的通解为

$$y_x = Y_x + y_x^* = \begin{cases} Cu^x + \dfrac{1}{u-a}u^x, & u \neq a, \\[3mm] Cu^x + \dfrac{x}{u}u^x, & u = a. \end{cases}$$

3. $f(x) = b_1 \cos \omega x + b_2 \sin \omega x$ 型

其中 b_1, b_2, ω 均为常数, 这时差分方程 (6.3.1) 为

$$y_{x+1} - ay_x = b_1 \cos \omega x + b_2 \sin \omega x, \tag{6.3.6}$$

它的特解可按下面方法而求得.

令

$$y_x^* = B_1 \cos \omega x + B_2 \sin \omega x \quad (B_1, B_2 为待定常数),$$

将 y_x^* 代入方程 (6.3.6), 比较等式两端同类项系数, 得

$$\begin{cases} B_1(\cos \omega - a) + B_2 \sin \omega = b_1, \\ -B_1 \sin \omega + B_2(\cos \omega - a) = b_2. \end{cases} \tag{6.3.7}$$

这是一个关于 B_1, B_2 的二元一次方程组，由方程组理论有

(1) 当 $D = (\cos \omega - a)^2 + \sin^2 \omega \neq 0$ 时，易求得方程组 (6.3.7) 的唯一解为

$$
\begin{cases}
B_1 = \dfrac{1}{D}[b_1(\cos \omega - a) - b_2 \sin \omega], \\[2mm]
B_2 = \dfrac{1}{D}[b_2(\cos \omega - a) + b_1 \sin \omega].
\end{cases}
$$

于是，得到方程 (6.3.6) 的一个特解

$$
y_x^* = B_1 \cos \omega x + B_2 \sin \omega x.
$$

这时，原方程的通解为

$$
y_x = C a^x + B_1 \cos \omega x + B_2 \sin \omega x.
$$

(2) 当 $D = (\cos \omega - a)^2 + \sin^2 \omega = 0$ 时，方程组 (6.3.7) 无解或有无穷解，令

$$
y_x^* = x(B_1 \cos \omega x + B_2 \sin \omega x),
$$

将它代入差分方程 (6.3.6) 得

$$
\{[(\cos \omega - a)B_1 + B_2 \sin \omega]x + (B_1 \cos \omega + B_2 \sin \omega)\} \cos \omega x
$$

$$
+\{[(\cos \omega - a)B_2 + B_1 \sin \omega]x + (B_2 \cos \omega + B_1 \sin \omega)\} \sin \omega x
$$

$$
= b_1 \cos \omega x + b_2 \sin \omega x. \tag{6.3.8}
$$

注意到 $D = 0$ 的充要条件为

$$
\begin{cases}
\cos \omega - a = 0, \\
\sin \omega = 0,
\end{cases}
$$

即

$$
\begin{cases}
\omega = 2k\pi, \\
a = 1
\end{cases}
\quad \text{或} \quad
\begin{cases}
\omega = (2k+1)\pi, \\
a = -1,
\end{cases}
$$

其中 k 为整数. 将上式代入式 (6.3.8) 分别得到

$$
B_1 = b_1, B_2 = b_2 \quad \text{或} \quad B_1 = -b_1, B_2 = -b_2.
$$

于是当 $a = 1$ 时，

$$
y_x^* = x(b_1 \cos 2k\pi x + b_2 \sin 2k\pi x);
$$

当 $a = -1$ 时，

$$
y_x^* = -x[b_1 \cos(2k+1)\pi x + b_2 \sin(2k+1)\pi x].
$$

所以方程 (6.3.6) 的通解为

当 $a = 1$ 时,

$$y_x = C + x(b_1 \cos 2k\pi x + b_2 \sin 2k\pi x);$$

当 $a = -1$ 时,

$$y_x = C(-1)^x - x[b_1 \cos(2k+1)\pi x + b_2 \sin(2k+1)\pi x].$$

注意若 $f(x) = b_1 \cos \omega x$ 或 $f(x) = b_2 \sin \omega x$ 时, 上述结论仍成立.

例 6.3.8 求差分方程 $y_{x+1} - 5y_x = \cos \dfrac{\pi}{2} x$ 的通解.

解 显然, 对应的一阶齐次线性差分方程的通解为

$$Y_x = C5^x \quad (C \text{为任意常数}).$$

因为 $\omega = \dfrac{\pi}{2}, a = 5, D = (a - \cos \omega)^2 + \sin^2 \omega = 5^2 + 1 = 26 \neq 0$, 故设

$$y_x^* = B_1 \cos \frac{\pi}{2} x + B_2 \sin \frac{\pi}{2} x,$$

将它代入原方程, 即可得方程组 (6.3.7), 再将 $\omega = \dfrac{\pi}{2}, a = 5, b_1 = 1, b_2 = 0$ 代入, 得

$$\begin{cases} -5B_1 + B_2 = 1, \\ -B_1 - 5B_2 = 0. \end{cases}$$

解得

$$\begin{cases} B_1 = -\dfrac{5}{26}, \\ B_2 = \dfrac{1}{26}. \end{cases}$$

故原方程的通解为

$$y_x = C5^x - \frac{5}{26} \cos \frac{\pi}{2} x + \frac{1}{26} \sin \frac{\pi}{2} x.$$

习　题　6.3

1. 写出下列一阶差分方程特解的形式:

(1) $y_{x+1} - y_x = x^2 - 1$;

(2) $y_{x+1} - 3y_x = \sin 2x$.

2. 求下列一阶差分方程的通解:

(1) $y_x - 6y_{x-1} = 0$;

(2) $y_x - \dfrac{1}{8}y_{x-1} = 0$;

(3) $y_{x+1} - \alpha y_x = \mathrm{e}^{\beta x}$ (α, β 为常数且 $\alpha \neq 0$);

(4) $y_{x+1} + y_x = 2^x + 2$;

(5) $y_{x+1} - 3y_x = \sin \dfrac{\pi}{2}x$;

(6) $y_{x+1} - y_x = 2^x \sin \pi x$.

3. 求下列一阶差分方程的特解:

(1) $y_x = -\dfrac{1}{4}y_{x-1}$ 且 $y_0 = 16$;

(2) $y_x + 3y_{x-1} + 8 = 0$ 且 $y_0 = 16$;

(3) $y_x - y_{x-1} = 25$ 且 $y_0 = 40$;

(4) $5y_x + 2y_{x-1} - 140 = 0$ 且 $y_0 = 30$.

4. 设 a, b 为非零常数且 $1 + a \neq 0$, 验证通过变换 $u_x = y_x - \dfrac{b}{1+a}$ 可将非齐次方程 $y_{x+1} + ay_x = b$ 化为齐次方程. 并求解 y_x.

6.4　二阶常系数线性差分方程

本节介绍二阶常系数线性差分方程的求解方法. 这类方程的一般形式为

$$y_{x+2} + ay_{x+1} + by_x = f(x), \tag{6.4.1}$$

其中 a, b 为常数且 $b \neq 0$, $f(x)$ 为 x 的已知函数. 当 $f(x)$ 恒为 0 时, 方程 (6.4.1) 称为 **二阶常系数齐次线性差分方程**. 当 $f(x)$ 不恒为 0 时, 方程 (6.4.1) 称为 **二阶常系数非齐次线性差分方程**.

下面介绍它们的求解方法. 根据线性差分方程的通解结构性定理 (定理 6.2.2、定理 6.2.3), 我们首先研究二阶常系数齐次线性差分方程

$$y_{x+2} + ay_{x+1} + by_x = 0 \quad (b \neq 0) \tag{6.4.2}$$

的求解问题.

6.4.1　二阶常系数齐次线性差分方程的求解方法

根据定理 6.2.2 知, 要求出方程 (6.4.2) 的通解, 只需求出它的两个线性无关解, 便可得到其通解. 显然, 方程 (6.4.2) 可写成

$$\Delta^2 y_x + (2+a)\Delta y_{x+1} + (1+a+b)y_x = 0 \quad (b \neq 0), \tag{6.4.3}$$

由方程 (6.4.3) 的特点可假设它具有如下形式的解:

$$y = \lambda^x.$$

那么, 由方程 (6.4.3) 可得

$$\lambda^x(\lambda^2 + a\lambda + b) = 0,$$

于是 λ 满足方程

$$\lambda^2 + a\lambda + b = 0. \tag{6.4.4}$$

上述方程称为方程 (6.4.2) 的 **特征方程**, 其根称为方程 (6.4.2) 的 **特征根**. 由此可见, $y_x = \lambda^x$ 为方程 (6.4.2) 的解的充分必要条件是 λ 为其特征根.

和二阶常系数齐次线性微分方程一样, 可以得到如下结论:

(1) 如果特征方程 (6.4.4) 有两个不相等的实根 $\lambda_1 \neq \lambda_2$, 则方程 (6.4.2) 的通解为

$$y_x = C_1\lambda_1^x + C_2\lambda_2^x \quad (C_1, C_2 为任意常数).$$

(2) 如果特征方程 (6.4.4) 有两个相等实根, 即 $\lambda_1 = \lambda_2 = \lambda$, 我们只得到方程 (6.4.2) 的一个特解 $y_x^{(1)} = \lambda^x$. 为求出方程 (6.4.2) 的另一个与 $y_x^{(1)}$ 线性无关的解 $y_x^{(2)}$, 不妨设

$$y_x^{(2)} = u_x y_x^{(1)} \quad (u_x 不为常数),$$

代入方程 (6.4.2), 有

$$u_{x+2}\lambda^{x+2} + au_{x+1}\lambda^{x+1} + bu_x\lambda^x = 0,$$

即

$$\lambda^2 u_{x+2} + au_{x+1}\lambda + bu_x = 0.$$

将它写成差分形式, 有

$$\lambda^2\Delta^2 u_x + \lambda(2\lambda + a)\Delta u_x + (\lambda^2 + a\lambda + b)u_x = 0.$$

由于 λ 为方程 (6.4.4) 的二重根, 所以有

$$\begin{cases} 2\lambda + a = 0, \\ \lambda^2 + a\lambda + b = 0, \end{cases}$$

从而

$$\lambda^2\Delta^2 u_x = 0.$$

在满足条件 $\Delta^2 u_x = 0$ 的 u_x 中取一个简单的函数 $u_x = x$, 得到

$$y_x^{(2)} = x\lambda^x.$$

所以方程 (6.4.2) 的通解为

$$y = (C_1 + C_2 x)\lambda^x \quad (C_1, C_2 \text{为任意常数}).$$

(3) 如果特征方程 (6.4.4) 有一对共轭复根

$$\lambda_1 = \alpha + \mathrm{i}\beta, \quad \lambda_2 = \alpha - \mathrm{i}\beta.$$

可以验证 (过程就不详述了)

$$y_x^{(1)} = r^x \cos \theta x, \quad y_x^{(2)} = r^x \sin \theta x$$

为方程 (6.4.2) 的两个线性无关解, 其中

$$r = |\lambda_1| = |\lambda_2| = \sqrt{\alpha^2 + \beta^2}, \quad \theta = \arctan \frac{\alpha}{\beta} \quad (0 < \theta < \pi).$$

从而由差分方程的通解结构定理 (定理 6.2.2) 知

$$y_x = C_1 r^x \cos \theta x + C_2 r^x \sin \theta x \quad (C_1, C_2 \text{为任意常数})$$

为方程 (6.4.2) 的通解.

例 6.4.1 求差分方程 $y_{x+2} - 5y_{x+1} + 6y_x = 0$ 的通解.

解 原方程相应的齐次方程的特征方程为

$$\lambda^2 - 5\lambda + 6 = 0,$$

特征根为

$$\lambda_1 = 2, \quad \lambda_2 = 3,$$

所以所求方程的通解为

$$y_x = C_1 2^x + C_2 3^x.$$

例 6.4.2 求差分方程 $y_{x+2} + 10y_{x+1} + 25y_x = 0$ 的通解.

解 原方程相应的齐次方程的特征方程为

$$\lambda^2 + 10\lambda + 25 = 0,$$

重特征根为

$$\lambda = -5,$$

所以所求方程的通解为

$$y_x = (C_1 + C_2 x)(-5)^x.$$

例 6.4.3 求差分方程 $y_{x+2} + \dfrac{1}{9} y_x = 0$ 的通解.

解 原方程相应的齐次方程的特征方程为

$$\lambda^2 + \frac{1}{9} = 0,$$

特征根为

$$\lambda = \pm \frac{\mathrm{i}}{3},$$

于是 $|\lambda| = \dfrac{1}{3}, \theta = \dfrac{\pi}{2}$. 从而原方程的通解为

$$y_x = C_1 \left(\frac{1}{3}\right)^x \cos \frac{\pi}{2} x + C_2 \left(\frac{1}{3}\right)^x \sin \frac{\pi}{2} x.$$

例 6.4.4 求差分方程 $y_{x+2} + y_{x+1} - 12 y_x = 0$ 满足初始条件 $y_0 = 1, y_1 = 10$ 的特解.

解 原方程相应的齐次方程的特征方程为

$$\lambda^2 + \lambda - 12 = 0,$$

特征根为

$$\lambda_1 = 3, \quad \lambda_2 = -4.$$

所以方程的通解为

$$y_x = C_1 3^x + C_2 (-4)^x.$$

由 $y_0 = 1, y_1 = 10$ 有

$$\begin{cases} 1 = C_1 + C_2, \\ 10 = 3C_1 - 4C_2, \end{cases}$$

即

$$C_1 = 2, \quad C_2 = -1.$$

故所求特解为

$$y_x = 2 \times 3^x + (-4)^x.$$

6.4.2 二阶常系数非齐次线性差分方程的求解方法

由线性差分方程的通解结构定理知, 方程 (6.4.1) 的通解是方程 (6.4.1) 的一个特解与方程 (6.4.2) 的通解的和. 下面针对方程 (6.4.1) 右端函数的几种特殊形式给出求方程 (6.4.1) 特解的求法.

1. $f(x) = P_n(x)$ 型

其中 $P_n(x)$ 为 n 次多项式. 此时方程 (6.4.1) 可写为

$$y_{x+2} + ay_{x+1} + by_x = P_n(x) \quad (b \neq 0), \tag{6.4.5}$$

利用差分的定义, 上式可改写为

$$\Delta^2 y_x + (2+a)y_x + (1+a+b)y_x = P_n(x). \tag{6.4.6}$$

若 y_x^* 为它的解, 那么

$$\Delta^2 y_x^* + (2+a)y_x^* + (1+a+b)y_x^* = P_n(x).$$

由于 $P_n(x)$ 为 n 次多项式, 故上式左端也必为 n 次多项式. 注意到差分方程 (6.4.1) 相应的齐次方程的特征多项式为

$$\lambda^2 + a\lambda + b = 0.$$

类似于一阶常系数线性非齐次差分方程和二阶常系数非齐次线性差分方程相应的结论, 方程 (6.4.1) 的特解形式为

$$y_x^* = x^k Q_n(x),$$

其中 k 的取值可按 1 不是特征方程的根、是单根、是二重根分别取 0, 1, 2, 而

$$Q_n(x) = b_0 x^n + b_1 x^{n-1} + \cdots + b_{n-1}x + b_n$$

为待定 n 次多项式.

例 6.4.5　*求差分方程* $y_{x+2} + 5y_{x+1} + 4y_x = x$ *的通解.*

解　相应的齐次方程的特征方程为

$$\lambda^2 + 5\lambda + 4 = 0,$$

特征根为

$$\lambda = -1, \quad \lambda = -4,$$

故齐次方程的通解为

$$Y_x = C_1(-1)^x + C_2(-4)^x.$$

由于 1 不是特征方程的根, 所以原方程的特解形式可设为

$$y_x^* = b_0 x + b_1.$$

代入原方程, 得

$$(b_0 + 5b_0 + 4b_0)x + 2b_0 + 6b_1 + 5b_0 + 4b_1 = x,$$

即

$$\begin{cases} 10b_0 = 1, \\ 7b_0 + 10b_1 = 0. \end{cases}$$

于是 $b_0 = \dfrac{1}{10}$, $b_1 = -\dfrac{7}{100}$. 从而

$$y^* = \frac{1}{10}x - \frac{7}{100}.$$

故原方程的通解为

$$y_x = Y_x + y_x^* = C_1(-1)^x + C_2(-4)^x + \frac{1}{10}x - \frac{7}{100}.$$

例 6.4.6 求差分方程 $y_{x+2} + 3y_{x+1} - 4y_x = 3x$ 的通解.

解 相应的齐次方程的特征方程为

$$\lambda^2 + 3\lambda - 4 = 0,$$

特征根为

$$\lambda = 1, \quad \lambda = -4,$$

故齐次方程的通解为

$$Y_x = C_1 + C_2(-4)^x.$$

由于 1 是特征方程的单根, 故原方程的特解形式可设为

$$y_x^* = x(b_0 x + b_1).$$

代入原方程, 有

$$10b_0 x + 7b_0 + 5b_1 = 3x,$$

$$\begin{cases} 10b_0 = 3, \\ 7b_0 + 5b_1 = 0. \end{cases}$$

于是 $b_0 = \dfrac{3}{10}$, $b_1 = -\dfrac{21}{50}$. 从而

$$y^* = \frac{3}{10}x^2 - \frac{21}{50}x.$$

故原方程的通解为

$$y_x = Y_x + y_x^* = C_1 + C_2(-4)^x + \frac{3}{10}x^2 - \frac{21}{50}x.$$

例 6.4.7 求差分方程 $y_{x+2} - 2y_{x+1} + y_x = 8$ 的通解.

解 相应的齐次方程的特征方程为

$$\lambda^2 - 2\lambda + 1 = 0,$$

重特征根为

$$\lambda = 1,$$

故齐次方程的通解为

$$Y_x = C_1 + C_2 x.$$

由于 1 是特征方程的重根，所以原方程的特解形式可设为

$$y_x^* = b_0 x^2.$$

代入原方程，得 $b_0 = 4$, 于是 $y^* = 4x^2$. 故原方程通解为

$$y_x = Y_x + y_x^* = C_1 + C_2 x + 4x^2.$$

2. $f(x) = u^x P_n(x)$ 型

其中 u 为常数且 $u \neq 0, u \neq 1$, $P_n(x)$ 为 n 次多项式. 此时方程 (6.4.1) 为

$$y_{x+2} + ay_{x+1} + by_x = u^x P_n(x) \quad (b \neq 0). \tag{6.4.7}$$

仿照一阶线性差分方程的情形，引入变换 $y_x = u^x z_x$, 则上式可写成

$$u^{x+2} z_{x+2} + au^{x+1} z_{x+1} + bu^x z_x = u^x P_n(x),$$

即

$$z_{x+2} + \frac{a}{u} z_{x+1} + \frac{b}{u^2} z_x = \frac{1}{u^2} P_n(x). \tag{6.4.8}$$

上式左端为一个 n 次多项式的情形，按类型 1 中所述的方法可求出式 (6.4.8) 的一个解 z_x^*. 于是方程 (6.4.7) 的特解为

$$y^* = u^x z_x^*.$$

例 6.4.8 *求差分方程* $y_{x+2} - y_{x+1} - 6y_x = 3^x(2x + 1)$ *的通解.*

解 相应的齐次方程的特征方程为

$$\lambda^2 - \lambda + 6 = 0,$$

特征根为

$$\lambda = 3, \quad \lambda = -2,$$

故齐次方程的通解为

$$Y_x = C_1 3^x + C_2(-2)^x.$$

令 $y_x^* = 3^x z_x^*$ 为原方程的一个特解，代入原方程，得

$$9z_{x+2} - 3z_{x+1} - 6z_x = 2x + 1. \tag{6.4.9}$$

该方程相应的齐次方程的特征方程为

$$9\lambda^2 - 3\lambda - 6 = 0, \tag{6.4.10}$$

$$(\lambda - 1)\left(\lambda + \frac{2}{3}\right) = 0,$$

特征根为

$$\lambda = 1, \quad \lambda = -\frac{2}{3}.$$

于是 1 为方程 (6.4.10) 的根，故可设 $z_x^* = x(b_0 x + b_1)$, 代入方程 (6.4.9), 得 $b_0 = \frac{1}{15}, b_1 = -\frac{2}{25}$, 故

$$z_x^* = \frac{1}{15}x^2 - \frac{2}{25}x,$$

因此

$$y_x^* = 3^x \left(\frac{1}{15}x^2 - \frac{2}{25}x\right).$$

故原方程通解为

$$y_x = Y_x + y_x^* = C_1 3^x + C_2(-2)^x + 3^x \left(\frac{1}{15}x^2 - \frac{2}{25}x\right).$$

6-3 差分方程总结

习 题 6.4

1. 求下列差分方程的通解：

(1) $y_x + 7y_{x-1} + 6y_{x-2} = 42$;

(2) $y_x + 12y_{x-1} + 11y_{x-2} = 6$;

(3) $y_{x+2} - 11y_{x+1} + 10y_x = 27$;

(4) $y_x - 10y_{x-1} + 25y_{x-2} = 8$;

(5) $y_x + 14y_{x-1} + 49y_{x-2} = 128$;

(6) $y_{x+2} - 3y_{x+1} + 2y_x = 3 \times 5^x$;

(7) $y_{x+2} + 3y_{x+1} + 2y_x = 6x^2 + 4x + 20$.

2. 求下列方程的特解:

(1) $y_x + 7y_{x-1} + 6y_{x-2} = 42$ 且 $y_0 = 16, y_1 = -35$;

(2) $y_{x+2} - 11y_{x+1} + 10y_x = 27$ 且 $y_0 = 2, y_1 = 53$;

(3) $y_x - 10y_{x-1} + 25y_{x-2} = 8$ 且 $y_0 = 1, y_1 = 5$;

(4) $\Delta^2 y_x = 4$ 且 $y_0 = 3, y_1 = 5$;

(5) $y_{x+2} + y_{x+1} - 2y_x = 12$ 且 $y_0 = 0, y_1 = 0$.

总习题 6

1. 填空题

(1) 设 $y_t = \dfrac{1}{2}e^t$, 则 $\Delta^2 y_t =$_____.

(2) 已知 $y = \dfrac{t(t-1)}{2} + 2$ 是差分方程 $y_{t+1} - y_t = f(t)$ 的解, 则 $f(t) =$_____.

(3) 若 $y_x = \dfrac{1}{x}$, 则 $\Delta y_x =$_____.

(4) 某公司每年的总产值在比上一年增加 10% 的基础上再多 100 万元. 若以 W_t 表示第 t 年的总产值 (单位: 万元), 则 W_t 满足的差分方程为 _____.

2. 选择题

(1) 下列等式中是一阶差分方程的是 (   ).

(A) $\Delta^2 y_t = y_{t+2} - 2y_{t+1} + y_t$

(B) $3\Delta y_t + 3y_t = \dfrac{t+2}{3}$

(C) $3\Delta y_t + \dfrac{2}{3}y_t = t^2$

(D) $y_{t+1}(1 - 2t) + y_{t-1} = \left(\dfrac{3}{2}\right)^t$

(2) 下列等式中, 不是差分方程的是 (   ).

(A) $2\Delta y_t - \dfrac{1}{2}y_t = 2$

(B) $3\Delta y_t + 3y_t = \dfrac{t-1}{3}$

(C) $\Delta^2 y_t = 0$

(D) $y_t - y_{t-1} = \sin \dfrac{\pi}{2}t$

(3) 函数 $y_t = C2^t + 8$ 是差分方程 (   ) 的通解.

(A) $\Delta y_{t+2} - 3y_{t+1} - 2y_t = 0$

(B) $y_t - 3y_{t-1} + 2y_{t-2} = \dfrac{2}{3}$

(C) $\dfrac{1}{2}y_{t+1} - y_t = -4$

(D) $y_{t+1} - 2y_t = 8$

3. 已知 $\varphi(t) = 2^t$, $\psi(t) = 2^t - 3t$ 是差分方程 $y_{t+1} + P(t)y_t = f(t)$ 的两个解, 求 $P(t)$, $f(t)$.

4. 求下列差分方程的通解:

(1) $y_{t+1} + 3y_t = 5t$;

(2) $y_{t+1} - 4y_t = 2^{2t}$;

(3) $y_{t+1} - 2y_t = \sin\dfrac{\pi}{3}t$;

(4) $y_{t+1} - y_t = 3^t - 2t$.

5. 求差分方程

$$y_{t+1} - y_t = \frac{3^t}{2}$$

满足初始条件 $y_0 = 1$ 的特解.

6. 求下列差分方程的通解或在给定的初始条件下的特解:

(1) $y_{x+2} + 3y_{x+1} - 4y_x = 5$;

(2) $y_{x+2} - 3y_{x+1} + 2y_x = 3 \times 5^x$;

(3) $y_{x+2} + y_{x+1} - 2y_x = 12$, $y_0 = 0$, $y_1 = 0$.

7. 设 $c = c(t)$ 为 t 时刻的消费水平, I(为常数) 是 t 时刻的投资水平, $y = y(t)$ 为 t 时刻的国民收入, 它们满足

$$\begin{cases} y(t) = c(t) + I, \\ c(t) = ay(t-1) + b, \end{cases}$$

其中 $0 < a < 1$, $b > 0$, a, b 均为常数. 求 $y(t)$, $c(t)$.

第 6 章自测题

综合测试题及参考答案

测试题 1

测试题 1 答案

测试题 2

测试题 2 答案

测试题 3

测试题 3 答案

习题参考答案

习　题　1.1

1. 略.

2. $\left(0, 0, \dfrac{14}{9}\right)$.

3. $(6, -7, -12)$.

4. 略.

5. $\left(\dfrac{5}{2}, \dfrac{5\sqrt{2}}{2}, \dfrac{5}{2}\right)$.

6. $4a_x + 3b_x - 2c_x$.

7. $\dfrac{3}{\sqrt{14}}\boldsymbol{i} + \dfrac{1}{\sqrt{14}}\boldsymbol{j} - \dfrac{2}{\sqrt{14}}\boldsymbol{k}$.

8. 40.

9. $-\dfrac{3}{2}$.

10. 4.

11. $(-10, 5, 5)$.

12. $(14, 10, 2)$.

13. $\pm\left(\dfrac{5}{3}, -\dfrac{35}{3}, \dfrac{10}{3}\right)$.

习　题　1.2

1. $5x + 7y + 11z - 8 = 0$.

2. $2x - 4y - z + 5 = 0$.

3. $2x + 2y - 3z = 0$.

4. $x - y + z = 0$.

5. $x - 3y + z + 2 = 0$.

6. $\dfrac{x}{4} = \dfrac{y - 4}{1} = \dfrac{z + 1}{-3}$, $\begin{cases} x = 4t, \\ y = 4 + t, \\ z = -1 - 3t. \end{cases}$

7. $\dfrac{x}{-2} = \dfrac{y-2}{3} = \dfrac{z-4}{1}$.

8. $\begin{cases} x - 3z + 1 = 0, \\ 37x + 20y - 11z + 122 = 0. \end{cases}$

9. $\dfrac{x+1}{13} = \dfrac{y}{16} = \dfrac{z-1}{25}$.

10. $\left(-\dfrac{5}{3}, \dfrac{2}{3}, \dfrac{2}{3} \right)$.

11. $\begin{cases} x - 7y + 6z - 2 = 0, \\ x + y + z - 1 = 0. \end{cases}$

习　题　1.3

1. 略.

2. $4x^2 - 9\left(y^2 + z^2\right) = 36$.

3. $(z - a)^2 = x^2 + y^2$.

4. (1) Ozx 面上的抛物线 $x = 1 - z^2$ 绕 x 轴旋转一周;

　　(2) 不是旋转曲面;

　　(3) Oxy 面上的双曲线 $x^2 - y^2 = 1$ 绕 y 轴旋转一周;

　　(4) Oyz 面上的直线 $y + z = 1$ 绕 z 轴旋转一周.

5. 双曲柱面 $3y^2 - z^2 = 16$.

6. $y^2 = 2z$.

7. $x^2 + 20y^2 - 24x - 116 = 0$.

8. $\begin{cases} x^2 + 2y^2 - 2y = 0, \\ z = 0, \end{cases}$　$\begin{cases} y + z - 1 = 0 \quad (0 \leqslant y \leqslant 1), \\ x = 0. \end{cases}$

9. $x^2 + y^2 = 1$,　$\begin{cases} x^2 + y^2 = 1, \\ z = 0. \end{cases}$

10. $\sim$11. 略.

12. $\begin{cases} x^2 + y^2 \leqslant 1, \\ z = 0. \end{cases}$

13. $L_0 : \begin{cases} x - y + 2z - 1 = 0, \\ x - 3y - 2z + 1 = 0, \end{cases}$　$4x^2 - 17y^2 + 4z^2 + 2y - 1 = 0$.

总习题 1

A 题

1. (1) 13,13;   (2) 2;   (3) $x - 3y - 2z + 2 = 0$;

(4) $\begin{cases} x^2 + y^2 - x = 1, \\ z = 0; \end{cases}$ (5) $x^2 + xz + z^2 = 4$.

2. (1) (B);   (2) (C);   (3) (A);   (4) (D).

3. $z = 1$.

4. $\angle BAC = \arccos \dfrac{41}{3\sqrt{231}}$.

5. $a_x = \sqrt{2},\ a_y = 1,\ a_z = \pm 1$.

6. $2x - y = 1$.

7. $(-5, 2, 4)$.

8. $\dfrac{x+1}{4} = \dfrac{y-2}{3} = \dfrac{z-4}{0}$.

9. (1) $4x^2 - 9(y^2 + z^2) = 36$;   (2) $\dfrac{x^2}{4} + \dfrac{y^2}{9} = \dfrac{5}{9}$.

B 题

1. $\arccos \dfrac{2}{\sqrt{7}}$.

2. $z = -4,\ \theta_{\min} = \dfrac{\pi}{4}$.

3. 略.

4. $z = 0$ 或 $24y + 7z = 0$.

5. $\dfrac{1}{3}x - \dfrac{1}{2}y - z = 1$ 或 $\dfrac{1}{3}x + \dfrac{1}{6}y - \dfrac{1}{9}z = 1$.

6. $\dfrac{x}{-3} = \dfrac{y-1}{1} = \dfrac{z-2}{2}$.

7. $x - y + z = 0$.

8. $\begin{cases} x - 7y + 6z - 2 = 0, \\ x + y + z - 1 = 0. \end{cases}$

9. 在 Oxy 面上的投影为 $\begin{cases} x^2 + y^2 \leqslant ax, \\ z = 0; \end{cases}$

在 Ozx 面上的投影为 $\begin{cases} z \leqslant \sqrt{a^2 - ax}, \\ y = 0. \end{cases}$

习 题 2.1

1. (1) $(x^2 + y^2)\mathrm{e}^{xy}$; (2) $2\ln(\sqrt{x} - \sqrt{y})$.

2. (1) $\{(x, y)| x \leqslant x^2 + y^2 < 2x\}$;

   (2) $\{(x, y)| 4x - y^2 \geqslant 0, 1 - x^2 - y^2 > 0, x^2 + y^2 \neq 0\}$;

   (3) $\{(x, y)| 1 \leqslant x^2 + y^2 \leqslant 4\}$;

   (4) $\{(x, y)| a^2 \leqslant x^2 + y^2 \leqslant 2a^2\}$.

3. 略.

4. (1) 6; (2) 0; (3) $\ln 2$; (4) 0.

5. (1) $\{(x, y)| y^2 = x\}$.

   (2) $\{(x, y)| x = n\pi, \ y \in \mathbb{R}\} \bigcup \{(x, y)| y = n\pi, \ x \in \mathbb{R}\}$ $(n \in \mathbb{Z})$.

习 题 2.2

1. (1) $\dfrac{\partial z}{\partial x} = \mathrm{e}^{xy}[\cos(x + y) + y\sin(x + y)]$, $\dfrac{\partial z}{\partial y} = \mathrm{e}^{xy}[\cos(x + y) + x\sin(x + y)]$;

   (2) $\dfrac{\partial z}{\partial x} = yx^{y-1} + \dfrac{1}{x}$, $\dfrac{\partial z}{\partial y} = x^y \ln x + \dfrac{1}{y}$;

   (3) $\dfrac{\partial z}{\partial x} = \cot(x - 2y)$, $\dfrac{\partial z}{\partial y} = -2\cot(x - 2y)$;

   (4) $\dfrac{\partial u}{\partial x} = \dfrac{y}{z} x^{\frac{y-z}{z}}$, $\dfrac{\partial u}{\partial y} = \dfrac{1}{z} x^{\frac{y}{z}} \ln x$, $\dfrac{\partial u}{\partial z} = -\dfrac{y}{z^2} x^{\frac{y}{z}} \ln x$;

   (5) $\dfrac{\partial u}{\partial x} = -2x\sin(x^2 - y^2 - \mathrm{e}^z)$, $\dfrac{\partial u}{\partial y} = 2y\sin(x^2 - y^2 - \mathrm{e}^z)$,

   $\dfrac{\partial u}{\partial z} = \mathrm{e}^z \sin(x^2 - y^2 - \mathrm{e}^z)$.

2. 1.

3. $\dfrac{1}{2}$.

4. 0.

5. $1, \dfrac{1}{2}, \dfrac{1}{2}$.

6. (1) $\dfrac{x^2 - y^2}{(x^2 + y^2)^2}$; (2) $-\dfrac{2x}{(1 + x^2)^2}$, $-\dfrac{2y}{(1 + y^2)^2}$, 0.

7. (1) -0.067; (2) 0.133.

8. (1) 0.68; (2) 3.4%.

9. $0.088, -0.059$.

10. (1) $\mathrm{d}u = \dfrac{1}{1 + y}\mathrm{d}x + \dfrac{1 - x}{(1 + y)^2}\mathrm{d}y$;

(2) $\mathrm{d}u = \dfrac{x\mathrm{d}x + y\mathrm{d}y}{x^2 + y^2}$;

(3) $\mathrm{d}u = \dfrac{|y|z}{y\sqrt{y^2 - x^2}}\mathrm{d}x - \dfrac{x|y|z}{y^2\sqrt{y^2 - x^2}}\mathrm{d}y + \arcsin\dfrac{x}{y}\mathrm{d}z$.

11. $\mathrm{d}x - \mathrm{d}y$.

习 题 2.3

1. (1) $\dfrac{\partial z}{\partial x} = \dfrac{2y^2}{x^3}\left[\dfrac{x^2}{x^2 + y^2} - \ln(x^2 + y^2)\right]$,

$\dfrac{\partial z}{\partial y} = \dfrac{2y}{x^2}\left[\dfrac{y^2}{x^2 + y^2} + \ln(x^2 + y^2)\right]$;

(2) $\dfrac{\partial z}{\partial x} = \dfrac{xv - yu}{x^2 + y^2}\mathrm{e}^{uv}$,

$\dfrac{\partial z}{\partial y} = \dfrac{xu + yv}{x^2 + y^2}\mathrm{e}^{uv}$;

(3) $\dfrac{\mathrm{d}u}{\mathrm{d}x} = \mathrm{e}^{ax}\sin x$.

2. $\dfrac{\partial z}{\partial x} = -\dfrac{2xyf'}{f^2}, \ \dfrac{\partial z}{\partial y} = \dfrac{f + 2y^2 f'}{f^2}$.

3. $\dfrac{\partial z}{\partial x} = y\varphi' + \dfrac{1}{y}g', \ \dfrac{\partial z}{\partial y} = x\varphi' - \dfrac{x}{y^2}g'$.

4. $\dfrac{\partial z}{\partial x} = y\mathrm{e}^{xy}f_1' + 2xf_2'$.

5. $f_{11}'' + 2sf_{12}'' + s^2 f_{22}'', \ f_{11}'' + (s+t)f_{12}'' + stf_{22}'' + f_2'$.

6. $-2f'' + xg_{12}'' + xyg_{22}'' + g_2'$.

7. $\mathrm{e}^{2x}\sin y\cos yf_{11}'' + 2(x\cos y + y\sin y)\mathrm{e}^x f_{12}'' + 4xyf_{22}'' + \mathrm{e}^x\cos yf_1'$.

8. (1) $\dfrac{y}{x} \cdot \dfrac{y - x\ln y}{x - y\ln y}$;

(2) $\dfrac{\partial z}{\partial x} = \dfrac{yz}{z^2 - xy}, \ \dfrac{\partial z}{\partial y} = \dfrac{xz}{z^2 - xy}$;

(3) $\dfrac{\partial z}{\partial x} = \dfrac{xz}{x^2 - y^2}, \ \dfrac{\partial z}{\partial y} = -\dfrac{yz}{x^2 - y^2}$.

9. $\dfrac{xz^2}{y(x + z)^3}$.

10. $-\mathrm{e}^4$.

习　题　2.4

1. $f_{极小}(1,1) = -5$.

2. $f(x,y)$ 在点 $(2k\pi, 0)$ $(k = 0, \pm 1, \cdots)$ 处有极大值, 且极大值为 $f(2k\pi, 0) = 2$.

3. $z_{极大}\left(\dfrac{16}{7}, 0\right) = -\dfrac{8}{7}$, $z_{极小}(-2, 0) = 1$.

4. $f(x,y)$ 在 D 上的最小值为 0, 最大值为 $\dfrac{3\sqrt{3}}{2}$.

5. 雇佣 250 个劳动力及投入 50 个单位资本时, 可获得最大产量.

6. 甲、乙两产品分别生产 $\dfrac{19}{5}$ 和 $\dfrac{11}{5}$ 千件时总利润最大, 最大利润为 $\dfrac{111}{5}$ 万元.

7. (1) 电台广告费投入为 0.75 万元, 报刊广告费为 1.25 万元时, 利润最大.

　 (2) 广告费全部投入报刊广告效益最好.

8. 当 $x = 16, y = 8$ 时, 消费者可获最大效用, 最大效用为 32. 达到最大效用时, 消费者的边际货币效用为 1.

总 习 题 2

A　题

1. (1) $\{(x,y) | y^2 \leqslant 4x, 0 < x^2 + y^2 < 1\}$;　 (2) 1;　 (3) $\dfrac{3\mathrm{d}x - 2\mathrm{d}y + \mathrm{d}z}{3x - 2y + z}$;

　 (4) 192;　 (5) $\dfrac{yz - x}{z - xy}$;　 (6) $\dfrac{1}{2}$.

2. (1) (D);　 (2) (B);　 (3) (B);　 (4) (D);　 (5) (C);　 (6) (D);　 (7) (B).

3. (1) $\dfrac{1}{2}$;　 (2) 0;　 (3) 0.

4. (1) $\dfrac{\partial z}{\partial x} = y + \dfrac{1}{y}$, $\dfrac{\partial z}{\partial y} = x\left(1 - \dfrac{1}{y^2}\right)$;

　 (2) $\dfrac{\partial z}{\partial x} = \dfrac{1}{\sqrt{x^2 + y^2}}$, $\dfrac{\partial z}{\partial y} = \dfrac{y}{x^2 + y^2 + x\sqrt{x^2 + y^2}}$;

　 (3) $\dfrac{\partial u}{\partial x} = \dfrac{y^2}{1 + z}\cos\dfrac{xy^2}{1 + z}$, $\dfrac{\partial u}{\partial y} = \dfrac{2xy}{1 + z}\cos\dfrac{xy^2}{1 + z}$,

　　 $\dfrac{\partial u}{\partial z} = -\dfrac{xy^2}{(1 + z)^2}\cos\dfrac{xy^2}{1 + z}$.

5. (1) $\dfrac{\partial^2 z}{\partial x^2} = \dfrac{4x^2(3y^4 - x^4)}{(x^4 + y^4)^2}$, $\dfrac{\partial^2 z}{\partial x \partial y} = -\dfrac{16x^3 y^3}{(x^4 + y^4)^2}$,

　　 $\dfrac{\partial^2 z}{\partial y^2} = \dfrac{4y^2(3x^4 - y^4)}{(x^4 + y^4)^2}$;

(2) $\dfrac{\partial^2 z}{\partial x^2} = \dfrac{2xy}{(x^2 + y^2)^2}, \dfrac{\partial^2 z}{\partial x \partial y} = \dfrac{y^2 - x^2}{(x^2 + y^2)^2},$

$\dfrac{\partial^2 z}{\partial y^2} = -\dfrac{2xy}{(x^2 + y^2)^2};$

(3) $\dfrac{\partial^2 z}{\partial x^2} = y^x (\ln y)^2, \dfrac{\partial^2 z}{\partial x \partial y} = y^{x-1}(1 + x \ln y),$

$\dfrac{\partial^2 z}{\partial y^2} = x(x - 1)y^{x-2}.$

6. 略.

7. (1) $\mathrm{e}^{xy} \left[\left(y \ln x + \dfrac{1}{x} \right) \mathrm{d}x + x \ln x \mathrm{d}y \right];$

(2) $\dfrac{-y \mathrm{d}x + x \mathrm{d}y}{x^2 + y^2};$

(3) $\sin yz \mathrm{d}x + xz \cos yz \mathrm{d}y + xy \cos yz \mathrm{d}z.$

8. (1) $\dfrac{3 - 12t^2}{\sqrt{1 - (3t - 4t^3)^2}};$

(2) $\dfrac{\partial z}{\partial r} = 3r^2 \sin \theta \cos \theta (\cos \theta - \sin \theta), \dfrac{\partial z}{\partial \theta} = r^3 (\sin \theta + \cos \theta)(1 - 3 \sin \theta \cos \theta);$

(3) $\dfrac{\partial z}{\partial x} = \dfrac{2x}{y^2} \ln(3x - 2y) + \dfrac{3x^2}{y^2(3x - 2y)},$

$\dfrac{\partial z}{\partial y} = -\dfrac{2x^2}{y^3} \ln(3x - 2y) - \dfrac{2x^2}{y^2(3x - 2y)}.$

9. (1) $\dfrac{\partial z}{\partial x} = f_1' + \dfrac{1}{y} f_2', \dfrac{\partial z}{\partial y} = -\dfrac{x}{y^2} f_2';$

(2) $\dfrac{\partial u}{\partial x} = f_1' + 2x f_2', \dfrac{\partial u}{\partial y} = -f_1' + 2y f_2', \dfrac{\partial u}{\partial z} = f_1' - 2z f_2'.$

10. (1) $\dfrac{\partial z}{\partial x} = \dfrac{yz}{z^2 - xy}, \dfrac{\partial z}{\partial y} = \dfrac{xz}{z^2 - xy};$

(2) $\dfrac{\mathrm{d}^2 y}{\mathrm{d}x^2} = \dfrac{2(x^2 + y^2)}{(x - y)^3};$

(3) $\dfrac{\partial^2 y}{\partial x^2} = \dfrac{y^2 z}{(x^2 - y^2)^2}.$

11. (1) 极小值 $f\left(\dfrac{1}{2}, -1 \right) = -\dfrac{\mathrm{e}}{2};$

(2) 极大值 $f\left(-\dfrac{2}{3}, \dfrac{2}{3} \right) = \dfrac{8}{27}$, 极小值 $f(0,0) = 0.$

12. $4\mathrm{m}^3.$

13. $p_1 = 80, p_2 = 120.$

B 题

1. (1) $\dfrac{\partial u}{\partial x} = \dfrac{z(x-y)^{z-1}}{1+(x-y)^{2z}}$, $\dfrac{\partial u}{\partial y} = \dfrac{-z(x-y)^{z-1}}{1+(x-y)^{2z}}$,

$\dfrac{\partial u}{\partial z} = \dfrac{(x-y)^z \ln(x-y)}{1+(x-y)^{2z}}$;

(2) $\dfrac{\partial u}{\partial x} = -z\mathrm{e}^{x^2 y^2}$, $\dfrac{\partial u}{\partial y} = z\mathrm{e}^{y^2 z^2}$, $\dfrac{\partial u}{\partial z} = y\mathrm{e}^{y^2 z^2} - x\mathrm{e}^{x^2 z^2}$.

2. (1) $\dfrac{\partial^2 z}{\partial y^2} = 2f_2' + f_{11}'' + 4yf_{12}'' + 4y^2 f_{22}''$;

(2) $\dfrac{\partial^2 z}{\partial x \partial y} = (1+xy)\mathrm{e}^{xy} f_1' + xy\mathrm{e}^{2xy} f_{11}'' + 2\mathrm{e}^{xy}(x^2 - y^2)f_{12}'' - 4xy f_{22}''$.

3. $\dfrac{\partial^2 z}{\partial x \partial y} = y(f'' + \varphi'') + \varphi'$.

4. 略.

5. $\dfrac{\mathrm{d}u}{\mathrm{d}x} = f_1' + f_2' \cos x - f_3' \dfrac{2x\varphi_1' + \mathrm{e}^{\sin x}\cos x \cdot \varphi_2'}{\varphi_3'}$.

6. 最小值 $f(0,0) = f(2,2) = 0$, 最大值 $f(3,0) = 9$.

7. $\dfrac{7}{8}\sqrt{2}$.

8. $x = 6\left(\dfrac{P_2\alpha}{P_1\beta}\right)^{\beta}$, $y = 6\left(\dfrac{P_1\beta}{P_2\alpha}\right)^{\alpha}$.

习　题　3.1

1. (1) $\displaystyle\iint\limits_{D}(x^2+y^2)^2\mathrm{d}\sigma \geqslant \iint\limits_{D}(x+y)^3\mathrm{d}\sigma$;

(2) $\displaystyle\iint\limits_{D}\ln(x+y)\mathrm{d}\sigma \leqslant \iint\limits_{D}[\ln(x+y)]^2\mathrm{d}\sigma$.

2. (1) $8 \leqslant I \leqslant 8\sqrt{2}$;　(2) $36\pi \leqslant I \leqslant 100\pi$.

3. (1) $\dfrac{64}{3}$;　(2) $1\dfrac{1}{8}$;　(3) $\dfrac{32}{15}$;　(4) -3;　(5) $\dfrac{1-\cos 1}{2}$.

4. (1) $\dfrac{1}{2}(1-\sin 1)$;　(2) $\dfrac{\mathrm{e}-1}{4}$;　(3) $\dfrac{1}{2}$;　(4) $\dfrac{9}{8}\ln 3 - \ln 2 - \dfrac{1}{2}$.

5. (1) $\displaystyle\int_1^2 \mathrm{d}x \int_0^{\ln x} f(x,y)\mathrm{d}y$, $\displaystyle\int_0^{\ln 2} \mathrm{d}y \int_{\mathrm{e}^y}^2 f(x,y)\mathrm{d}x$;

(2) $\displaystyle\int_1^2 \mathrm{d}x \int_{\frac{1}{x}}^x f(x,y)\mathrm{d}y$, $\displaystyle\int_{\frac{1}{2}}^1 \mathrm{d}y \int_{\frac{1}{y}}^2 f(x,y)\mathrm{d}x + \int_1^2 \mathrm{d}y \int_y^2 f(x,y)\mathrm{d}x$;

(3) $\int_{-3}^{1} \mathrm{d}x \int_{x^2}^{3-2x} f(x,y)\mathrm{d}y,\quad \int_{0}^{1} \mathrm{d}y \int_{-\sqrt{y}}^{\sqrt{y}} f(x,y)\mathrm{d}x + \int_{1}^{9} \mathrm{d}y \int_{-\sqrt{y}}^{\frac{3-y}{2}} f(x,y)\mathrm{d}x.$

6. (1) $\int_{2}^{4} \mathrm{d}x \int_{2}^{x} f(x,y)\mathrm{d}y;$

(2) $\int_{0}^{1} \mathrm{d}y \int_{-\sqrt{1-y^2}}^{y-1} f(x,y)\mathrm{d}x;$

(3) $\int_{0}^{1} \mathrm{d}y \int_{\mathrm{e}^y}^{\mathrm{e}} f(x,y)\mathrm{d}x;$

(4) $\int_{-1}^{2} \mathrm{d}y \int_{y^2}^{y+2} f(x,y)\mathrm{d}x.$

7. (1) $\dfrac{a^3}{3}$; (2) $\dfrac{\pi}{4}(\ln 4 - 1)$; (3) $\dfrac{3\pi^2}{64}$; (4) $-6\pi^2.$

8. (1) $\int_{0}^{\frac{\pi}{2}} \mathrm{d}\theta \int_{0}^{2a\sin\theta} f(r^2)r\mathrm{d}r;$

(2) $\int_{0}^{\frac{\pi}{2}} \mathrm{d}\theta \int_{0}^{\frac{1}{\cos\theta+\sin\theta}} f(r^2)r\mathrm{d}r;$

(3) $\int_{\frac{\pi}{4}}^{\frac{3}{4}\pi} \mathrm{d}\theta \int_{0}^{2(\cos\theta+\sin\theta)} f(r)r\mathrm{d}r.$

9. (1) $\dfrac{1}{6} + \dfrac{\pi}{8}$; (2) $\dfrac{1}{6}$; (3) $\dfrac{\sqrt{8}-1}{9}$; (4) $5\pi.$

10. $70028\mathrm{m}^3.$

11. $\dfrac{49}{20}.$

12. $-\sqrt{\dfrac{\pi}{2}}.$

习　题　3.2

1. (1) $\int_{0}^{1} \mathrm{d}x \int_{0}^{1-x} \mathrm{d}y \int_{0}^{1-x-y} f(x,y,z)\mathrm{d}z;$

(2) $\int_{0}^{1} \mathrm{d}x \int_{0}^{1-x} \mathrm{d}y \int_{0}^{xy} f(x,y,z)\mathrm{d}z;$

(3) $\int_{0}^{2} \mathrm{d}x \int_{-\sqrt{2x-x^2}}^{\sqrt{2x-x^2}} \mathrm{d}y \int_{0}^{\sqrt{4-x^2-y^2}} f(x,y,z)\mathrm{d}z.$

2. (1) $\dfrac{1}{8}$; (2) $\dfrac{1}{364}$; (3) $\dfrac{1}{3}.$

3. (1) $\dfrac{13}{4}\pi$; (2) $\dfrac{1}{16}$; (3) $\dfrac{\pi}{6}.$

4. (1) $\dfrac{4\pi}{2n+3}$; (2) $\dfrac{1}{48}$; (3) $\dfrac{4}{3}\pi.$

5. (1) $\dfrac{32}{3}\pi$; (2) πa^3; (3) $\dfrac{4}{3}\pi abc$.

总习题 3

A 题

1. (1) $\dfrac{1}{2}(1-\mathrm{e}^{-4})$; (2) $\displaystyle\int_{-1}^{2}\mathrm{d}y\int_{y^2}^{y+2}f(x,y)\mathrm{d}x$; (3) $\dfrac{4}{3}$;

(4) $\dfrac{\pi}{4}R^4$; (5) $\displaystyle\int_{0}^{2\pi}\mathrm{d}\theta\int_{0}^{1}\mathrm{d}r\int_{0}^{r^2}f(r\cos\theta,r\sin\theta,z)r\mathrm{d}z$.

2. (1) (C); (2) (A); (3) (A); (4) (C); (5) A.

3. (1) $\dfrac{32}{21}$; (2) e^{-1}; (3) $3\ln 2-2$; (4) $\pi^2-\dfrac{40}{9}$; (5) $\dfrac{1}{2}(1-\sin 1)$.

4. (1) $\displaystyle\int_{0}^{1}\mathrm{d}y\int_{-\sqrt{1-y^2}}^{\sqrt{1-y^2}}f(x,y)\mathrm{d}x$; (2) $\displaystyle\int_{0}^{1}\mathrm{d}y\int_{y-1}^{1-y}f(x,y)\mathrm{d}x$.

5. (1) $\dfrac{a^3}{3}$; (2) $\dfrac{5}{4}\pi$; (3) $\dfrac{\pi}{8}(2\ln 2-1)$.

6. (1) $\left(\dfrac{15}{8}-2\ln 2\right)a^2$; (2) $\dfrac{ab}{6}$.

7. $51.2\mathrm{m}^3$.

8. 4π.

9. 2π.

10. $\dfrac{8}{9}\mathrm{h}^2$.

11. $\dfrac{11}{30}\pi a^5$.

B 题

1. (1) $4(1-\mathrm{e}^{-a})^2$; (2) $\dfrac{1}{6}$; (3) $\dfrac{1}{2}(1-\cos 1)$.

2. (1) $\dfrac{3}{64}\pi^2$; (2) $\dfrac{\pi}{4}(\pi-2)$; (3) $\dfrac{\sqrt{8}-1}{9}$.

3. 略.

4. $\dfrac{2}{3}a^3\left(\pi-\dfrac{4}{3}\right)$.

5. $F(t)=\begin{cases} 0, & t\leqslant 0, \\[2mm] \dfrac{1}{3}t^3, & 0<t\leqslant 1, \\[2mm] t^2-\dfrac{1}{3}t^3-\dfrac{1}{3}, & 1<t\leqslant 2, \\[2mm] 1, & t>2. \end{cases}$

6. $-\left(\dfrac{3}{2\pi} + \dfrac{4}{\sqrt{3}}\right)$.

7. $\dfrac{59}{480}\pi R^5$.

8. $4\pi t^2 f(t^2)$.

习 题 4.1

1. (1) $u_1 = 2, u_n = -\dfrac{1}{n(n-1)}$ $(n \geqslant 2)$, 和为 1; (2) $u_n = \dfrac{1}{2^n}$, 和为 1.

2. (1) 发散; (2) 收敛; (3) 收敛; (4) 发散; (5) 收敛.

3. (1) 发散; (2) 发散; (3) 收敛; (4) 发散; (5) 发散; (6) 收敛; (7) 发散.

4. 收敛, 和为 $\dfrac{3}{4}$.

习 题 4.2

1. (1) 发散; (2) 收敛; (3) 发散; (4) 收敛; (5) 当 $a > 1$ 时收敛, 当 $a \leqslant 1$ 时发散; (6) 发散.

2. (1) 收敛; (2) 收敛; (3) 收敛; (4) 收敛; (5) 发散; (6) 收敛.

3. (1) 收敛; (2) 收敛; (3) 当 $b < a$ 时收敛, 当 $b > a$ 时发散.

4. (1) 收敛; (2) 收敛; (3) 发散; (4) 发散; (5) 发散; (6) 收敛; (7) 发散.

5. (1) 绝对收敛; (2) 绝对收敛; (3) 绝对收敛; (4) 发散; (5) 条件收敛; (6) 条件收敛; (7) 当 $p > 1$ 时绝对收敛, 当 $0 < p \leqslant 1$ 时条件收敛, 当 $p < 0$ 时发散; (8) 绝对收敛.

6. 绝对收敛.

习 题 4.4

1. (1) $[-2, 2)$; (2) $(-1, 1]$; (3) $(-\infty, +\infty)$; (4) $[-1, 1]$; (5) $(-\sqrt{2}, \sqrt{2})$;

(6) $[4, 6)$; (7) $(-1, 1)$; (8) $\left(-\dfrac{1}{10}, \dfrac{1}{10}\right)$.

2. (1) $S(x) = \dfrac{1}{(1-x)^2}$, $|x| < 1$;

(2) $S(x) = \dfrac{1}{4}\ln\dfrac{1+x}{1-x} + \dfrac{1}{2}\arctan x - x$, $|x| < 1$;

(3) $S(x) = (1-x)\ln(1-x) + x$, $|x| < 1$;

(4) $S(x) = \begin{cases} -\dfrac{1}{x}\ln(1-x), & 0 < |x| < 1, \\ 1, & x = 0. \end{cases}$ $\ln 2$.

习 题 4.5

1. (1) $a^x = \sum_{n=0}^{\infty} \frac{(\ln a)^n}{n!} x^n \quad (-\infty < x < +\infty);$

(2) $x^2 e^{x^2} = \sum_{n=0}^{\infty} \frac{x^{2n+2}}{n!} \quad (-\infty < x < +\infty);$

(3) $\sin \frac{x}{2} = \sum_{n=1}^{\infty} \frac{(-1)^{n-1}}{(2n-1)!} \left(\frac{x}{2}\right)^{2n-1} \quad (-\infty < x < +\infty);$

(4) $\sin^2 x = \sum_{n=1}^{\infty} (-1)^{n-1} \frac{(2x)^{2n}}{2(2n)!} \quad (-\infty < x < +\infty);$

(5) $\arcsin x = x + \sum_{n=1}^{\infty} \frac{(2n)!}{2^{2n}(n!)^2} \cdot \frac{x^{2n+1}}{2n+1}, \quad x \in (-1,1);$

(6) $\int_0^x e^{-t^2} dt = \sum_{n=0}^{\infty} \frac{(-1)^n}{n!(2n+1)} x^{2n+1} \quad (-\infty < x < +\infty);$

(7) $\ln(1 - x - 2x^2) = \sum_{n=1}^{\infty} \frac{(-1)^{n-1} - 2^n}{n} x^n, \quad x \in \left(-\frac{1}{2}, \frac{1}{2}\right];$

(8) $\frac{x}{\sqrt{1+x^2}} = x + \sum_{n=1}^{\infty} (-1)^n \frac{2(2n)!}{(n!)^2} \left(\frac{x}{2}\right)^{2n+1}, \quad x \in (-1,1).$

2. (1) $\frac{1}{x} = \sum_{n=1}^{\infty} (-1)^n (x-1)^n, \quad (0,2);$

(2) $\ln x = \sum_{n=1}^{\infty} (-1)^{n-1} \frac{(x-1)^n}{n}, \quad (0,2];$

(3) $\lg x = -\frac{1}{\ln 10} \sum_{n=1}^{\infty} (-1)^{n-1} \frac{(x-1)^n}{n}, \quad (0,2];$

(4) $\sqrt{x^3} = 1 + \frac{3}{2}(x-1)$

$$+ \sum_{n=0}^{\infty} (-1)^n \frac{(2n)!}{(n!)^2} \cdot \frac{3}{(n+1)(n+2)2^n} \left(\frac{x-1}{2}\right)^{n+2}, \quad [0,2].$$

3. $\frac{1}{x^2+3x+2} = \sum_{n=0}^{\infty} \left(\frac{1}{2^{n+1}} - \frac{1}{3^{n+1}}\right) (x+4)^n, \quad x \in (-6,-2).$

4. $\frac{d}{dx}\left(\frac{e^x - 1}{x}\right) = \frac{1}{2!} + \frac{2}{3!} x + \cdots + \frac{n}{(n+1)!} x^{n-1} + \cdots,$ 令 $x = 1$, 得

$$\sum_{n=1}^{\infty} \frac{n}{(n+1)!} = 1.$$

习 题 4.6

1. (1) 3.017; (2) 1.005; (3) 0.750.

2. 0.9848.

3. (1) 1.606; (2) 0.487; (3) 0.494; (4) 32.831.

总 习 题 4

A 题

1. (1) (B); (2) (C); (3) (B); (4) (B); (5) (C); (6) (D); (7) (A); (8) (B).

2. (1) $u_n = \dfrac{2}{n(n+2)}$; $\displaystyle\sum_{n=1}^{\infty} u_n = 2$; (2) 0; (3) 收敛；发散； (4) 0;

(5) $(-2, 2)$; (6) $(-\sqrt{3}, \sqrt{3})$; (7) $(-2, 4)$; (8) $(0, 4)$; (9) $\sqrt{3}$; (10) $a < 1$.

3. (1) 收敛； (2) 收敛； (3) 发散； (4) 收敛； (5) 发散； (6) 当 $a < 1$ 时收敛，当 $a > 1$ 时发散，当 $a = 1$ 时 $s > 1$ 收敛，$s \leqslant 1$ 发散； (7) 收敛；

(8) 发散.

4. $a_n = \dfrac{1}{2n-1} - \dfrac{1}{2n}$; $S = \ln 2$.

5. 略.

6. (1) 绝对收敛； (2) 条件收敛.

7. (1) 0; (2) 0; (3) 0.

8. 略.

9. (1) $S(x) = \begin{cases} -\dfrac{1}{x}\ln\left(1 - \dfrac{x}{2}\right), & (-2, 0) \cup (0, 2), \\ \dfrac{1}{2}, & x = 0; \end{cases}$

(2) $S(x) = \dfrac{x^2}{2}\arctan x + \dfrac{1}{2}\arctan x - x, \quad x \in [-1, 1]$;

(3) $S(x) = (1+x)x e^x, \quad x \in (-\infty, +\infty)$;

(4) $S(x) = \dfrac{x-1}{(2-x)^2}, \quad x \in (0, 2)$.

10. (1) $\ln 2$; (2) $\dfrac{1}{3}\ln 2 + \dfrac{2\pi}{3\sqrt{3}}$.

11. (1) $\dfrac{12 - 5x}{6 - 5x - x^2} = \displaystyle\sum_{n=0}^{\infty} \left(1 + \dfrac{(-1)^n}{6^n}\right) x^n, \quad |x| < 1$;

(2) $\ln(1 + x + x^2) = \sum_{n=1}^{\infty} \dfrac{x^n}{n} - \sum_{n=1}^{\infty} \dfrac{x^{3n}}{n}, \quad -1 \leqslant x < 1;$

(3) $\arctan \dfrac{1+x}{1-x} = \dfrac{\pi}{4} + \sum_{n=0}^{\infty} \dfrac{(-1)^n}{2n+1} x^{2n+1}, \quad x \in (-1, 1);$

(4) $\displaystyle\int_0^x \cos t^2 \mathrm{d}t = \sum_{n=0}^{\infty} \dfrac{(-1)^n}{(2n)!} \dfrac{x^{4n+1}}{4n+1}, \quad x \in (-\infty, +\infty).$

B 题

1. $\sim$3. 略.

4. $\ln \dfrac{x}{1+x} = -\ln 2 + \sum_{n=1}^{\infty} \dfrac{(-1)^{n+1}}{n} \left(1 - \dfrac{1}{2^n} \right) (x-1)^n \quad (0 < x \leqslant 2).$

5. 略.

6. $\dfrac{a}{(1-a)^2}.$

7. 略.

习　题　5.1

1. (1) 一阶;　　(2) 二阶;　　(3) 三阶.

2. (1) 是;　　(2) 不是;　　(3) 是;　　(4) 不是.

3. $\sim$4. 略.

5. (1) $\dfrac{\mathrm{d}y}{\mathrm{d}x} = xy;$　(2) $yy' + 2x = 0.$

6. $x + P \dfrac{\mathrm{d}x}{\mathrm{d}P} = 0, \quad \dfrac{Ex}{EP} = 1.$

习　题　5.2

1. (1) $y = C \sin x;$　(2) $y = e^{Cx};$

(3) $\sqrt{1-x^2} + \sqrt{1-y^2} = C;$　(4) $\tan^2 x - \cot^2 y = C;$

(5) $y^2 + x^2 = 2\ln|Cx|;$　(6) $y = \dfrac{1}{a \ln |C(1-a-x)|};$

(7) $x = C(1 - e^{-y});$　(8) $\sin x \sin y = C;$

(9) $y + 3 = C\cos x$;　(10) $a^x + a^{-y} + C = 0$;

(11) $2e^{3x} - 3e^{-y^2} = C$;　(12) $\left| \dfrac{x-4}{x} \right| y^4 = C$;

(13) $\tan \dfrac{y}{4} = Ce^{-2\sin \frac{x}{2}}$;

(14) 当 $\begin{cases} 1 - x^2 > 0, \\ 1 - y^2 > 0 \end{cases}$ 时，通解为 $\arcsin y = \arcsin x + C$;

　　　当 $\begin{cases} 1 - x^2 < 0, \\ 1 - y^2 < 0 \end{cases}$ 时，通解为 $y + \sqrt{y^2 - 1} = C(x + \sqrt{x^2 - 1})$.

2. (1) $y = \ln \left[\dfrac{1}{2}(1 + e^{2x}) \right]$;　(2) $y = e^{\tan \frac{x}{2}}$;

(3) $y = \sqrt{\ln \left[e \left(\dfrac{1 + e^x}{1 + e} \right)^2 \right]}$.

3. (1) $x = Ce^{\sin \frac{y}{x}}$;　(2) $x = Ce^{\frac{x}{y}}$;

(3) $e^{-\frac{x}{y}} = \ln \dfrac{C}{x}$;　(4) $y = \dfrac{1}{x}(C + x)^2$;

(5) $y = x\sqrt{4 + \ln x^2}$;　(6) $\sin \dfrac{y}{x} = Cx^2$;

(7) $y = e^{\frac{3x^2}{2y^2}}$.

4. $xy = 6$.

5. (1) $y + \sqrt{y^2 - x^2} = Cx^2$;　(2) $x^2 + y^2 = Cy$.

6. (1) $y = (x + C)e^{-x}$;

(2) $\dfrac{x}{2}\sec x + \dfrac{1}{2}\sin x + C\sec x$;

(3) $y = (e^x + C)(x + 1)^n$;

(4) $y = \dfrac{1}{x^2 + 1}\left(\dfrac{4}{3}x^3 + C \right)$;

(5) $y = \left(\dfrac{1}{2}x^2 + C \right)e^{-x^2}$;

(6) $y = \dfrac{1}{x}\sin x - \cos x + \dfrac{C}{x}$;

(7) $y = \dfrac{1}{2}(x + a)^5 + C(x + a)^3$;

(8) $y = \dfrac{\sin x}{x} + \dfrac{C\cos x}{x}$.

7. (1) $y = x \sec x$;

(2) $y = \dfrac{\pi - 1 - \cos x}{x}$;

(3) $y = \dfrac{1}{2} x^3 (1 - \mathrm{e}^{\frac{1-x^2}{x^2}})$;

(4) $y = x + \sqrt{1 - x^2}$.

8. (1) $x = C\mathrm{e}^y - \dfrac{1}{2}(\cos y + \sin y)$;

(2) $y = \dfrac{1}{x^2 + Cx}$;　(3) $y = \tan(x + C) - x$.

9. (1) $y = C \sin x - a$;　(2) $y = x \ln Cx$;

(3) $y = Cx - 1$;　(4) $\dfrac{y}{3 + y} = \dfrac{4}{7} \mathrm{e}^{\frac{3}{2} x^2}$;

(5) $y = 2\mathrm{e}^{-\sin x} + \sin x - 1$;　(6) $y = \dfrac{1}{2x} \mathrm{e}^{2 - \frac{1}{x}}$;

(7) $x^2 = C\mathrm{e}^{-\frac{x^2}{y^2}}$;

(8) $y^2 = \dfrac{2}{5}(\sin x + 2\cos x) + C\mathrm{e}^{-2x}$.

10. $y = 2(\mathrm{e}^x - x - 1)$.

习　题　5.3

1. (1) $y = x \arctan x - \ln \sqrt{1 + x^2} + C_1 x + C_2$;

(2) $y = -\dfrac{1}{2}(x + 1)^2 + C_1 \mathrm{e}^x + C_2$;

(3) $y = -\ln|\cos(x + C_1)| + C_2$;

(4) $y = \dfrac{x^2}{2} \ln x + C_1 x^3 + C_2 x^2 + C_3 x + C_4$;

(5) $y = \sqrt{x(2 - x)}$;

(6) $y = \ln(x^2 + C_1) + C_2$.

2. $y = \dfrac{x^3}{6} + \dfrac{x}{2} + 1$.

3. (1) $y = \left(\dfrac{x}{2} + 1\right)^4$;　(2) $\mathrm{e}^y = \sec x$.

习　题　5.4

1. (1) 无关;　(2) 无关;　(3) 相关;　(4) 无关;　(5) 相关;　(6) 相关;

(7) 无关.

2. $y = C_1 \mathrm{e}^{r_1 x} + C_2 \mathrm{e}^{r_2 x}$.

3. $y = (C_1 + C_2 x)\mathrm{e}^x$.

4. $y = (C_1 + C_2 x)\mathrm{e}^x + \dfrac{a}{4}\mathrm{e}^{3x}$.

5. $y = \dfrac{C_1}{x} + C_2 x$.

6. $y = \mathrm{e}^{\alpha x}(C_1 \cos \beta x + C_2 \sin \beta x)$.

7. $y = C_1 x^2 + C_2(\mathrm{e}^x - 1) + 1$.

<h2 style="text-align:center">习　题　5.5</h2>

1. (1) $y = C_1 \mathrm{e}^{-x} + C_2 \mathrm{e}^{4x}$;

　(2) $y = C_1 + C_2 \mathrm{e}^{-5x}$;

　(3) $y = C_1 \cos x + C_2 \sin x$;

　(4) $y = (C_1 + C_2 x)\mathrm{e}^{-5x}$;

　(5) $x = \mathrm{e}^t \left(C_1 \cos \dfrac{t}{2} + C_2 \sin \dfrac{t}{2} \right)$;

　(6) $y = \mathrm{e}^x(C_1 \cos 3x + C_2 \sin 3x)$;

　(7) $y = C_1 \mathrm{e}^x + C_2 \mathrm{e}^{-x} + C_3 \cos x + C_4 \sin x$;

　(8) $y = C_1 + (C_2 + C_3 x)\mathrm{e}^x$;

　(9) $x = (C_1 + C_2 t + C_3 t^2)\mathrm{e}^t$.

2. (1) $y = 4\mathrm{e}^x + 2\mathrm{e}^{3x}$;

　(2) $y = (2 + x)\mathrm{e}^{-\frac{x}{2}}$;

　(3) $y = 2 \cos 5x + \sin 5x$;

　(4) $y = \mathrm{e}^{2x} \sin 3x$.

<h2 style="text-align:center">习　题　5.6</h2>

1. (1) $y^* = a_0 x^2 + a_1 x + a_2$;

　(2) $y^* = x(a_0 x + a_1)\mathrm{e}^{-x}$;

　(3) $y^* = \mathrm{e}^{-x}[(a_0 x + a_1) \cos 4x + (b_0 x + b_1) \sin 4x]$;

　(4) $y^* = a_0 x \mathrm{e}^{-4x} + a_1 \cos x + a_2 \sin x$.

2. (1) $y = C_1 \mathrm{e}^{-x} + C_2 \mathrm{e}^{\frac{1}{2}x} + 2\mathrm{e}^x$;

　(2) $y = C_1 \cos Kx + C_2 \sin Kx + \dfrac{1}{a^2 + K^2} \mathrm{e}^{ax}$;

　(3) $y = C_1 + C_2 \mathrm{e}^{-\frac{2}{5}x} + \dfrac{1}{3} x^3 - \dfrac{3}{5} x^2 + \dfrac{7}{25} x$;

　(4) $y = C_1 \mathrm{e}^{-x} + C_2 \mathrm{e}^{-2x} + \left(\dfrac{3}{2} x^2 - 3x \right) \mathrm{e}^{-x}$;

　(5) $y = (C_1 + C_2 x)\mathrm{e}^{3x} + (x + 3)\mathrm{e}^{2x}$;

(6) $y = C_1 \cos 2x + C_2 \sin 2x + \dfrac{x}{3} \cos x + \dfrac{2}{9} \sin x$;

(7) $y = \mathrm{e}^x (C_1 \cos 2x + C_2 \sin 2x) + \dfrac{\mathrm{e}^x}{3} \sin x$;

(8) $y = \mathrm{e}^x (C_1 \cos 2x + C_2 \sin 2x) - \dfrac{1}{4} x \mathrm{e}^x \cos 2x$;

(9) $y = C_1 \cos x + C_2 \sin x + \dfrac{1}{2} x \sin x + \dfrac{1}{2} \mathrm{e}^x$;

(10) $y = C_1 \mathrm{e}^x + C_2 \mathrm{e}^{-x} - \dfrac{1}{2} + \dfrac{1}{10} \cos 2x$.

3. (1) $y = -\cos x - \dfrac{1}{3} \sin x + \dfrac{1}{3} \sin 2x$;

(2) $y = -5\mathrm{e}^x + \dfrac{7}{2} \mathrm{e}^{2x} + \dfrac{5}{2}$;

(3) $y = (x^2 - x + 1)\mathrm{e}^x - \mathrm{e}^{-x}$.

4. $x = \dfrac{m^2 g}{k^2} \left(\mathrm{e}^{-\frac{k}{m} t} - 1 \right) + \dfrac{mg}{k} t$.

习　题　5.7

1. (1) $y = C_1 x + \dfrac{C_2}{x}$;

(2) $y = x(C_1 + C_2 \ln x) + x \ln^2 x$;

(3) $y = C_1 x + C_2 x^2 + \dfrac{1}{2} (\ln^2 x + \ln x) + \dfrac{1}{4}$;

(4) $y = C_1 x + C_2 x^2 + x^3$.

习　题　5.8

1. (1) $\begin{cases} x(t) = \dfrac{5}{2} \mathrm{e}^{3t} - \dfrac{1}{2} \mathrm{e}^{-3t} - 2, \\[2mm] y(t) = \dfrac{5}{2} \mathrm{e}^{3t} + \dfrac{5}{2} \mathrm{e}^{-3t} - 5; \end{cases}$

(2) $\begin{cases} y(t) = C_1 + C_2 \mathrm{e}^{2t} - \dfrac{1}{4}(t^2 + t), \\[2mm] z(t) = -C_1 + C_2 \mathrm{e}^{2t} + \dfrac{1}{4}(t^2 - t - 1); \end{cases}$

(3) $\begin{cases} x(t) = C_1 \cos t + C_2 \sin t + 3, \\[2mm] y(t) = -C_1 \sin t + C_2 \cos t. \end{cases}$

习 题 5.9

1. $y(t) = \dfrac{Ny_0 e^{kNt}}{N - y_0 + y_0 e^{kNt}}$ （k 为比例常数）.

2. (1) $\dfrac{\mathrm{d}W}{\mathrm{d}t} = 0.05W - 30$; (2) $W = 600 + (W_0 - 600)e^{0.05t}$; (3) 略.

3. $L = \dfrac{k+1}{a} - x + \left(L_0 - \dfrac{k+1}{a} \right) e^{-ax}$.

4. $y(t) = \dfrac{1000}{9 + 3^{\frac{t}{3}}} 3^{\frac{t}{3}}$, $y(6) = 500$ 条.

5. (1) 平衡价格 $\overline{P} = \left(\dfrac{D_0}{S_0} \right)^{\frac{1}{5}}$;

(2) $P(t) = \left[\dfrac{D_0}{S_0}(1 - e^{-5S_0 Kt}) + P_0^5 e^{-5S_0 Kt} \right]^{\frac{1}{5}}$;

(3) 在 $t \to \infty$ 时价格趋向于平衡价格.

总 习 题 5

A 题

1. (1) (B); (2) (B); (3) (B); (4) (B); (5) (B); (6) (B); (7) (C); (8) (C);
(9) (A); (10) (B); (11) (B); (12) (C).

2. (1) $y' = y - x + 1$; (2) $y^2 = \ln x^2 - x^2 + C$;

(3) $y = (x + C)\cos x$; (4) $(x - 1)y'' - xy' + y = 0$;

(5) $y = 3\left(1 - \dfrac{1}{x} \right)$; (6) $x(b_0 x^2 + b_1 x + b_2)$;

(7) $e^x(a\cos x + b\sin x)$; (8) $(C_1 + C_2 x)e^{x^2}$;

(9) $\dfrac{x}{4}(1 + \sin 2x)$; (10) $y = \sin x$.

3. (1) $-\dfrac{1}{3}e^{-y^3} = -e^x + C$; (2) $y = x^4 \left(\dfrac{1}{2}\ln x + C \right)^2$;

(3) $2xy - y^2 = C$; (4) $y + \sqrt{x^2 + y^2} = C$;

(5) $y = \dfrac{1}{3}x^3 - x^2 + 2x + C_1 + C_2 e^{-x}$;

(6) $y = \dfrac{1}{2}e^{3x} + \dfrac{x}{20} + \dfrac{49}{400} + C_1 e^{5x} + C_2 e^{4x}$.

4. (1) $y^2 = 2x^2(\ln x + 1)$; (2) $y = \dfrac{3}{4} + \dfrac{1}{4}(1 + 2x)e^{2x}$;

(3) $y = xe^{-x} + \dfrac{1}{2}\sin x$.

5. $y = 0$.

6. $\ln(y + \sqrt{y^2 - k^2}) = \pm\dfrac{x}{k} + C$.

7. $y = e^x - e^{x + e^{-x} - \frac{1}{2}}$.

8. $\dfrac{\mathrm{d}B}{\mathrm{d}t} = 0.05B - 12000$, 当 $B_0 = 240000 - 240000e^{-1}$ 时 20 年后银行的余额为 0 元.

9. $y = \dfrac{1}{10}t$, $D = \dfrac{1}{400}t^2 + \dfrac{1}{4}t + \dfrac{1}{10}$.

10. (1) $Q = P^{-P}$; 　　(2) $\lim\limits_{P \to +\infty} Q = 0$.

B　题

1. $f(x) = xe^{x+1}$.

2. $f(x) = \dfrac{C}{\sqrt{x}} - 1$.

3. $f(x) = \dfrac{1}{2}\sin x + \dfrac{1}{2}x\cos x$.

4. $f'(x) = f(x) \cdot f'(0)$; 　$f(x) = e^{f'(0)x}$.

5. $y = C_1 + e^{-3x}(C_2\cos ax + C_3\sin ax) + \dfrac{x}{9 + a^2}$.

6. (1) $P_e = \left(\dfrac{a}{b}\right)^{\frac{1}{3}}$; 　(2) $P(t) = [P_e^3 + (1 - P_e^3)e^{-3kbt}]^{\frac{1}{3}}$;

　　(3) $\lim\limits_{t \to +\infty} P(t) = P_e$.

7. $y = 1 + 5x - 6x^2$.

习　题　6.2

1. (1) $\Delta^2 y = 12x + 10$;

　　(2) $\Delta^2 y = e^{3x}(e^3 - 1)^2$;

　　(3) $\Delta^2 y = 2 + 2^x$.

2. 略.

3. (B).

4. (A),(C),(D).

5. (A).

6. (1) 3;　(2) 6.

习　题　6.3

1. (1) $y_x = Ax^3 + Bx^2 + Cx$;

(2) $y_x = B_1 \cos 2x + B_2 \sin 2x$.

2. (1) $y_x = C6^x$;

(2) $y_x = C\left(\dfrac{1}{8}\right)^x$;

(3) $y_x = \begin{cases} C\alpha^x + \dfrac{1}{e^\beta - \alpha}e^{\beta x}, & \alpha \neq e^\beta, \\ (C\alpha + x)\alpha^{x-1}, & \alpha = e^\beta; \end{cases}$

(4) $y_x = C(-1)^x + \dfrac{2^x}{3} + 1$;

(5) $y_x = C3^x - 0.1\cos\dfrac{\pi}{2}x - 0.3\sin\dfrac{\pi}{2}x$;

(6) $y_x = C - \dfrac{2^x}{3}\cos\pi x$.

3. (1) $y_x = 16\left(-\dfrac{1}{4}\right)^x$;

(2) $y_x = 18(-3)^x - 2$;

(3) $y_x = 40 + 25x$;

(4) $y_x = 10(-0.4)^x + 20$.

4. $y_x = C(-a)^x + \dfrac{b}{1+a}$.

习　题　6.4

1. (1) $y_x = C_1(-1)^x + C_2(-6)^x + 3$;

(2) $y_x = C_1(-1)^x + C_2(-11)^x + \dfrac{1}{4}$;

(3) $y_x = C_1 + C_2(10)^x - 3x$;

(4) $y_x = C_1 5^x + C_2 x 5^x + \dfrac{1}{2}$;

(5) $y_x = C_1(-7)^x + C_2 x(-7)^x + 2$;

(6) $y_x = C_1 + C_2 \cdot 2^x + \dfrac{5^x}{4}$;

(7) $y_x = C_1(-1)^x + C_2(-2)^x + x^2 - x + 3$.

2. (1) $y_x = 8(-1)^x + 5(-6)^x + 3$;

(2) $y_x = 6(10)^x - 3x - 4$;

(3) $y_x = \dfrac{1}{2}(5)^x + \dfrac{2}{5}x(5)^x + \dfrac{1}{2}$;

(4) $y_x = 3 + 2x^2$;

(5) $y_x = 4x + \dfrac{4}{3}(-2)^x - \dfrac{4}{3}$.

总习题 6

1. (1) $\dfrac{1}{2}e^t(e-1)^2$; (2) t; (3) $-\dfrac{1}{x(x+1)}$; (4) $W_{t+1} = \dfrac{11}{10}W_t + 100$.

2. (1) (C); (2) (B); (3) (C).

3. $P(t) = -\dfrac{t+1}{t}$; $f(t) = 2^t \cdot \dfrac{t-1}{t}$.

4. (1) $y_t = C(-3)^t - \dfrac{5}{16} + \dfrac{5}{4}t$; (2) $y_t = C4^t + \dfrac{1}{4}t4^t$;

   (3) $y_t = C2^t - \dfrac{\sqrt{3}}{6}\cos\dfrac{\pi}{3}t - \dfrac{1}{2}\sin\dfrac{\pi}{3}t$;

   (4) $y_t = C + \dfrac{1}{2}\times 3^t + t(1-t)$.

5. $y_t = \dfrac{3}{4} + \dfrac{1}{4}\times 3^t$.

6. (1) $y_x = C_1 + C_2(-4)^x + x$;

   (2) $y_x = C_1 + C_2 2^x + \dfrac{1}{4}\times 5^x$;

   (3) $y_x = 4x + \dfrac{4}{3}(-2)^x - \dfrac{4}{3}$.

7. $y(t) = Ca^t + \dfrac{b+I}{1-a}$; $c(t) = Ca^t + \dfrac{aI+b}{1-a}$.

参考文献

[1] 孙毅, 王国铭. 微积分 (下册)[M]. 北京: 清华大学出版社, 2006.

[2] 高文森, 李忠范. 高等数学 (上册)[M]. 长春: 长春出版社, 1995.

[3] 高文森, 李忠范. 高等数学 (下册)[M]. 长春: 长春出版社, 1995.

[4] 李辉来, 张魁元. 微积分 (上册)[M]. 北京: 高等教育出版社, 2004.

[5] 李辉来, 张魁元. 微积分 (下册)[M]. 北京: 高等教育出版社, 2004.

[6] 朱来义. 微积分 [M]. 2 版. 北京: 高等教育出版社, 2004.

[7] 吴传生. 微积分 [M]. 北京: 高等教育出版社, 2003.

[8] 欧维义, 陈维钧. 高等数学 (第一册)[M]. 修订版. 长春: 吉林大学出版社, 2000.

[9] 欧维义, 陈维钧. 高等数学 (第二册)[M]. 修订版. 长春: 吉林大学出版社, 2000.

[10] 欧维义, 陈维钧. 高等数学 (第三册)[M]. 修订版. 长春: 吉林大学出版社, 2000.

[11] 董加礼, 孙丽华. 工科数学基础 (上册)[M]. 北京: 高等教育出版社, 2001.

[12] 董加礼, 孙丽华. 工科数学基础 (下册)[M]. 北京: 高等教育出版社, 2001.

[13] 吉林大学数学系. 数学分析 (上册)[M]. 北京: 人民教育出版社, 1978.

[14] 吉林大学数学系. 数学分析 (中册)[M]. 北京: 人民教育出版社, 1978.

[15] 吉林大学数学系. 数学分析 (下册)[M]. 北京: 人民教育出版社, 1978.

[16] 马知恩, 王绵森. 工科数学分析基础 (上册)[M]. 北京: 高等教育出版社, 1998.

[17] 马知恩, 王绵森. 工科数学分析基础 (下册)[M]. 北京: 高等教育出版社, 1998.

[18] 同济大学应用数学系. 微积分 (上册)[M]. 北京: 高等教育出版社, 1999.

[19] 同济大学应用数学系. 微积分 (下册)[M]. 北京: 高等教育出版社, 1999.

[20] 周钦德, 李勇. 常微分方程讲义 [M]. 长春: 吉林大学出版社, 1995.

[21] 陈传璋, 金福临, 朱学炎, 等. 数学分析 (上册)[M]. 2 版. 北京: 高等教育出版社, 1983.

[22] 陈传璋, 金福临, 朱学炎, 等. 数学分析 (下册)[M]. 2 版. 北京: 高等教育出版社, 1983.

[23] 武汉大学数学系. 数学分析 (上册)[M]. 北京: 人民教育出版社, 1978.

[24] 武汉大学数学系. 数学分析 (下册)[M]. 北京: 人民教育出版社, 1978.